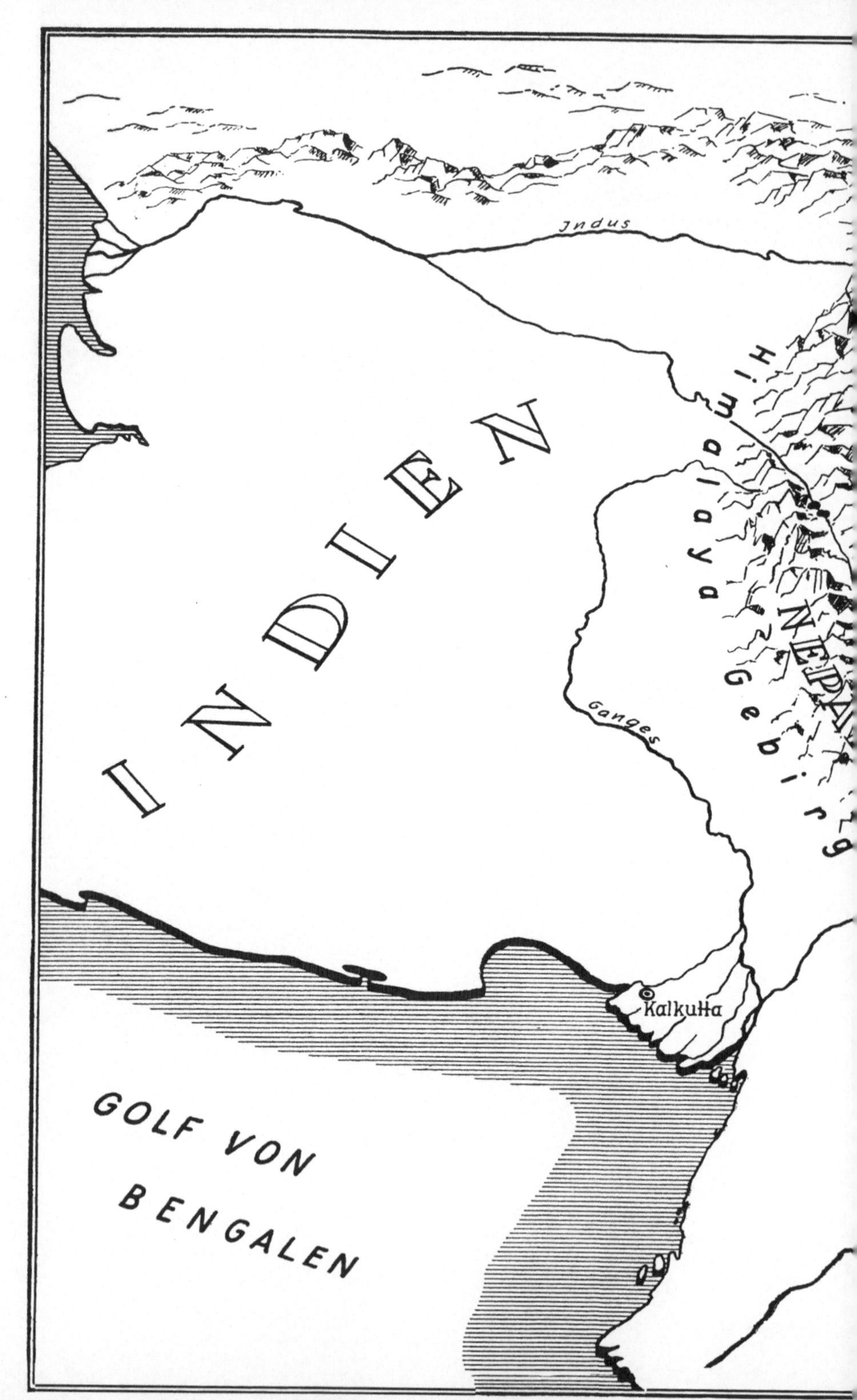

Indus
INDIEN
Himalaya Gebirg
NEPAL
Ganges
Kalkutta
GOLF VON
BENGALEN

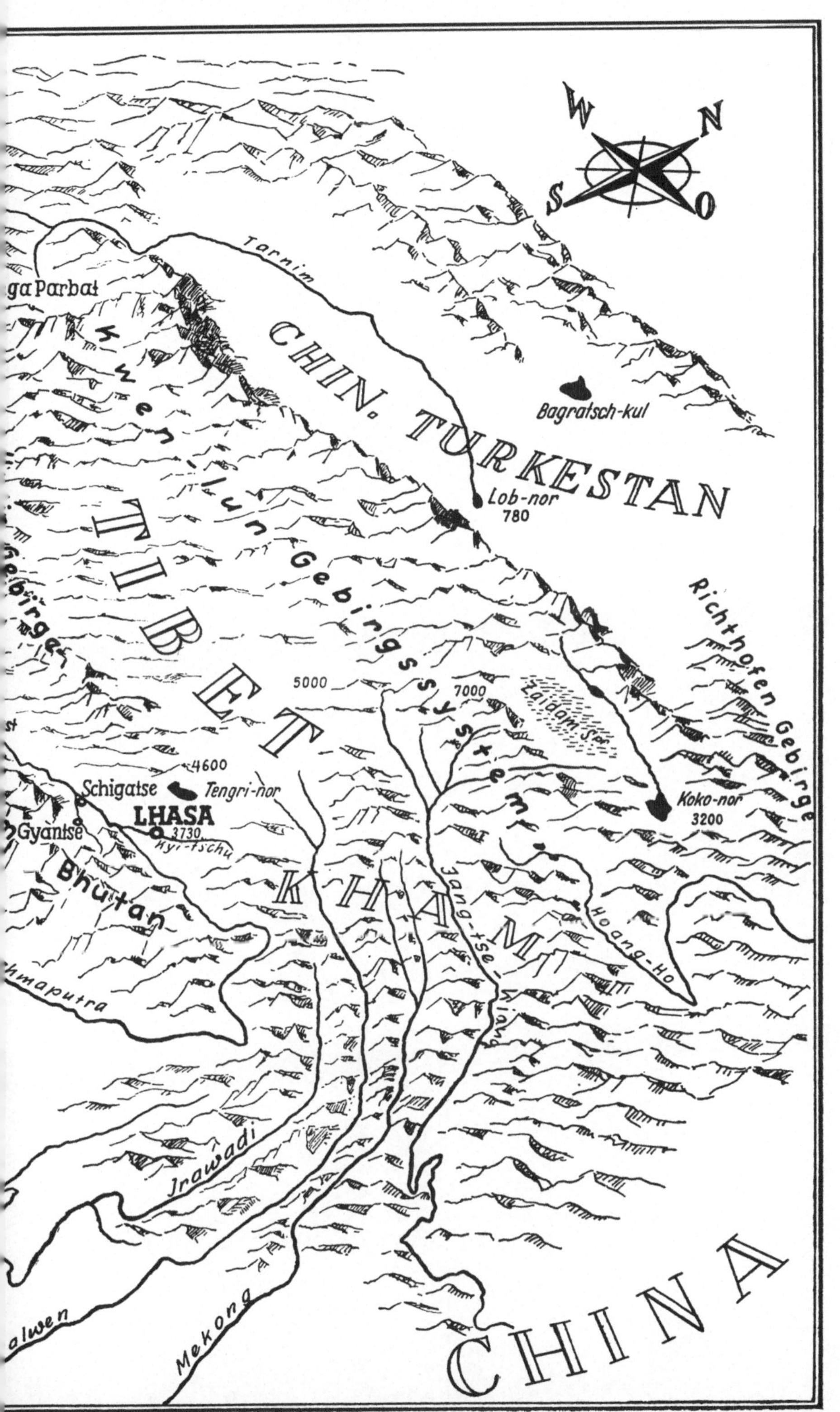

W
N
S
O
Tarnim
CHIN. TURKESTAN
Bagratsch-kul
ga Parbat
Kwen-lun Gebirge
Lob-nor
780
Gebirge
TIBET
Gebings system
5000
7000
Zaidam San
Richthofen Gebirge
4600
Schigatse
Tengri-nor
LHASA
3730
Koko-nor
3200
Kyi-tschu
Gyantse
Bhutan
KHAM
Jang-tse-Kiang
Hoang-Ho
hmaputra
Irawadi
alwen
Mekong
CHINA

FEST DER WEISSEN SCHLEIER

Maitreya

ERNST SCHÄFER

FEST
DER
WEISSEN SCHLEIER

EINE FORSCHERFAHRT DURCH TIBET
NACH LHASA, DER HEILIGEN STADT
DES GOTTKÖNIGTUMS

IM VIEWEG-VERLAG

Mit 31 Abbildungen nach Aufnahmen der Schäfer-Expedition 1938/39

Die Karten zeichnete Heinz Hübner

2. Auflage

ISBN 978-3-663-06309-4   ISBN 978-3-663-07222-5 (eBook)
DOI 10.1007/978-3-663-07222-5

INHALT

„Was heute wir wirken, schafft unsere Zukunft; wie der Schatten dem Körper, so folgt uns das Karma, denn Auswirken im Zwange muß jeder, was selbst er getan."

(Aus dem goldenen Rosenkranz Padma Sambhavas.)

EINLEITUNG

Tibetforschung im Wettstreit der Nationen

Die Erforschung Tibets ist bis zum heutigen Tage nicht abgeschlossen. Riesige Berge, Wüsten und Hochsteppen stellen sich dem Reisenden entgegen. Hochlandstürme, Frost und Schnee verwehren den Zutritt zu dem geheiligten Boden. Auch der tibetische Mensch verteidigt sein Land wie ehedem in fremdenfeindlicher Abgeschlossenheit gegen jeglichen Zutritt von außen.

Der pionierhaften Erforschung und wissenschaftlichen Durchdringung des tibetischen Hochlandes ging nicht wie in anderen Kontinenten eine Epoche der Entdeckung voraus. Bis zum neunzehnten Jahrhundert waren es nur Missionare der katholischen Kirche und wenige kühne Wegfahrer, die je tibetischen Boden betreten hatten. Die Phasen der Entdeckung und wissenschaftlichen Erforschung fielen im Schneeland zeitlich zusammen. Sie beschränken sich auf die zweite Hälfte des neunzehnten und auf das zwanzigste Jahrhundert. Im wesentlichen wurden sie von britischen und russischen Forschern getragen. Dann trat Sven Hedin auf den Plan, der große Schwede!

Heute noch gilt das Wort jenes Vizekönigs von Indien, Lord Curzon, auf dessen Betreiben Großbritannien um die Jahrhundertwende in die Schicksale des Lamalandes eingriff:

„Im Herzen Asiens gibt es bis zum heutigen Tage nur noch das eine Mysterium, das das neunzehnte Jahrhundert dem zwanzigsten zu erforschen offen ließ, Tibet und Lhasa."

Von deutschen Wissenschaftlern, die sich um die Erforschung Tibets verdient gemacht haben, seien Tafel, Filchner, Stötzner und Weigold genannt. Filchner und Tafel drangen tief in das Herz des Landes vor. 1903 forschten sie zusammen in Nordosttibet. Später stieß Tafel allein zu einer äußerst kühnen Unternehmung in westlicher Richtung vor, wurde aber von Räubern zur Umkehr gezwungen. Filchner drang 1925 in gefahrvoller Reise vom Kokonor bis Nagtschu, wenige Tagereisen nördlich Lhasa vor. Dort wurde er von den Tibetern unter Tsarong Schapé festgehalten, bis ihm die Erlaubnis erteilt wurde, nach Westen in Richtung Kaschmir weiterzureisen. Auch ihm blieb Lhasa die verbotene Stadt.

Weigold forschte mit Stötzner vor dem ersten Weltkrieg im Gebiet
der meridionalen Stromfurchen Osttibets und war der wissenschaftliche
Leiter der ersten Brooke-Dolan-Expedition, an der auch der Verfasser
1931—1932 als junger Student teilnehmen durfte. Diese Expedition führte
von China über das Hsifan-Gebirge quer durch Osttibet und endete
nach Durchquerung der meridionalen Stromfurchen in Oberburma.

1934—1936 war der Verfasser wissenschaftlicher Leiter der zweiten
Brooke-Dolan-Expedition, die, von China vorstoßend, dem Verlaufe des
Yangtsekiang folgend, bis in seine Quellgebiete im Herzen Hochtibets
führte. Die dritte Expedition des Verfassers, auf der er von Wienert, Beger,
Krause und Geer begleitet war, führte 1938/39, im Sikkim Himalaya
beginnend, auf Einladung der tibetischen Regierung nach Lhasa und in
bisher wenig erforschte Gebiete des südlichen Tibets.

Da der Verfasser die erste deutsche Expedition, die von der tibetischen Regierung willkommen geheißen wurde, nach Lhasa führte und
er zur Teilnahme an den geheimsten Zeremonien der gesamten Neujahrsfeierlichkeiten eingeladen wurde, hat er sich trotz vieler Mängel,
die einem solchen fragmentarischen Bericht anhaften müssen, dazu entschlossen, seine Neujahrserlebnisse in Lhasa in Buchform zu veröffent-
lichen. Die Aufzeichnungen begründen sich im wesentlichen auf Selbst-
erlebtes und Selbsterlauschtes.

Ähnlich den Naturreligionen primitiver Völkerschaften wurde das
Neujahrsfest der Tibeter ursprünglich durch wiederkehrendes Natur-
ereignis bestimmt. Erst unter Einfluß der Chinesen maß man den
Himmelskörpern größere Bedeutung zu. Magie und Opferbrauch zwecks
Friedung und Beschwichtigung von Unheil und Dämonen waren vor
Beginn der buddhistischen Ära in Tibet weit verbreitet, gleichwie die
Furcht vor Geistern der Natur.

Als Buddhas Glaube dann wohl mehr als tausend Jahre nach Gautamas Tod in Tibet Eingang fand, und Srong Tsan Gampo, der Gesetzeskönig, die allverbreitete Gesittung schuf, wurde das Fest der
Wintersonnenwende zu Buddhas Ruhmesfeier des erwachten Lebens.
Noch später stiftete Atisha den lunarischen Kalender, und „Slawa
Dangpo", so genannt des ersten Mondes Lauf, wurde seither mit Pomp
und Pracht als wichtigstes Ereignis des tibetischen Kalenderjahres ge-
feiert und verehrt.

Des Gletscherlandes Priester haben es verstanden, durch Pantomimen,
Tanz und Spiel dem ersten Monat mit Werken und mit Tun der Könige
und Helden, der Gottheiten und Heiligen, der Geister und Dämonen
solchen Inhalt zu verleihen, daß dieses großartige Gepränge verschieden-
artigster Motive aus Mythos und Geschichte alles Volk lamaistischen
Glaubens den ganzen ersten Monat lang in Bann hält.

Dieses Jahrestreffen in den Mauern ihrer heiligen Stadt unter dem hoffnungsfrohen Zeichen der erwachenden Natur, zeigt Tausenden von Pilgern alljährlich Glanz, Pracht und Geistesmacht der Dalai Lamas. So ist es ihr Verdienst, auch bei Vertretern fernster Stämme ohne Waffe und Gewalt ein göttergleiches Ansehen zu genießen.

Pilger und Wallfahrer fühlen sich für Mühsal und Beschwerden ihrer langen Reisen fürstlich belohnt. Die Frömmsten unter ihnen messen den Weg mit ihrem eigenen Leib, indem sie die staubige Erde in tausendfachem Niederfall mit ihren Stirnen berühren. Ungeachtet des glühenden Staubes und der eisigen Fröste dehnen sich ihre Pilgerfahrten im Tempo eines Wurmes über Jahre aus, bis sie verkrustet und zerschunden, mehr tot als lebendig und bis zum äußersten erschöpft, endlich in weiter Ferne eines der schönsten Bauwerke der Erde, den dreihundertjährigen Potala, die goldgekrönte Tempelburg der Dalai Lamas, und ihm zu Füßen die leuchtende Stadt erblicken.

LHASA EMPFÄNGT UNS

Weit im Süden blieb die Welt zurück. Die Sonne Indiens, Sikkim, der Himalaya, die dämmernden Urwälder, die Himmelsberge und der Schnee. Kahle Mondhügel folgten, ureinsames Land, dumpfrote Hügel, braunrote Steppen, ockerfarbener Sand. Über der Viertausendmetergrenze kein Baum und kein Strauch. Nur ferne Gipfelriesen, Frost, Sturm, Wolken und die große Einsamkeit.

Ich war enthoben, wie durch magische Kräfte auf einen anderen Planeten versetzt. Und Europa lag so fern wie der Mond. Mein Herz und meine Sinne waren ganz Tibet, ganz einbegriffen in den Zauberkreis seiner geheimnisvollen Macht, seines wunderbaren Lebens, war ich ein anderer Mensch. Mitzutun, mitzuschwingen und getragen zu werden, mehr brauchte es nicht.

Dann kamen runsenzerrissene Hänge, wildzerfurchte Täler, Sanddorngezwarr, schüchterne Weiden, Spuren von Menschen und schließlich die große Ackerbauebene von Gyantse mit Zeugenbergen und weißen Klöstern, die wie winzige Schwalbennester über den fernen Talflanken des Nyangtschu hingen. Die Ebene zwischen den brandenden Wogen der Berge, von Eiszeitschotter gefüllt, war unheimlich ausgedehnt. Alles Menschenwerk, die festen Häuser, die Siedlungen, die Burgen in kosmischer Weite verloren, wirkten wie kleine Schiffchen auf dem Ozean der Welt.

Neue, uralte Welten taten sich auf. Erste Berührung mit hohen Priestern und vornehm ernsten Würdenträgern des abgeschlossensten, isolationistischsten Landes der Erde. Empfänge, Baldachine, Gastmähler, weiße Schleier und beginnende Freundschaft: Wir sind willkommen; wir werden erwartet, fern, in der Stadt der Götter!

Welch Jubel, welche unbeschreibliche Freude, in einem solchen Lande zu leben, in einem Lande, wo die Zeit nichts gilt, weil sie für das Verständnis des Menschen keinerlei Bedeutung hat. Diese Menschen, diese Tibeter, leben ganz aus sich selbst, ganz aus der Mitte ihres unbewußten Wesens und aller staatlichen Geschäfte; Glück, Tugend, Laster und das soziale Leben sind völlig unabhängig von der Zeiten Lauf.

Geheimnisumwoben liegt das Herzstück Asiens, von den höchsten Gebirgen umgürtet und beschirmt, Abgrund des Aberglaubens, tanzender

Orakelpriester und Hexenmeister, Domäne weißer Geier, des geheimen Wissens Hort. — Abode reinen Glaubens und unzähliger Klöster, aus denen Weihrauchdüfte strömen, Refugium der Adepten mit dem zweiten Gesicht, die nach Erklärungen suchen für das Rätsel dieser Welt. Tibet ist voll von Geheimnissen, aber auch voll von Fragen um das Los der Menschen. Seine kahlen Berge schweigen und hüten die Geheimnisse, die sich zurückziehen wie Fangarme riesiger Polypen, sobald der Mensch sich anschickt, sie zu greifen.

Wieder frostklirrende Ritte durch todeinsame Wildnis, schweigende Seen, farblodernde Abende, sternfunkelnde Nächte — — — und dann der letzte hohe Paß; der Kamba-La, der hinunterführt ins klassische Tibet, ins Tal des heiligen Tsangpo, des Bramaputra, wo die bodenständige Kultur erwuchs. Der Tausendmeterabstieg durch die wilden Schotterbänke ist der letzte Schritt aus dem zwanzigsten Jahrhundert irgendwohin in die Vorzeit, da der Mensch noch den Glauben hatte und seiner Landschaft verbunden war, so innig wie die Pflanze und das Tier.

Sandstürme peitschen durch das Tal. Die Spuren der Tiere verwehen, aber die Sonne ist heiß zwischen den hohen, himmelanstehenden Felsen. Bei Tschaksam werden die türkisblauen Wasser des Tsangpo auf plumpen Kähnen überschritten, dann biegen wir ins Kyitschutal, das Tal von Lhasa, ein. Sendboten der Regierung kommen uns entgegen, überreichen mir die blütenweißen Seidenschleier und fragen mit gebeugtem Rücken nach dem Ankunftstag. Ich bestimme die glücklichste Stunde, und am nächsten Morgen reiten wir weiter zwischen roten Bergen, durch gelben Sand. Über der Landschaft liegt flimmernder Goldduft, von blauen Dunstschleiern zart umsponnen. Froh traben die Tiere, und die Zeichen der Verheißung mehren sich: Um eine jähe Felsenecke biegend, erscheinen Pilgerzüge in zerschlissenen Bettelgewändern — — — und nun stoße ich unvermittelt auf den ersten, schwielenbedeckten Asketen, der in dauerndem Niederfall, den nackten Fels mit seiner hornbeuligen Stirn berührend, gen Lhasa wallt.

Ohne sich in seinem religiösen Eifer stören zu lassen, kriecht der Mensch dahin. An einer Bodenschwelle richtet er sich auf, schüttelt den Staub von den Fäustlingen, glättet den Lederschurz und sieht mich mit verwunderten Augen an. Ein Osttibeter ist's, aus Amdo von der chinesischen Grenze. Zweitausend Kilometer ist er durch Frost und Sturm auf seinen Knien durch die Bergwüsten gezogen, immer in Vollendung seines Laufes; acht volle Jahre lang. Jetzt steht er vor dem Ziel, vor Lhasa, dem langersehnten. Dort wird seine Wallfahrt beendet sein.

Acht volle, lange — — — so kurze, so rasch vergangene — — — Jahre. Die Gedanken kreisen, sie fliehen und fliegen.

Acht Jahre ruhelosen Wanderns, Jahre voll Wirken und Wirbel, voll Wollen und Wahn. Scharf wie die weiten gelben Dünen, wie die funkelnden Zackengipfel rundum, liegen sie ausgebreitet vor dem Auge.

Auch ich rüstete damals zur Pilgerfahrt. Soll man es Zufall nennen? Auch ich begann damals auf Tag und Monat vor acht vollen Jahren meine Wanderschaft. Ein kalter Januarmorgen war es, als der Student zum ersten Male gen Osten fuhr. Aufeinander folgten die Expeditionen, die kurzen Zeiten in Europa und Amerika, bis zum dritten Male die Wildnis rief — — — und Lhasa! Achtzigtausend, vielleicht auch hunderttausend Kilometer waren nötig in der gleichen Zeit, da jener zweitausend auf seinen Knieen durch die Bergwelt zog.

Jetzt, nach acht Jahren, stehen wir beide vor dem gleichen Ziel, dem höchsten der Forschung und dem höchsten des Glaubens.

Diese Begegnung ist wesentlich. Gewiß sind weder der fanatische Heilige noch der drängende Forscher typische Vertreter ihrer Welten. Auch gilt es, nicht zu streiten und zu rechten, ob diese oder jene Welt der Wahrheit näher kommt. Nicht wer oder wieviel jeder Recht hat, ist die Frage. Allein die Wesenszüge beider Sphären aufzuzeigen ist von Belang. Vielleicht fehlt den Tibetern der rechte Maßstab, so wie uns die Kraft des Glaubens mangelt. Doch wird der Kern bewußt geführter Menschenleben durch solche Fragestellung kaum berührt, denn die Not der Menschen — aller Menschen unter dieser Sonne — ist die gleiche.

Wo wir drängend, stürmend, erkenntnisstrebend mit dem Uhrwerk in der Hand Naturgesetz und Sternenlauf verfolgen, lebt der Tibeter in Symbolen und Bildern, in Träumen und Visionen. Selbst das gesprochene Wort, ja, der gedachte Gedanke sind ihm Mächtigkeiten in dem Kreislauf wirkender Kräfte und handelnder Gestalten. In bezaubernder Harmonie von Gottesschöpfung und Menschenwerk ist ihm das ganze Universum beseelt und jedes irdische, an die Außenwelt verlorene Bezugssystem zerrinnt ihm in der Gebundenheit an die große überindividuelle Ganzheit der Natur, eingefangen im grandiosen Wunderbau der lamaistischen Kirche.

Der Tibeter kennt nicht jene tragisch unschuldige Schuld, die im Fortschrittsglauben ruht. Er hat sich die alten tiefen Brunnen, die das Unbewußte speisen, allzeit offen bewahrt. Auch kennt er nicht den eitlen Dünkel noch die Lebenslüge der an Arbeit und Wirken geknüpften „Unsterblichkeit" des Europäers, die im Gigantenkampf um Brot, Ruhm und Einfluß das Herz verroht. Auch jene bis zur Gottesleugnung verstiegene Selbstliebe ist ihm fremd. Erkenntnisdrang als eine von vielen Betätigungen des menschlichen Geistes würde seinem Lebensgefühl nicht widersprechen, doch ihn als höchstes Prinzip erklären und mit Hilfe der Wissenschaft die Natur beherrschen, anstatt die Verbindung aller Geister und Wesen herbeizuführen, verstößt ihm gegen göttliches Gesetz.

Nach tibetischen Begriffen ist der Mensch zugleich Akteur und Zuschauer im großen Drama des Lebens.

Vielleicht blickt der Tibeter tiefer in das Wesen der Dinge, denn die Erforschung der außersinnlichen Fähigkeiten bis zur Vereinigung mit Gott sind ihm wichtiger als alle Beherrschung der Natur. Das Geistige ist ihm letzte Realität der Welt, und alle empirischen Gebäude sind nichts als eitel Schein und Trug, ein Gaukelspiel der Sinne und Gedanken. Wenn zur wahrhaften Anschauung Gottes ein gesundes Naturgefühl gehört, so ist es hier zu finden. In geschauter Weisheit, in starkem Erfühlen kosmischer Zusammenhänge, dem Stoff entbunden, träumt der Tibeter von Buddhas, Heroen, Geistern und Sternen ein seelenhaftes Lied auf der unendlichen Fläche seiner Imagination. Höchster Zusammenhang und letzter Grund werden ihm vor dem Spiegel der allgegenwärtigen Gottheit klar. So sind ihm seine Götter keine inhaltlosen Begriffe, sondern aus der Offenbarung geborene, dauernd erlebte und immer handelnde Personen.

Während wir ganz in der Welt der Dinge leben, lebt der Tibeter in der Welt der Bedeutungen. Bei uns stehen sich Wahrheit und Irrtum scharf gesondert gegenüber — — — hier, dieser Pilger, der im Staube kriecht, sieht in allen Erscheinungen nur schwankende Schöpfungen aus dem Unsichtbaren, in das sie wieder zurückfließen. Die tibetische Philosophie beruht nicht auf Denkarbeit, sondern auf Intuition. Der Tibeter glaubt, über die Grenzen der Erfahrung zu höheren Bewußtseinsstufen zu gelangen, wobei es ohne Belang und Bedeutung ist, ob die erlebte Welt als Wahrheit oder Irrtum in die Erscheinung tritt, denn hinter der Sinnenwelt liegt eine zweite Welt voll Greifbarkeit und Glück. Deshalb läßt der Tibeter die materielle Welt gehen wie sie will und mag. Er glaubt so tief und echt, daß nichts ihn enttäuschen kann. Er glaubt trotz allem, gegen alles und durch alles hindurch. Er lebt auf seiner von okkulten Kräften getragenen Insel der Magie. Er kennt keinen Zwiespalt, keinen Nihilismus, und, da die Tiefen unseres Seins durch Denken nicht enträtselt werden können, erlebt er auf seinen Pilgerfahrten die wunderbarsten Welten.

Die blanke Silbermünze, die ich ihm biete, weist der Asket mild lächelnd zurück. Seine hölzerne Almosenschale, die man ihm füllt von Ort zu Ort, genügt.

Ich schwinge mich aufs Pferd und reite weiter durch blaudunstige Landschaft und ockerfarbenen Sand. In mächtigen Schleifen windet sich der mehrarmige Fluß zwischen Sandbänken und Schotterflächen durchs breite Felsental. An manchen Stellen ist die Flut so seicht, daß ich jeden Kiesel am Boden erkennen kann, an anderen stoßen die ultramarinfarbenen Wasser auf hartes Gestein, werden zu plötzlichen Kehren gezwungen, treten dicht an die hochragenden Felsdome und fangen in blauen, schweigenden Tiefen den Blick. Streckenweise führt der Weg durch winterlich gedörrtes Flußbett und wüstenhaft verwehtes Land, so daß man Mühe hat, dem Karawanenpfad zu folgen. Glitzernde Sandmassen haben die Hänge in breiten Wellen überschüttet. Alles Leben unter sich begrabend, reichen die sterilen Sandzungen hunderte von Metern an den Hangseiten hinauf und selbst die baumartig verästelten Erosionstälchen und Runsen sind mit dem gelben Leichentuch völlig zugedeckt. Hier und da nur ragen granitene Kronen und felsige Spitzen wie drohende Finger aus dem allgeriffelten Sand. Die grausam starre Natur, diese Wüste von Sand und Stein, bewohnt nur von wenigen Kolkrabenpärchen und kleinen schwarzbunten Alpenlerchen, könnte kein einprägsameres Bild von der ungestümen Gewalt der orkanartigen Sandstürme vermitteln, die während der Wintermonate das weite, öde Lhasatal durchrasen. Über den höchsten Granitwällen ziehen weiße, mächtig gebauschte Wolkenschiffe friedlich und in langen Geschwadern dahin. Silbernen Kreuzen vergleichbar schweben riesige Tibetgeier durch die azurne Bläue und verschwinden in Richtung auf Lhasa.

Nach weltabgeschiedener Ödnis weitet sich das Tal zu seiner vollen Breite von vier bis fünf Kilometern. Die Berge verschwimmen in blaudunstigen Schleiern, die zitternden Sandmassen bleiben zurück, Sanddorndickungen, Pappel- und Weidenhaine, Weiler und Ortschaften beleben die Landschaft, schmucke Klöster leuchten wie Inseln, und vor mir breitet sich die fruchtbare Ackerbaulandschaft von Njetang, unserem heutigen Tagesziel, der letzten Etappe vor Lhasa. Es geht an der von vier mächtigen Tschorten umkränzten Einsiedelei des Königs Ralpaschan vorüber, der, letzter Herrscher der alten Königsdynastie, von seinem Bruder Langdarma, einem Anhänger der vorbuddhistischen Bonreligion, um 800 n. Chr. ermordet wurde.

Der gelobte Pfad, auf dem vor uns schon Millionen gläubiger Buddhisten gen Lhasa zogen, um einmal in ihrem Leben die Heilige Stadt und die Götterburg des Potala zu betreten, ist nun zu einer breiten, zu einer wirklichen Straße geworden. Zottige Yaks, wollpelzige kleine Kühe, helle Schafe und langhaarige Ziegen, die im strähnigen Gelock wie neugierige Teufelchen aussehen, scharren auf abgeernteten Feldern nach kärglicher Wurzelnahrung.

Einem Garten Eden vergleichbar, überwintern tausende von stattlichen Schwarzhalskranichen und bunten Streifengänsen in den öden Talgefilden um die Heilige Stadt. Die gleichen stolzen Vögel, die in ihrer Brutheimat auf den hohen kalten Steppen zu den scheuesten und vorsichtigsten Wildtieren gehören, bevölkern die Ackerbautäler vom Spätherbst bis zum beginnenden Frühjahr in ungeheuren Schwärmen. Sie haben ihre sprichwörtliche Scheu fast völlig verloren. Oft stehen sie in großen Scharen nur wenige Meter von der Karawanenstraße entfernt,

Anmarsch

Felsbuddha

ohne sich bei der Nahrungssuche stören zu lassen. Nur ab und zu hebt ein wachhabender Kranich oder ein vorsichtiger Ganter den Kopf, lüftet die Schwingen, schnattert etwas vor sich hin und schaut uns mit schiefgehaltenem Kopfe nach. Manchmal auch erheben sich die großen stolzen Vögel unter schallenden Trompetenrufen in riesigen blauschimmernden Geschwadern und ziehen zu unseren Häupten majestätische Kreise. Die Legende erzählt, daß die lebenden Götter Tibets, die Dalai Lamas, sich der heiligen Kraniche bedienten, um auf ihren mächtigen Schwingen von Kloster zu Kloster zu schweben. Und wenn die pilgernden Hirtennomaden aus den wilden Hochsteppen zum ersten Male die fruchtbaren Felder mit den heiligen Vögeln erblicken, dann wissen sie, daß das Ziel ihrer Wallfahrt nicht mehr ferne liegt.

Früh ist's noch, als wir, von waagerecht jagenden Sandwolken umheult, mit völlig abgehetzten Tieren in Njetang einreiten, um den Rest des Tages für die Vorbereitungen zu nutzen. In rußigem Gemach, unterm Schirm des Baldachins, mit dem die Ortsältesten mich nun schon seit Wochen, da unsere Ankunft von Lhasa gemeldet wurde, beehren, werden letzte Anordnungen getroffen, staubige Koffer gewuchtet, Zaumzeug geputzt, Kleidung geglättet, Milch, Eier und brotähnliche Fladen, die die Bauern uns brachten, vor schwelendem Dungofen verzehrt. Dann sinke ich, vom Lärm der bienenfleißigen Mannschaften selig umschwärmt, müde und trunken in einen tiefen Schlaf.

Abend schauert über den Lingkhas, Schatten fallen schwer zu Tal, Felsen verdämmern in Gold, Trommeln dumpfen schwer aus den stillen Verließen der Klöster, und von den Schotterinseln schallt letzter Kranichruf über das kaltdämmernde Tal. Bald kreisen überm Flachdach die funkelnden Sterne. Bei schwelendem Talglicht kriecht die Januarnacht durch Luken und Ritzen.

Dankbarkeit, Sehnsucht, Hoffnung. Alles zieht noch einmal vorüber, diese acht Jahre, der wandernde Pilger und die wandernden Sterne. Wie es wohl sein wird, morgen um diese Zeit? Letztes Flüstern, Schlürfen und Rumoren, Dunst von Weihrauch, Wacholder, Yakdung und Leder, murmelndes Gebet aus Dienerquartieren, Geisterweben, Eulenruf und von drunten schwach und immer schwächer das Schnauben und Stampfen der Pferde.

Schon steht der Gepäcktroß. Durch kalte, schauerdumpfe Morgennebel ziehen dicht über die Häuser rauschenden Fittichschlags die geflügelten Völker der Gänse. Helltrompetend folgt das Heer der großen Kraniche, die sich hochschrauben, bis sie aufglühen im Goldschein des erwachenden Tages. Steil und hoch kringelt der Opferrauch. Pelzvermummt an einen Weihrauchofen gelehnt, sauge ich Luft und Landschaft, beobachte das Treiben im Hof zu meinen Füßen, sehe die Nebel zerrinnen und lausche dem Rauruf hoch im Blaudunst kreisender Raben.

So sei es! Erwartungsvoll, in seidenem Feststaat, strahlend und prahlend, gegürtet und gerüstet, stehen Mann und Roß, das Zeichen zum Aufbruch erwartend.

„Zur glücklichsten Stunde, wenn die heilige Sonne den kürzesten Schatten wirft", so hatte ich's die Sendboten wissen lassen, soll das große Ereignis erfolgen.

Im Dämmerlicht schon waren die ersten Diener auf schnellen Pferden vorausgeritten, die pünktliche Ankunft zu künden. Schlag sieben Uhr, genau errechnet, setzt sich die schwerfällige Karawane langsam in Marsch; wir folgen um acht, die Vereinigung ist auf zehn Uhr festgesetzt. Sahibs voraus, Dolmetscher, Diener, Karawanenführer, Reiter und Gepäcktroß in gemessenem Abstand folgend, ganz wie es die Sitte des Landes empfiehlt, soll der Einzug erfolgen.

Sattblauer Himmel, brennrotleuchtende Felsen, frosthauchdampfende Pferde, klappernder Felsgrund, samtgeriffelte Dünen und von Leben wimmelnde Felder: Inmitten kahler Bergnatur ein paradiesisches Tal. Trotz kalter Luft im Aufprall sengende Sonne. Reiche prächtige Bauernhöfe, an deren Pforten und Portalen die glückbringenden Zeichen weithin leuchten, bleiben am staubigen Wegrand liegen. Farbige Skulpturen, heilige Inschriften und halberhabene Steinplastiken mehren sich, Buddhas und lamaistische Heilige sind allerorten in die Felsen geschlagen, und überall prangen die mystischen Sechssilbenformeln in ehernen Lettern vom Rande des gelben staubigen Pfades.

Bald dehnen sich wieder, wie am gestrigen Tage, nur mit spärlichem Dornicht bestandene Sandflächen, hinter denen der flache Kyitschu seine türkisblauen Fluten ergießt. Wüstenhaft unfruchtbare Flächen, wo blutrot und tiefblau schimmernde Berge in gelben Sandmassen ersticken, zeigen für Kilometer nicht viel mehr Vegetation als ein paar graue, strähnige Gräser und dornige Buschkaupen. Doch beim Blick in die Seitentäler und die jäh sich staffelnde Gebirgswelt rundum gewahrt man überall kleine, von Baumgruppen umgebene Klöster, die mit ihren roten Tempeln und blendendweißen Mauern weithin leuchten und schimmern. Es ist fürwahr ein wundersames Bild, die Spuren der Menschen in dieser märchenhaft abgeschlossenen Erdenlandschaft unter den hochwuchtenden Türmen silberumrandeter Kumuluswolken wie verlorene Punkte aufleuchten zu sehen. Hier und da säumen knorrig verschrobene, mit bunten Gebetsfahnen geschmückte Korkzieherweiden, die als Geisterwohnungen göttliche Verehrung genießen, den steinigen Pfad, und man kann sich der Eingebung nicht verschließen, daß das hohe Ziel mit jeder Meile näher rückt. In gespanntester Erwartung sind unsere Augen nach vorne gerichtet, als wollten sie die blauen Dunstschleier über dem Talende durchbohren, um die erste Vision von den goldenen Tempeln der

Heiligen Stadt zu erhaschen. Aber vorerst sehen wir immer nur blaue Kraniche in langen Geschwaderzügen gegen gelbe Dünen über uns hinziehen, bis sich der Schlag ihrer mächtigen Schwingen im Luftgeflitter verliert. Dann wieder reiten wir still und stumm zwischen Scharen roter Carsacas und bunter Streifengänse dahin. Die freudige, erwartungsvolle Stimmung aber wächst und wächst.

Über Sand- und Schotterbänke ein letztes Mal bergwärts ausschwingend, stößt ein mächtiger Felsdom von dräuendem Granit steil in den Himmel. Hier, wo sich das winterbreite Tal jäh verengt, ist eine gewaltige, wohl zehn Meter hohe Kolossalstatue Gautamas, des Begründers der buddhistischen Lehre, in den gewachsenen Fels geschlagen. Aus steinernem Gewölbe hat der historische Buddha seinen ruhigen Blick auf Lhasa gerichtet. Namenlose Pilgerscharen haben vor ihm Steinchen auf Steinchen zu mächtiger Manipyramide gefügt.

Da erfaßt uns plötzlich eine seltsame Erregung. Als wenn der Buddha unsere Augen lenkte, fallen wir in Galopp und jagen — halb unbewußt — über Stock, Stein und kiesiges Geröll der nächsten Bodenwelle entgegen. In jubelnder Begeisterung wird die kleine Anhöhe erklommen. Und dann — — — wahrhaftig! Da wächst sonnfunkelnd auf hochwuchtendem Zeugenfels das Wahrzeichen Lhasas, der Potala, der wunderbare, der goldstrahlende Palast der Gottkönige von Tibet, aus blaudunstverschleierter Ebene hervor! Dies Monument des Glaubens, Sinnbild einer endgültigen Macht mitten in felsstarrender ungebändigter Natur, zwingt uns augenblicklich von den Pferden. In tiefem Schweigen stehen wir versunken. Alle steinerne Monumentalität scheint zu versinken. Der Potala ist atemberaubende, ist fehlerlose gesteigerte Idee. — Die Kraft des Glaubens und eine überschäumende Phantasie haben dieses magische Kunstwerk geschaffen. Hier hat sich Menschengeist auf dem Hintergrund der wilden Berge in kosmische Urkräfte eingereiht in wunderbarer, farbiger, tausendfach mysteriöser Verknüpfung. Erschüttert stehen wir. Das ist der Mutterboden der Kultur. In solcher Stille, solchem Glanz erwuchs den Tibetern die Bereitschaft, in Frieden und Sanftmut eine moralische Welt zu erbauen, wie niemand sie bei diesem wilden Hochlandvolk vermuten möchte. Wie von unsichtbaren Himmelskräften aufgebaut, entragt diese eigenwillige Burg dem gewachsenen Fels als imaginärer Abglanz der geistigen Gestalt des Menschen.

Das ist der Potala, ein bis zum blauen Firmamente aufragender Berg eines Gebäudes, in Stein gedachter Gedanke, titanische Persönlichkeit. Macht und Erfüllung jener uralten Prophezeiung: „So wird ein von Freude erfülltes Kloster das Schneeland sein."

Abseits, mit gesenkten Köpfen, stehen die Pferde. Ich trete zurück, das ganze Bild zu umfangen. Unsere Tibeter und Sikkimesen haben

sich zu Boden geworfen, den Staub mit den Stirnen berührend. Leise fächelt der Sonnenwind und die ockerbraunen Berge flirren im Glanz. Über den goldstrahlenden Zinnen des Tempelpalastes, den die Götter selbst sich schufen, weht dumpf das Mysterium.

Mit magischer Gewalt fühle ich mich in den Bann dieser anderen Welt hineingezogen, die mich nun für lange Monate festhalten soll.

Und weiter dröhnt der Hufschlag durch felsstarres Tal dem mächtigen Tempel entgegen. Die Sonne steigt. Kaum haben wir die ziehende Karawane erreicht, stürzen mir die Vorausgesandten entgegen. „Sahib, am Eingang des Weilers, dort bei den hohen Pappeln, stehen sie und warten... dort wird man euch willkommen heißen.“

Rasch formieren wir uns, steigen beim Vortritt der kleinen Bewillkommnungsabordnung von den Pferden, schreiten den Tibetern entgegen, tauschen höfliche Begrüßungsformeln aus... und setzen unseren Marsch in Begleitung der lhasatibetischen Beamten fort. Später kommen uns als die einzigen in Lhasa akkreditierten Vertreter fremder Mächte, die Gesandten Chinas und Nepals mit vielen uniformierten Begleitern entgegen. Auch sie entbieten uns den Willkommensgruß und überreichen weiße Freundschaftsschleier. Alle geben uns das Geleit, gerade als ob wir hohe Potentaten aus fernen fremden Ländern seien, und unsere Karawanenschlange wächst und wächst.

Linker Hand, auf allmählich ansteigendem Alluvialfächer, eingekeilt in felsig starrer Talbucht, liegen amphitheatralisch gestaffelt die kompakten Massen des größten Klosters der Welt: Drepungs, des bedeutendsten Regierungskonventes Tibets, aus dessen goldroten Tempeln die göttliche Wiedergeburtsreihe der Dalai Lama im 15. Jahrhundert ihren Ursprung nahm. Als mächtigste der „drei Säulen des Staates“ beherbergt Drepung annähernd zehntausend Mönche in seinen festungsartigen Zyklopenmauern.

Kalkweiß leuchtend macht dieses inmitten kahltürmender Bergwelt gelegene Riesenkloster einen unheimlich weltabgewandten, beinahe geisterhaft verschlossenen Eindruck. Die langen gleißenden Wälle schimmern grell und erhaben, als wir langsam vorüberreiten.

Etwas abseits, durch tiefe Erosionsschlucht vom heiligen Kloster der Staatskirche getrennt und von Hainen großmächtiger Pappeln rings umschlossen, liegt das berühmte Staatsorakel von Netschung, Sitz des Taluma, des größten Zauberpriesters, dessen Aufgabe es von jeher war, die Geburten der Dalai Lamas und die Schicksale des Landes vorauszubestimmen. In profanem Gegensatz zu den beiden Regierungsklöstern breitet sich talwärts zu Füßen und durch die staubige Pilgerstraße von den Konventen scharf getrennt, die Kolonie der Bettler, Metzger und „Leichenzerschneider“, der schaurigen lumpengekleideten Ragyapas, die

die fetten Yaks mit knotigen Stricken ersticken und die Leichen der verstorbenen Mönche den „fliegenden Särgen" mundgerecht machen.

Von Drepung führt die Pilgerstraße dammartig zwischen winterlichem Unland, Sümpfen und Mooren geradwegs auf die Doppelburgen von Potala und Tsogpuri, die von Minute zu Minute gigantischer in den blauen Himmel stoßen. Ein mächtiges Aquädukt und Norbulingkha, wallumgebener Juwelenpark und Sommerresidenz des letzten Dalai Lamas, bleiben liegen, bis im Einschnitt zwischen beiden Felsenburgen der Parko-Kaling, torartig durchbrochener „zweibeinig" goldgekrönter Tschorten und damit die Eingangspforte Lhasas vor uns liegt. Wie eine Gralsburg links der Potala und rechts, jäh und zur Festung sich erhebend der „eiserne Hügel", die Medizinburg, Sitz Manlas, des Buddhas, der die Seuchen heilt.

Schon rasen die Menschen in drängenden Scharen, schon wollen wir jubeln und jauchzen, da nimmt uns Parko-Kaling auf, das düsterschwarze Tor mit den segnenden Heiligtümern zu Häupten.

Von allen Sünden befreit stehen wir nun — die Sonne hat ihren höchsten Stand erreicht — vor der südlichen Breitfront des riesengewaltigen Palastes. Strahlende Helle umfängt uns. Und keinem wird der Anblick aus dem Gedächtnis je entschwinden. Es gibt wohl nur wenige Bauwerke auf dieser Erde, die einen so überwältigenden Eindruck hinterlassen können wie dieser fast vierhundert Meter lange, trutzig aufragende Tempelpalast der Dalai Lamas. Während Soldaten unters Gewehr treten, und unsere Begleiter alle Mühe haben, sich des drängenden Volkes zu erwehren, saugen sich unsere Augen voll der weißen, roten, goldgekrönten Majestät aus Stein. Den Blick nach links und nach oben gerichtet, gleitet der Potala ganz langsam strahlend und feenhaft entrückt in seiner ganzen Länge vorüber.

Dann vor uns schimmernd die Türkisenbrücke und weißleuchtend die Heilige Stadt! Unsere gewaltig anschwellende Kavalkade aber wendet sich nach Süden dem Ufer des Kyitschu entgegen, wo wir im parkumschlossenen Gästehaus der Regierung, in Tredilingkha, vorbereitetes Quartier beziehen.

Hätte ich nur ahnen können in diesen ersten, diesen aufregenden Tagen des Einfühlens, des Tastens und Suchens, daß aus den vorangekündigten 14 Tagen mehr als zwei volle, reiche Monate werden würden! — — So bleibt vorerst noch die Sorge meine ständige Begleiterin.

„Gyalpo Chutuktu Reting Rimpoché, Seine Heiligkeit der König, Regent und derzeitiger Vertreter des Dalai Lama, befinde sich in göttlicher Verinnerlichung — — — zurückgezogen in Palast und Kloster meditiere er — — — wir müßten warten, bis es Seiner Heiligkeit gefalle, uns zur Audienz zu empfangen."

Das ist die Antwort, die mir wird auf die bescheidene Frage, wann es wohl angezeigt sein werde, dem tibetischen Staatsoberhaupt unsere Aufwartung zu machen. Warten also, denn es wäre ein grober Verstoß gegen Sitte und Gesetz, wollte ich den Versuch unternehmen, dem Premierminister oder einem der vier lotosfüßigen Kabinettsminister meinen Besuch zu machen, bevor mir der Regent nicht die Gunst geschenkt, den ersten weißen Schleier in seine göttlichen Hände zu legen.

Warten, warten, warten. Eine aufreibende Arbeit. Alle Kenntnisse asiatischer Höflichkeit gilt es nun aufzubieten, um keine Empfindlichkeit, keines der vielen ungeschriebenen Gesetze zu verletzen. Abtasten, einfühlen und sich selbst vergessen! Der logische Mensch, der Europäer, bleibt als Hülle zurück. In tibetischen Dingen ist es oft gerade der Unlogische, der den Sieg davonträgt. Ruhe und Gelassenheit zeigen, nachsichtige Ironie üben, lachen, lächeln, helfen, werben, das bringt gegenseitiges Verständnis; nur nicht urteilen, nicht den selbstgerechten Abendländer spielen und den Verlockungen des Tatwillens unterliegen! Der kleinste Formfehler würde unweigerlich den Verlust des „Gesichtes" bedeuten, und alle Hoffnung auf ein längeres Verweilen in der Heiligen Stadt mit einem einzigen Schlage zunichte machen.

Reizvolle Aufgabe und wunderbares Gefühl ist es zu gleichen Teilen, das gegenseitige Vertrauen von Stunde zu Stunde wachsen zu sehen. In dieser glücklichen Menschheitsoase geht es den Bewohnern um das Studium der Lebensweisheit weit mehr als um Gelehrsamkeit und Bildung, und in der Kunst der Lebensführung, der Tröstung des Gemütes sind sie uns weit voraus. Nichts jedenfalls ist ihnen so begehrenswert als das Leben. Den Lhasatibetern scheint die konfuzianische Weisheit, daß es die Wahrheit selbst gewiß nicht sei, wenn etwas Wahres von der menschlichen Natur ausgehen sollte, zur Lebensmaxime geworden zu sein. So werden Glaubensstarrheit und Buddhadogma durch gesunde Vernunft allzeit in wahrhaft glücklicher Schwebe gehalten. Allerdings lassen sich die Tibeter ihr Glück etwas kosten.

Nach materiellem, nach westlichem Standpunkt gewertet, ergäbe sich folgendes Bild: Eigensüchtiges Priestertum verweigert Bildung und Erziehung; sklavische Abhängigkeit läßt das Volk in dumpfem Mystizismus verharren; lamaistische Hierarchie schwächt die Nationalkraft, dünkelhafte Selbstüberschätzung versündigt sich an den „Geboten der Zeit"; das Volk ist unterprivilegiert und ausgepovert; statt Hygiene Geisterabwehrzauber und Gebete.

Man verzichtet bewußt auf den Fortschritt, aber man lebt doch glücklich. Das Verhältnis zwischen Volk und Adel ist so gut, daß der Leibeigene nicht weiß, daß er Leibeigener ist. Das Sprichwort: „Wenn in China der Herr stirbt, muß der Diener betteln gehen — — wenn in

Tibet der Herr das Zeitliche segnet, dann reitet der Diener zu Pferde",
kennzeichnet die Situation. Die Lhasatibeter wissen, daß das Glück nicht
von den Gütern dieser Welt abhängt, sondern in der Hingabe an das
Mysterium des Lebens verborgen liegt. In solchem Sinn haben alle die
abstrakten Philosophien des Westens nicht einmal ansatzweise zu sagen
vermocht, was das Glück ist. Eiferer, die die Frage des irdischen Glücks
von derjenigen nach der Erlangung des Seelenheils verdrängen lassen,
gibt es in Lhasa nur wenige. Dann wäre das Leben auch nur halb so
schön in der Heiligen Stadt. Man läßt sich, selbst im Potala, nur allzu-
gerne ein kleines Hinterpförtchen offen. So schlimm, wie Europäer es
oft meinen, ist's mit Dämonenangst und Götterfurcht wahrlich nicht.
Lhasa fehlt jede klösterliche Atmosphäre, jede pessimistische und lebens-
verneinende Stimmung. Selbst die heiligsten Handlungen werden mit
Humor gewürzt. Über allem aber erhebt sich eine animistische Hinter-
welt, die es dem Gläubigen ermöglicht, neben aller monotheistischen
Buddhaanbetung und polytheistischen Heiligenverehrung ein natürlicher
Mensch zu sein: weltoffener, freier Pantheist in göttlicher Natur. Trotz
aller Formen und Formeln sieht der Tibeter den großen Gott in allem,
was ihm die Natur an täglichen Wundern offenbart, in Sonne, Gestirnen,
Bergen, Flüssen und im Wechsel der Jahreszeiten.

Je tiefer wir eindringen, desto häufiger finden wir die glückhafte
Paradoxie bestätigt, daß Dogmen und Gesetze nur geschaffen scheinen,
um humorvoll umgangen zu werden. So ist das Leben in der tibetischen
Hauptstadt.

Vom ersten Tage an geben wir uns alle erdenkliche Mühe, uns in das
seltsame Gefüge der tibetischen Gesellschaft und des tibetischen Staats-
wesens einzufügen, ganz so, als ob wir selbst dazu gehörten. Bald schon
beginnen wir uns in der fremden Welt heimisch zu fühlen.

Tredilingkha, das parkumgebene Gästehaus, wo wir schalten und
walten können wie es uns gefällt, und das wir bald ganz als unser
Eigen betrachten, wird uns zur zweiten Heimat. Der Blick vom flachen
Dach auf das Rund der gewaltigen Berge ist überwältigend schön. Immer
steht der Potala in seiner herben, unnahbaren Schönheit vor unseren
Augen. Nichts spiegelt die Seele des Landes so wieder wie dieses Gebäude. Oft, wenn ich sonnend meditiere, scheint mir Lhasa inmitten
dieser aufgewühlten wilden Bergwelt eine verwunschene Stadt und die
zauberhaften Tage verfliegen wie ein Traum. Mußte dieses schimmernde
Fleckchen Erde mit den beiden hochaufragenden Zeugenbergen nicht
einfach zur Stätte höchster Verehrung werden?

Einmal wird der Postläufer, der unsere Heimatbriefe mit sich führt,
einige Tagereisen entfernt überfallen, durch Armschuß schwer verwundet

und ausgeraubt. Sonst aber läuft alles seinen ruhigen, gleichmäßigen Gang, als ob wir schon seit langem in dieser Welt des Friedens lebten.

Es gibt keine nennenswerten Schwierigkeiten zu überwinden. Die Regierung schickt uns Gastgeschenke: Dutzende von Ledersäcken mit Mehl, Getreide, Erbsen, Bohnen, Reis, riesige, in Yakfelle eingenähte Butterklumpen, Ladungen chinesischen Ziegeltees, hunderte von Eiern, ganze getrocknete Schafe und Schweine, halbe Yaks, Teppiche, Kultgegenstände, heilige Bücher und weiße Schleier über weiße Schleier. Nachdem sich die Überbringer ihrer Freundschaftsgaben entledigt und sie zu hohen Pyramiden gestapelt haben, entblößen sie in langer Reihe stehend ihre Häupter, nesteln ihre Kleidung zurecht, drehen die zitronenfarbenen Wollkappen in den Händen und kommen gebeugten Rückens herbei, um salbungsvolle Flüsterworte der Ergebenheit zu schlürfen. Dann halten sie mir die zum Himmel gekehrten Handflächen in gebeugter Devotion entgegen, strecken ihre Zungen soweit sie nur können aus dem Hals heraus — und ziehen sich zurück.

Die Freundschaftsgaben füllen bald einen ganzen Raum, und täglich erhalten wir weitere Beweise des ungeteilten Wohlwollens, das uns die Bevölkerung entgegenbringt.

Obgleich die Audienzen noch immer auf sich warten lassen, so fühlen wir es doch: man hegt höchsten Ortes keinerlei Mißtrauen mehr. Wenn ich in stillen Stunden in unserer kleinen Handbibliothek blättere und von den Schwierigkeiten, den Enttäuschungen lese, die so viele Expeditionen zum Scheitern brachten, so kann ich es kaum fassen. Welch schönes Gefühl zu wissen, daß dieses seit Jahrhunderten in aller Welt als fremdenfeindlich und unnahbar verschrieene Volk, sich in Liebenswürdigkeit überbietet, um unser Leben so angenehm wie möglich zu gestalten. Später sagten mir die Minister, die Leute von Lhasa hätten uns von Anbeginn in ihre Herzen geschlossen, weil wir stets große Nachsicht geübt, die Sitten des Landes nie verletzt und die Belange der Geistlichkeit stets geachtet hätten. So können wir uns völlig frei und ungehindert bewegen und jeder schätzt sich glücklich, uns einen kleinen Gefallen zu tun oder eine Freude bereiten zu können.

Voll Weite und inneren Reichtums öffnet sich uns die Seele dieses liebenswerten Lhasavolkes. Wenn wir von den unerbittlich strengen Gesellschaftsregeln absehen und nur das Menschliche betrachten, so leuchtet viel Wesensverwandtes auf, so daß man meinen möchte, die Kulturkreise müßten zu einer früheren Zeit in innigerer Verbindung gestanden haben.

Obwohl sich unter den jungen Adeligen, namentlich solchen, die Indien besuchten, gewisse Auflockerungsbestrebungen bemerkbar machten, hält doch die große Mehrzahl der „von den Göttern abstammenden“ Hocharistokraten der Heiligen Stadt mit großer Zähigkeit an der alt-

hergebrachten, mit tausend gläubigen und abergläubischen Vorstellungen
verknüpften Tradition fest. Der Nachruhm königlicher Vorfahren ist
Maßstab für alles soziale Leben. Daher kann es auch keine größere persönliche Beleidigung geben, als in dem Rufe zu stehen, die Regeln der
Etikette nicht in allen Einzelheiten zu beherrschen. Weit mehr noch, als
in anderen asiatischen Ländern, wird das Zeremoniell nach Urväter-
brauch sorgsamst gehütet und ist in strikte, unumstößliche Regeln gekleidet, deren Nichtbefolgung die Aufnahme und das Recht auf gute
Behandlung von vornherein ausschließen.

So nutzen auch wir die Zeit, um vor dem Spiegel der „öffentlichen
Meinung" zu bestehen; lassen uns von unserem „Zeremonienmeister",
dem eigens für diesen Zweck gedungenen adeligen sikkimesischen Dolmetscher, belehren und üben „feierliche Würde" und „gedämpften Ausdruck", um allen kommenden Empfängen bei König und Ministern gewachsen zu sein.

Der höfliche Austausch von Besuchen ist nun einmal integrierender
Bestandteil des Hof- und Gesellschaftslebens der regierenden Kaste.
Pflicht jedes Neuankömmlings ist es, keinen Besuch zu unternehmen,
ohne einen Dolmetscher oder Diener vorausgesandt und „das gute
Omen" sowie die „passende Stunde" erfragt zu haben. Alle Besuche
müssen langfristig arrangiert und den Glückstagen des tibetischen Fest-
kalenders angepaßt sein. Stets dienen die ersten Besuche nur dem Zweck,
sich gegenseitig kennenzulernen, gebührende Geschenke zu überreichen
und einander die schönsten Artigkeiten zu sagen. Keinesfalls dürfen
Bitten gestellt werden. Da gibt es, je nach Ansehen und Würde des
Gastes, die feinsten Gradationen vom direkten Einholen am Portale bis
zum kaum wahrnehmbaren Kopfnicken von der einsamen Höhe des
goldenen Thrones.

Vor allem gibt es keine wichtige Begebenheit im gesellschaftlichen
Leben des Lhasatibeters, bei der die Khadaks, jene, die Reinheit ver-
sinnbildlichenden weißen Seidenschleier, nicht zu ihrem Recht kommen.
Lhasa ist die Stadt der weißen Schleier.

Ein echter Kult wird hier mit diesen bis zu drei Meter langen und
dreißig bis vierzig Zentimeter breiten, aus hauchzarter Seidengaze ge-
webten Schärpen betrieben, von denen es Dutzende von Qualitäten und
unnennbar viele Überreichungsarten gibt, denen allen eine bestimmte
Symbolik zugrunde liegt. So wie sie sich äußerlich nach Machart und
Muster unterscheiden, ebenso mannigfaltig sind auch die stets mit kultischen Vorstellungen verbundenen Verwendungsarten der Khadaks. Ursprünglich als „Gottesgewand" gedacht, werden die zarten Gebilde bei
jedem Tempelbesuch entfaltet und den goldenen Bildwerken graziös
über Hände und Schultern geworfen. Auch glauben die Tibeter, daß
die langen Cirrusfahnen, wie sie an kalten, klaren Wintertagen so häufig

um die höchsten Gipfel der eisgepanzerten Götterburgen weben, nichts anderes sind als Khadaks, in die die Berggottheiten ihre Häupter hüllen, um sie vor dem Blick der Unwürdigen zu verbergen. Doch nicht allein der Verkehr mit den Gottheiten wird vom Schleierzeremoniell beherrscht, sondern auch alle Beziehungen vom Mensch zum Menschen stehen im Zeichen des weißen Sinnbildes. In der Tat ist kein Besuch, keine Vorstellung, keine zeremonielle Einführung und kein Festessen möglich, ohne dieses wichtigste Beiwerk der tibetischen Etikette. Schriftliche und mündliche Botschaften, Beglückwünschungen, Geburts- und Todesfälle, Verlobungen und Hochzeiten, Feierlichkeiten und Zusammenkünfte, Kongregationen und Disputationen, kurz, alles und jedes wird von weißen Schleiern begleitet. So tief ist der Khadakkult mit dem täglichen Leben verwoben, daß hochstehende Tibeter, wo immer sie gehen und stehen, stets weiße Schleier bei sich tragen, nur um niemals in die Verlegenheit zu kommen, als unhöflich zu gelten.

Für uns ist es daher von größter Wichtigkeit zu lernen, wie den verschiedensten Rangstufen bei der oft reichlich komplizierten Art der Schleierdarbringung die allergrößte Bedeutung beigemessen wird. Befindet sich nämlich der Empfänger in einer höheren Stellung als der Gebende, so bleibt ersterer sitzen und erwartet, daß der andere den Khadak zu seinen Füßen niederlege. Im Falle der Gebende nur wenig unter dem Empfangenden steht, wird der Schleier mit beiden Händen auf dem Präsenttischchen entfaltet, wenn aber die Ranghöhe beider die gleiche ist, so legen sie sich die Schleier gegenseitig in die nach oben gekehrten Handflächen. Besitzt der Empfänger den Rang eines hohen Staatsbeamten, so legt er den Schleier mit festgelegter Fingerhaltung um den gebeugten Hals des Darreichenden, wobei dieser genau vorgeschriebene Dankesbezeugungen lispelt. Wer einer persönlichen Bitte Ausdruck verleiht, darf neben den der Höhe der Petition entsprechenden Geschenken den weißen Khadak nicht vergessen, der jedoch erst angenommen wird, wenn der Gebetene auch gewillt ist, der Bitte Gehör zu verleihen.

Allerhöchsten Personen sollte der Seidenschleier nicht direkt überreicht werden. Selbst der chinesische Amban hatte als Vertreter des Mandschukaisers nicht das Recht, dem Dalai Lama einen Khadak persönlich zu überreichen. Auch gab der Dalai Lama nur in den allerseltensten Fällen Schleier in Erwiderung, sondern beschränkte sich darauf, solche zu empfangen. Ausnahmen wurden nur bei Günstlingen gemacht, oder bei hohen Staatsdienern, die sich auf eine weite Reise begaben und einen Glückwunschschleier als Talisman mit auf den Weg erhielten.

Endlich — — — endlich kommt der große Tag. Seine Heiligkeit der Regent und König, hat uns durch Überreichung eines Seidenschleiers wissen lassen, daß er seine Meditationen beendet habe.

Es sei ihm eine große Freude, uns in seinem Privatkloster zur Antrittsaudienz zu empfangen.

Noch einmal wird das Schleierzeremoniell durchgeprobt und die Geschenke werden einer letzten Begutachtung unterzogen: optische Geräte, schönes Porzellan, künstliche Edelsteine der I. G. Farben, ein deutscher Bernsteinschmuck, eine Auswahl bester Medikamente mit tibetischer Beschriftung, allerlei Konfekt, europäische Leckereien und schließlich ein Radioapparat, der später auf einen Altar zu stehen kommt.

Zur festgesetzten Stunde finden wir uns ein, werden am Portal von einem hünenhaften Leibgardisten in roter Lamauniform empfangen, durchschreiten einen langen gepflasterten Hof und werden in einen zu ebener Erde gelegenen blitzsauberen Empfangsraum geführt, wo uns aus Jadetassen gesalzener Buttertee gereicht wird. Schon nach wenigen Minuten erscheint der Haushofmeister Seiner Heiligkeit und bittet uns, ihm zu folgen. Ein weiteres Portal führt durch einen gepflegten parkähnlichen Lustgarten zur Residenz, einem entzückenden Palast, halb Licht, halb Schatten, wie das Lustschlößchen eines Rokokofürsten. Wenige breite Stiegen, eine goldglänzende Vorhalle und ein Empfangszimmer, wo wir von einigen Höflingen in reichen Lamagewändern zum zweiten Male mit viel Ehrerbietung empfangen werden. Während wir noch dabei sind, unsere weißen Schleier zu entfalten und die Diener mit den Geschenktabletts in tiefer Ergriffenheit Aufstellung nehmen, läßt Seine Heiligkeit bitten.

Eine Tür öffnet sich, eine dunkelrote Portiere wird zurückgeschlagen, ich werfe noch einen letzten Blick auf meine hinter mir stehenden Kameraden — — — dann umgibt mich das flutende Licht des ganz in rot gehaltenen Thronraumes des Regenten. Mitten darin steht barhäuptig, von tiefroten Lamagewändern umflossen, der Herrscher Tibets und höchste lebende Buddha des Schneelandes, der König und Regent, Gyalpo Chutuktu Reting Rimpoché. Während ich mich an der Schwelle tief verneige und mein erster Dolmetscher, Rabden Khazi, unauffällig Aufstellung nimmt, kommt mir Seine Heiligkeit, dieser des Laufens völlig ungewohnte Mann, behutsam watschelnd, aber doch aufrecht, wie eine wandelnde Glocke, entgegen. Nochmals verneige ich mich mit geöffneten, zum Himmel gekehrten Handflächen, um sinnbildlich zu zeigen, daß ich weder Waffen noch Gifte bei mir führe. Dann umfasse ich den tiefen Blick des Regenten, der nun rasch einen mächtigen weißen Schleier enthüllt. Im gleichen Augenblick wirft mir Rabden den meinigen über die ausgebreiteten Hände, so daß er beiderseits fast bis zum Boden herabreicht.

Nun berühren sich unsere Fingerspitzen, unsere Hände, und ich schiebe die meinen, schweren, ganz langsam unter die seinen, schmalen Asketenhände, die den für mich bestimmten Freundschaftsschleier tragen.

Es beginnt der schwierigste Teil der Zeremonie: in rastloser Bewegung schaufeln meine Daumen den Khadak unter diejenigen des Regenten, um ihn in seine Handflächen gleiten zu lassen.

Strahlend schaut mich der König an; die erste Prüfung habe ich bestanden. Die ausgetauschten Schleier über die Unterarme geworfen, schütteln wir uns lächelnd die Hände. Dann trete ich zur Seite, um meinen Kameraden Raum zu geben, die nun jeder das gleiche eingeübte Zeremoniell wiederholen und auch alle einen Schleier des Regenten in Empfang nehmen. Schließlich wird unserem Dolmetscher, der dreimal niederfällt, die Gunst zuteil, seinen Schleier zu überreichen. Er steht mit gebeugtem Rücken und niedergeschlagenen Augen, um seinem lebenden Gotte nicht ins Angesicht zu schauen. In der Zwischenzeit defilieren die Diener mit den Geschenken herein und setzen sie — auch dieses gehört zu den unumstößlichen Regeln der Etikette — möglichst unauffällig nieder. Sie dürfen während der ganzen nun folgenden Audienz von keinem der Anwesenden auch nur mit einem einzigen Worte erwähnt werden.

Während wir uns um ein geschnitztes, vor dem Thronbett stehendes Tischchen niederlassen und die Diener aus schweren, ziselierten Silberkannen den gebutterten Zeremonientee servieren, begibt sich Seine Heiligkeit unbeholfen trippelnd auf seinen Thron zurück, um mit untergeschlagenen Beinen in Buddhastellung Platz zu nehmen.

Der Herrscher Tibets ist noch jung, 29—30 Jahre vielleicht, schmal, zart, asketisch, von bleicher Gesichtsfarbe, mit kurzgeschnittenem Lamahaar und großen dunklen Augen, die sehr schön sind und den mystischen Glanz besitzen, jenen unverkennbaren tiefdurchdringenden „Lamablick". Zuweilen laufen kaum wahrnehmbare Zuckungen wie inwendige Blitze über sein Antlitz, so daß es beinahe unharmonisch scheint und die ganze insichgekehrte Persönlichkeit verschwimmen läßt. Auf den ersten Blick wirkt der mächtigste Mann Tibets zaghaft, linkisch und ein klein wenig verlegen, als ob er die schwere Last der hohen Ämter ganz gegen seinen Willen trüge. Es ist nichts Außergewöhnliches an diesem schmächtigen Menschen mit den dünnen, nackten Armen, die wie verloren aus dem brokatenen Panzer seiner Amtstracht hervorschauen. Aber beim Nachdenken, beim Grübeln, Meditieren und in der Abwehr verändern sich die Züge des göttlichen Herrschers ganz und gar. Dann wirkt das Antlitz konzentriert und harmonisch. Die großen dunklen Augen erhalten einen eigenartigen Glanz und auf der gefalteten Stirn über den Brauenwülsten treten zwei Protuberanzen hervor, regelrechte Hauthörnchen. Das sind die göttlichen Zeichen des lebenden Buddhas, die mystischen Antennen, mit denen er die Wunder wirkt. Um ihretwillen wurde er als kleines Kind gewählt und als lebende Gottheit in das Reting-Kloster gebracht, „nachdem sich seine Fußspuren schon als Säugling in den granitenen Fels gegraben hatten, als wenn es lockerer Sand gewesen wäre“.

Nachdem auch unser Dolmetscher mit untergeschlagenen Beinen auf dem Boden Platz genommen hat, erteilt ihm Seine Heiligkeit einen gnädigen Wink, ein huldvolles Lächeln und das Frageantwortspiel mit seinen reizenden Selbstverkleinerungen, ehrerbietigsten Komplimenten, wohlwollenden Zustimmungen und nicht endenwollendem Kopfnicken und Lächeln kann mit allen betörenden Artigkeiten beginnen. Sogleich dringen höchst merkwürdige, doch zugleich sehr salbungsvolle Zungen-geräusche an mein Ohr. Durch rasche kleine Atemzüge und das An-stoßen der speichelbenetzten Zunge gegen den Gaumen kommen halb singend — und halb weinerlich klingende schlürfend-schnalzende Töne zu-stande, die von dauerndem „Lha-Lo“ — „Gott zum Gruß“-Rufen unter-brochen werden und die sublimste Art des Tibeters darstellen, Aner-kennung und Ehrerbietung zu äußern. Leises Fauchen gilt als höchste Form des Taktes und der Höflichkeit. Wehe dem, der sich ereifert oder gar seine Stimme zu heben sich erdreisten würde, und wehe dem direkten Frager, er würde lange warten können, eine direkte Antwort zu er-halten. So webt unser Rabden aus hundert brokatnen Fäden ein glitzern-des Gewand, das im sonoren Auf und Ab des spulenden Schiffleins mit den schönsten Edelsteinen der Sprache durchsetzt ist. Und Reting Chutuktu nimmt unsere Rede an, lächelnd, geehrt, wie das schönste Geschenk. Seine wohlgesetzten Antworten klingen tief und melodisch. Auf beiden Seiten wird jegliche Andeutung von Eigenlob vermieden und mit der hohen Meinung, die ein jeder von sich selbst und seinem Lande hat, tunlichst zurückgehalten. Der Regent setzt uns das Beispiel selbst: Stelle ich eine Frage über die Größe des göttlichen Landes, so gibt er — abgesehen von der Tatsache, daß ihm alle Machtgedanken ferne liegen, sein eigener Gesichtskreis unweit Lhasas endet und er, wie die meisten seiner Minister, die Grenzen des eigenen Landes gar nicht kennt — zur Antwort, daß Tibet ein völlig bedeutungsloses, sehr armes und schwaches Land sei.

Da er nach westlichen Maßstäben im Grunde nicht so unrecht hat, würde es eine gröbliche Beleidigung bedeuten, wenn ich mich nun dazu hinreißen ließe, mitleidig mit dem Kopfe zu nicken und mein Bedauern zum Ausdruck zu bringen. Für den lebenden Gott Tibets ist sein Reich der Mittelpunkt der Welt. Und es endet erst da, wo der lamaistische Glaube endet, also weit jenseits aller machtpolitischen Grenzen. Deshalb erwartet der Regent als Antwort nicht Tröstung, sondern Anerkennung, Schmeichelei und Lob.

Auch müssen in genau einzuhaltender Reihenfolge Komplimente her-gesagt und Höflichkeitsfragen gestellt werden. Etwa so: „Ist es erlaubt, nach dem Wohlbefinden Eurer Heiligkeit zu fragen?“ „Wieviel Jahre

leben Eurer Heiligkeit schon in diesem Lande der Freude?" „Das glatte
Antlitz Eurer Heiligkeit ist das eines blühenden Jünglings." „Mögen
Glück und Frieden alle Zeit im Heiligen Lande walten." „Wir sind Eurer
Heiligkeit zum größten Dank verbunden, da wir die Philosophie
Buddhas in der Heiligen Stadt lernend erleben dürfen." Worte der Bewunderung zollen wir sodann Stadt, Geistlichkeit und Potala und beantworten die Fragen nach dem eigenen Wohlergehen mit der Versicherung, die schönste und angenehmste Zeit unseres Lebens in der
Heiligen Stadt zu verbringen.

Während wir aus hauchdünnen Porzellanen gebutterten Tee nippen
und getrocknete Früchte kauen, schiebt uns ein Diener ein glühend
heißes Yakdungöfchen unter den Tisch, so daß wir wenigstens warme
Zehenspitzen bekommen, denn in den Palästen Lhasas kennt man keine
Öfen, Kamine oder offene Feuerstätten.

Als sich der Regent nach den Verhältnissen in Europa erkundigt und
wir ihm erzählt haben, daß es bei uns fliegende Menschen gäbe, daß
man aus „Holz" Kleider und aus „Luft" Edelsteine herstellen könne,
schüttelt er nur den Kopf. Dann sagt er nachdenklich: „Ihr auf der
Außenseite entdeckt die Welt auf eure Weise und sammelt den Reichtum, aber ihr müßt viel für die Sünden früherer Geburten bezahlen.
Wir in der Mitte sind nur ein armes religiöses Volk, aber wir vermeiden den Krieg, von dem wir nicht sprechen, um ihn nicht zu beschwören. Was aber nützt die Beherrschung der Welt, wenn die Gesetze
der Religion mißachtet werden? Es steht in den Heiligen Büchern."

„Aber würde es für die Bewohner des Schneelandes nicht von großem
Nutzen sein, sich über die Begebenheiten in der übrigen Welt ein wenig
zu informieren, um in der Lage zu sein, eigene Schlüsse zu ziehen?
Zu diesem Zwecke bedrucken wir in unseren Ländern täglich viel Papier,
das alle Menschen auf den Straßen kaufen können."

„Zeitungen, ja ich kenne sie," entgegnet der Regent, „aber wir
brauchen sie nicht, weil wir mit den anderen Ländern über dem großen
Wasser keine Verbindungen haben — — — und weil bei uns ohnehin
nie etwas passiert. Wir in Lhasa halten Zusammenkünfte und gemeinsame Gastmähler ab. Dabei gibt es genug Gelegenheit, alles in Ruhe
zu besprechen."

Jetzt gibt mir Rabden ein Zeichen, wir lassen die letzte vollgeschenkte Tasse unberührt stehen und erheben uns. Der Regent tut das
gleiche. Wir verneigen uns, und Seine Heiligkeit lächelt. Rabden Khazi
und die Diener stehen, ihre Hüte in der Hand, gebeugten Rückens, mit
zum Himmel gewendeten Handflächen und empfangen mit herausgestreckten Zungen den Segen des Regenten. Sie zischen und schlürfen
leise den Dank, als ob sie es nicht wagten, dieselbe Luft zu atmen wie
ihr lebender Gott. Damit ist die erste Audienz beendet.

Später treffe ich noch häufig mit dem Regenten zusammen, bei Gastmählern, offiziellen Empfängen und Feierlichkeiten, aber auch im vertrauten, persönlichen Gespräch. Seine Heiligkeit fand Gefallen an mir und war oft von einer geradezu ergreifenden Natürlichkeit. Wie oft wies er darauf hin, daß das Leben im Geiste das einzige Leben sei. Voll Weisheit, Gleichnis und Instinkt verstand er es doch immer, das wahre Geheimnis um die Auffindung des neuen Dalai Lamas, des Vierzehnten in der Reihe der Gottpriester, für sich zu bewahren. Seiner Landschaft pflanzenhaft verbunden, schienen ihm alle Fragen der Historie geheimnisvolles Geistergespräch. Woher sie kamen, wer sie sind und wohin sie gehen, die geheimnisvollen Priester vom Potala, alles steigt dunkel aus dem Reich des Glaubens und des Mythos auf. So weiß der König des Schneelandes nur wenig von geschichtlichen Daten und der allumfassende Seelenwanderungsglaube enthebt ihn gnadenvoll der Einmaligkeit des irdischen Lebens. Und doch war er es, der Regent, der gemeinsam mit dem Staatsorakel den 14. Dalai Lama auf mystische Weise fand.

Nach „Erreichung des höchsten Grades der Weisheit" war der 13. Dalai Lama 1933 im ungewöhnlich hohen Alter von 59 Jahren in die Gefilde der Seligen zurückgerufen, und Reting Chutuktu trat an seine Stelle, um die Herrschergewalt über das Schneeland auszuüben. Zweimal brausten die Winterstürme um die trutzigen Mauern des Potala, zwei lange Jahre blieben die magischen Künste ohne Erfolg, dann aber, im Frühsommer 1935, als weiße Wolkentürme über den hohen Bergen heraufwuchsen, zog es den Regenten zum gleichen heiligen Bergsee von Muliding, wo vor 61 Jahren die Auffindung des 13. Gottpriesters durch wunderbare Erscheinung angezeigt worden war.

Und er hatte eine Vision: Als die Schatten der Mondberge zu Tal fielen und der heiße Tag in brandroten Glutschauern zur Neige ging, begannen die Wasser zu leben. Sprühschauer tanzten, verbanden sich mit letzten Sonnenstrahlen zu seltsam farbigen Reflexen, die sich zu Buchstaben und Worten formten. Ganz deutlich reihten sich die Silben zu „Ah Kah Mah", eine nordosttibetische Landschaft bedeutend. Und weiter sah der Regent mit Hilfe seiner Hauthörnchen in den aufschimmernden Wassern eine weite, von Schneegipfeln gesäumte Karawanenstraße, die durch todeinsames Land nach Osten führte — und einen tschortenähnlichen Hügel, ein dreistöckiges Türkisenkloster und die halbverfallene Hütte eines armen Siedlers, über der sich ein leuchtender Regenbogen spannte. In der Hütte aber, auf einem Lager aus Lumpen, schenkte die Frau des Siedlers zu eben dieser Stunde einem Knäblein das Leben und bettete es in getrocknetem Schafmist, wie er in Tibet allgemein als Ersatz von Windeln verwandt wird.

Als der Regent zurückgekehrt war, wurde das Staatsorakel befragt. Nach strenger Observanz bemächtigte sich Pekhar, der Schicksalsgott, des

neuerwählten Orakelpriesters, der nun im Zustand völliger Besessenheit
Sprachrohr wurde jenes zweiten dämonischen Ichs. Er verkündete, daß
der 14. Dalai Lama im östlichen Tibet in der Nähe des ehrwürdigen
Klosters Kumbum aufgefunden werden würde.

Nun erinnerte man sich auch wieder daran, daß der verstorbene 13.
Dalai Lama, als er, von tausenden von weißen Schleiern umhüllt, im
Thronsaal des Potala aufgebahrt war, sein Antlitz nächtlicherweile zweimal nach Osten gekehrt hatte. Das merkwürdigste aber war, daß an dem
edelsteinbesetzten Tschorten, in welchem der vergoldete Leichnam des
13. Gottpriesters unter den Dächern des Potalas ewige Ruhe gefunden
hatte, eben zu der Zeit, da der Regent am heiligen Mulidingsee die göttliche Vision erlebte, eine höchst seltsame Veränderung vor sich gegangen
war. Über Nacht hatte sich nämlich an der östlichen Schmalseite des juwelen-
glitzernden Tschortens ein bleiches Gewächs gezeigt, ein „göttlicher
Finger", der gen Sonnenaufgang wies. (Es handelt sich dabei in der Tat
um ein merkwürdiges, etwa zwanzig Zentimeter langes Gebilde, das wir
für einen pilzähnlichen Auswuchs hielten, das wir fotografierten, aber,
da es „göttlichen" Ursprungs war und unter einem nachträglich angebrachten Glaskästchen sich befand, nicht näher untersuchen konnten.)
Nun war man sicher, daß der 14. Dalai Lama im östlichen Tibet gefunden werden würde und entsandte eine Abordnung von Lamas nach
Kumbum in der Amdo Provinz. Nach beinahe dreijähriger Spür- und
Suchtätigkeit, verifizierte sich die vom Regenten erlebte und vom Staatsorakel bestätigte Vision in allen Einzelheiten. Man fand im ganzen drei
Kinder, die um die fragliche Zeit in der Nähe Kumbums geboren waren
und daher in die engere Wahl gezogen wurden. Der erste Knabe fiel
jedoch tot zu Boden, als die Lamaabordnung das Haus seiner Eltern betrat; der zweite zeigte sich völlig desinteressiert und lief teilnahmslos davon, als man ihm kultische Gegenstände aus dem persönlichen Besitz des
verstorbenen Dalai Lamas vorlegte; der dritte aber bestand die Prüfung
mühelos. Kaum nämlich hatte ein hoher Lama der Suchkongregation
die armselige Hütte des Siedlers Chog Chu Tsering in der Verkleidung
eines gewöhnlichen Dieners betreten, da lächelte der Knabe und eilte mit
dem Rufe „Lama, Lama" freudig auf den Ankömmling zu, um den
Rosenkranz des Dalai Lamas, den er sogleich als sein Eigentum erkannte,
an sich zu nehmen. So wurde Dhondup Lhamo Gyalwa Rimpoché der
14. Dalai Lama, kurze Zeit nach unserer Abreise aus der Heiligen Stadt,
in Amdo aufgefunden und noch im gleichen Jahre mit göttlichen Ehren
vom Regenten, dem Staatsorakel und der Priesterschaft in Lhasa
empfangen.

Ich selbst habe, solange ich in Lhasa weilte, weder einen Beweis, noch
sonst ein wahrnehmbares Zeichen von okkulten oder „übersinnlichen"
Fähigkeiten des Regenten und Königs erhalten. Mir schien er ein Mensch

30

wie jeder andere und dieses um so mehr, je näher ich ihn und jenen zart-
schönen Jüngling, Sohn des Fürstministers, den er seinen Günstling
nannte, kennenlernte. Manchmal auch, wenn wir in vertrauten Gesprächen saßen, geruhte Seine Heiligkeit, mir den Bart zu kraulen, aber
das Zeichen seiner höchsten Gunst bestand doch darin, mir mit zarten
Fingern kleine Härchen aus dem Handrücken zu zupfen. Der Regent hatte
auch nicht das geringste dagegen einzuwenden, daß wir ihn fotografierten,
nur gegen das Filmen, bzw. gegen das Surren der Kamera, hatte seine
Heiligkeit eine ausgesprochene Abneigung.

Aber gerade damit hat es nun eine eigenartige Bewandtnis. Ich hatte
mir nun einmal vorgenommen, einen Dokumentarfilm zu schaffen, und
da der König und Regent unzweifelhaft die wichtigste Persönlichkeit war,
die wir auf der ganzen Reise kennenlernten, so filmten wir ihn eben auch
ohne ausdrückliche Erlaubnis.

Und schließlich ließ er es auch geschehen. Ich glaube nicht, daß es im
Verlaufe der ganzen Expedition irgendeinen anderen Menschen gegeben
hat, von dem wir so viele und so sorgfältige Filmaufnahmen — mit Farb-
und Schwarzweißfilm — mit gewöhnlicher und Telekamera — in Total-
und Großaufnahme — in Staatsgewändern mit Tiara auf dem Thron,
beim Lustwandel im Klostergarten — — — und selbst beim Bartkraulen
und Härchenziehen machten, als vom Gyalpo und Regenten. Um quasi
Regie zu führen und wenig gutgelungene Aufnahmen wiederholen zu
können, schickten wir, wenn immer sich Gelegenheit dazu bot, die belich-
teten Kassetten zur Küste, von dort gingen sie per Luftpost nach Berlin,
wurden entwickelt, vor einem geladenen Kreis kritischer Betrachter,
Wissenschaftler und Filmfachleute gezeigt, und nach einigen Monaten
befanden wir uns im Besitz der Kritiken, die uns dann die Weiterarbeit
ermöglichten. Bisher waren alle Filmkritiken gut gewesen, besser jedenfalls als ich erwartet hatte, und als wir Lhasa verließen, hegte weder ich
selbst noch unser Kameramann auch nur den geringsten Zweifel, daß wir
den Regenten in zahlreichen, gutgelungenen Szenen auf dem Laufbilde
eingefangen hätten.

Wer aber beschreibt unsere Verwunderung, als wir nach einigen Monaten die Kritiken erhalten und lesen müssen: Kassette Nr. X „Regent
verwaschen", „Regent in Schlieren aufgelöst", „Regent verwischt",
„Regent nicht zu erkennen" — — — oder aber Kassette Nr. Y „Regent
nicht zu erkennen, Begleitpersonen rechts und links dagegen gestochen
scharf" — — — und schließlich Kassette Nr. Z: „Regent beim Bartkraulen gut und scharf". So ist es gekommen, daß ich im Film „Ge-
heimes Tibet" keine Aufnahmen des Regenten zeigen konnte, obwohl wir
diesen Mann ausgiebiger gefilmt hatten, als irgendeinen anderen. Vom
Zeigen des einzig gelungenen „persönlichen Streifens" mußte ich aus ver-
ständlichen Gründen Abstand nehmen.

Und die Erklärung? Wir stehen vor einem Rätsel. Wir haben einen Tatbestand vor uns, ein echtes Phänomen, das wir, so scheint es, mit den Mitteln der Naturwissenschaft nicht ohne weiteres erklären können.

Ich möchte daher einen vergleichenden Religionspsychologen sprechen lassen. Am 10. 2. 1949 schreibt mir Dr. Eberhard C o l d : „Wenn meine Vorstellungen von dem Filmstreifen, der die sonderbare fotografische Erscheinung des Königs enthält, richtig ist, dann handelt es sich dabei meines Erachtens um folgendes: Die Gestalt des Königs ist als solche auf dem Bild wohl darauf, die ganze Figur ist aber nicht durchsichtig, sondern erscheint verflimmert. Die Chromschicht ist also nicht nur durch den üblichen Lichteindruck der Gestalt des Königs berührt worden, sondern noch von einem zusätzlichen, der von der Gestalt der Königs ausging und der dem menschlichen, besser: Ihrem Auge nicht wahrnehmbar war. Es muß sich dabei also um irgendeine Form unbekannter Strahlen handeln. Was Sie gefilmt haben, ist also das typische Phänomen des Heiligenscheines, der von der ganzen Gestalt des Königs ausging. Sie erinnern sich, daß der indische Religionskreis, zu dem ja auch alle Formen des Buddhismus gehören, ihre Götter und Heiligen seit vorbuddhistischen Zeiten mit Gloriolen umgeben, die deutlich als Flammenkränze charakterisiert sind und die die ganzen Figuren der Bildnisse umschließen. Das heißt, der indische Religionskreis hat ein deutliches „Gefühl" dafür, daß der Heiligenschein nicht nur eine Leistung oder Zier des Hauptes ist — wie im Christentum —, sondern die ganze Gestalt des Heiligen betrifft. Mir sind zudem eine ganze Reihe von Mythen und Legenden bekannt, die von der sichtbaren Gloriole eines Buddha berichten. Daß der Körper des Königs Strahlen aussendet, scheint mir eine These zu bestätigen, daß die Seele eines Wesens alle Teile seines Körpers erfüllt. Das heißt: Ruht die Seele eines, sagen wir, begnadeten, Menschen ganz in sich selbst und bildet in sich eine absolut undurchbrochene Einheit, dann ist diese Einheit zu mehr in der Lage als die Summe ihrer Bestandteile. Die geballte Kraft der Seele strahlt dann weit mehr aus, als die einzelnen Seelenteile auszustrahlen in der Lage sind. Die Ausstrahlung der geballten Seele ist also von einer Artung, die nur für ähnlich struierte Seelen, für ganz unkomplizierte und naive Menschen, für Gläubige also, bisweilen sichtbar wird. Daß dieses fragliche Phänomen sich auf den Stillbildern und auf dem Filmstreifen, der die bewußten „persönlichen" Szenen enthält, nicht abzeichnet, scheint mir, wie Sie schon vermuteten, zu beweisen, daß es nur dann auftritt, wenn sich der König ganz in sich zurückzieht, — also in vielleicht unbewußter Abwehr gegen das unangenehme Surren des Apparates. Ich meine also, daß es diesem gelungen ist, einen Seelenvorgang, zudem von zentraler Bedeutung, sichtbar zu machen. Ich bin außerdem überzeugt, daß diese Strahlen, die nach meiner Meinung der Körper aussendet, wie auch andere, heilende Wirkung besitzen, so daß damit auch die

Potala

Pilger auf dem Lingkhor

Heilwunder, das Handauflegen und so fort verständlich werden, was für
die Medizin, Psychotheraphie, ebenso wie für alle geisteswissenschaft-
lichen Disziplinen von einiger Bedeutung wäre, wenn nicht für unser
Weltbild überhaupt."

Nach der Antrittsvisite beim Regenten sind wir endlich frei, auch
den übrigen Granden des Staates unsere Aufwartung zu machen. Mit
ganz wenigen Ausnahmen gleichen diese offiziellen Besuche mit
Schleieraustausch, stilisierten Ansprachen, Buttertee, Keks, getrockneten
Früchten und dem ganzen Kult der Sitten und Gebräuche wie ein Ei
dem anderen. Aber einige geringfügige Variationen sind doch der Beachtung wert.

Da folgt als zweiter im Reigen der, trotz seiner Jugend, ultrakonser-
vative Premierminister, dem es trotz aller unantastbaren Höflichkeits-
floskeln nicht gelingt, seine wahre fremdenfeindliche Gesinnung zu ver-
hehlen. Stocksteif sitzt der „zweite Mann im Staat" auf seinem Thron
und ist kaum zu bewegen, die Lippen aufzutun, nachdem der Pflicht genüge getan und die Ansprachen beendet sind. In Gegenwart dieses unheimlich würdevollen Potentaten wird es mir zum erstenmal bewußt, daß
Herrschen nicht unbedingt eine Angelegenheit des Geistes sein muß —,
sondern daß gesundes Sitzfleisch anscheinend einen guten Ersatz für diesen
bieten kann. Während Rabden und ich Blut schwitzen, um die Unterhaltung wenigstens über die angemessene Besuchsfrist in Gang zu halten,
nützen meine liebwerten, aber sich tödlich langweilenden Kameraden die
peinlichen Schweigeminuten, um hinter meinem Rücken die Frühlings-
gefühle des blauseidigen Katzenpärchens Seiner Exzellenz zu neckischem
Spiele anzufächeln. Während ich selbst nahe daran bin, vor der Komik
dieser Situation zu kapitulieren und höchste Gefahr laufe, von den gedämpften Lachsalven angesteckt zu werden, verzieht der hohe Premierminister keine Miene. Aufatmend gelangen wir nach einer guten Viertelstunde wieder ins Freie.

Als nächste sind die vier lotosfüßigen Kabinettsminister an der Reihe.
Der gütigste von allen ist Kalon Lama, der aus der berühmten Phalla-
familie entsprossene geistliche Minister, ein wahrhaft edler Mann von
freier, tiefer Herzensbildung. Barmherzig, mild und eingedenk, daß seine
Macht allzeit im Dienste Buddhas steht, ist er von hoher, echter Duldsamkeit beseelt. Offen im Wesen, nachsichtig im Urteil, folgt ihm im ganzen
Lamaland der Ruf, harte Verfügungen stets durch erbarmende Milde und
freigespendete Wohltaten wieder auszugleichen. Vor meinen Augen steht
der Kalon Lama noch heute als ein Bildnis echter Menschlichkeit, und die
Abschiedsgeste, da er mir den weißen Schleier tränenfeuchten Auges um
die Schultern legte, hat mich tief gerührt.

Auch der pockennarbige Fürstminister, dessen jüngster Sohn die besondere „Gunst" des Regenten genießt, ist uns mit seiner hochgeborenen

Gemahlin ein lieber, guter Freund geworden. Im angenehmsten Verkehr mit den Söhnen und Töchtern des Hauses haben wir manche fröhliche Stunde verlebt.

Ähnlich frei aufgeschlossen und uns herzlich zugetan war der hochintelligente Tündop, den ich den Mondscheinminister nannte, weil er ebenso rund war wie still und liebevoll und mild.

In der Reihe der hohen Würdenträger ist ablehnend und kühl wie der Premierminister nur noch der reichlich kapriziöse Seniorenminister, dem man nachsagt, er sei nur gewählt worden, weil man gerade keinen anderen hatte. Wie einen jungfräulichen Myrthenkranz trägt er sein goldenes Amulettdöschen im ausgelichtet graugesträhnten Haar, und er empfängt uns mit der Geste höchster Distanzierung, daß uns eine Gänsehaut über den Rücken läuft. Auf sein ererbtes Recht, Misantrop und Pessimist zu sein, scheint der alte zwinkeräugige Querkopf seine einzige Lebensfreude zu begründen. Er haßt den Fortschritt mehr als alle, ist wortkarg und hat selbst für lhasatibetische Verhältnisse wahrhaft antike Ansichten, indem er mit säuerlicher Miene und im Brustton der Überzeugung behauptet, alle europäischen Einflüsse verdürben Klima und Charakter.

Weit aufgeschlossener, ja, das genaue Gegenteil des Seniorenministers, sind Pangda Tsang, der „königliche Kaufmann" und starke Mann der tibetischen Finanzwelt; Ringang, der die Stellung eines Staatssekretärs bekleidet; Jigme Taring, Finanzminister und klösterlicher Eigentumsverwalter, sowie die Phallas und die Lhalus, um nur einige von den höchsten Vertretern „königlicher Familien" zu nennen, die alle ihren Stolz und ihre Ehre darein setzen, unsere Zeit in Lhasa in ein wahres Schlaraffenleben zu verwandeln. Ganz zu schweigen von Möndro, von dem wir noch viel hören werden.

Der stärkste Charakter aber ist ohne Zweifel Tsarong Shapé oder Namgang Dasan Djamdu, wie er mit seinem eigentlichen Namen heißt. Tsarong, Sohn eines armen Bogenmachers, war Pferdeknecht beim Dalai Lama. 1904 floh er mit ihm in die Mongolei, besuchte China, Japan, Britisch Indien, stieg zum Kommandeur der Leibgarde auf, wurde Oberstkommandierender General, schlug die Chinesen außer Landes und leitete die Geschäfte des tibetischen Staates viele Jahre lang als Premierminister und vertrautester Berater seiner Heiligkeit des 13. Dalai Lamas. Heute pflegt der „eiserne Mann" seine eigene Philosophie und beobachtet mit scharfen Augen alles, was innen und was außen vor sich geht. Tsarong ist der geachtetste und angesehenste Mann Lhasas. Zu klug, um nicht ab und zu eine Unklugheit begangen zu haben — einmal ließ er einem Tunichtgut ein Bein abschneiden, was ihm, wohl nicht ganz zu Unrecht, als Grausamkeit ausgelegt wurde —, hat er sich trotzdem die Sympathien der gesamten Bevölkerung bewahrt. Er gehört zu den seltenen Exemplaren der Gattung homo sapiens, die als Menschen ebenso groß sind wie ihr

Werk. Er lebt in weiser Zurückhaltung, ist wenig eitel und kennt den giftigen Stachel des Ehrgeizes nicht mehr. Obwohl in seiner Grundhaltung konservativ, hat er im Laufe seiner Amtszeit mit viel Humor des öfteren versucht, gewisse Neuerungen einzuführen. So baute er die einzige moderne Brücke, die es in Tibet gibt, besitzt in seinem Haus ein Badezimmer, kennt den Gebrauch von Seife und Zahnbürste, schläft in weißbezogenen Betten und hatte nichts dagegen einzuwenden, daß von der Jugend Fußball gespielt sowie Kleider und Schuhe europäischer Machart getragen wurden. Letztere Errungenschaften der europäischen Zivilisation wurden jedoch durch die Lamapartei längst wieder aus der Heiligen Stadt verbannt. Aber seine Kinder läßt Tsarong trotz allem in Darjeeling auf englischen Schulen erziehen und seine Töchter, die gerade Ferien haben, bewirten uns mit der freien Unbekümmertheit englischer Ladies. Im Gegensatz zu Ringang und einigen anderen Hocharistokraten der Heiligen Stadt spricht Tsarong kaum fünf Worte Englisch, aber darum haben wir uns doch glänzend verstanden und sind die allerbesten Freunde geworden. Einstmals (1912) erbte Tsarong, der damals noch Namgang Dasan Djamdu hieß, den Namen, den Besitz und das gesamte tote und lebende Inventar des wegen Hochverrates hingerichteten Ministers Tsarong, darunter auch dessen Frauen und Töchter. Das ist der Grund, weshalb die familiären Verhältnisse der Familie Tsarong, wenigstens nach europäischen Begriffen, ein klein wenig verworren sind.

Ein Wort über die Stellung der tibetischen Frau und der Geschlechter untereinander mag hier am Platze sein.

Sicher ist, daß die geistige Krise unserer Zeit zwischen dem Zeitalter eines mehr als 2000jährigen Vaterrechtes und demjenigen des Mutterrechtes, wie es in den Vereinigten Staaten von Nordamerika schon in einem hohen Grade verwirklicht erscheint, den Bewohnern Tibets unbekannt ist. Dort sind Geschlechterverhältnis und Ehe noch immer das, was sie seit undenklichen Zeiten wohl stets gewesen sind, eine durch Zeitgeist und soziale Revolution unbeeinflußte Urform der menschlichen Liebesbeziehungen.

Niemand in Tibet wehrt sich gegen äußere Geschlechtlichkeit, alles läuft seinen natürlichen Gang, und es bedarf keiner künstlichen Mittel, um das andere Geschlecht anzuziehen oder abzuwehren. Naturhaft und erdverbunden fließen sie zusammen und ergänzen sich. Wenn die Natur in den jungen Menschenkindern erwacht, finden sie sich. Unschuld und Jungfräulichkeit gelten nur wenig, ja, man kennt diese Begriffe kaum. Gleichberechtigt und ungehemmt treten sich die Geschlechter gegenüber. Außereheliche Empfängnis gilt keineswegs als Schande; voreheliche Geburten werden bei versprochenen Paaren von den Angehörigen beider Sippen als Beweis der Fruchtbarkeit sogar begrüßt. Prüde alte Jungfern mit verdrängten Liebesbedürfnissen gibt es nicht. In unserem christlichabendländischen Sinne sind die Tibeter amoralisch. Eine geschlechtliche Ethik kennen sie kaum und alle komplizierten Seiten des Liebeslebens scheinen ihnen fremd.

Aber trotz allem sind die Tibeter Menschen wie wir, wie du und ich, mit dem gleichen Liebesweh und den gleichen leuchtenden Idealen, die den unsrigen näher liegen als wir ahnen mögen. Auch sie kennen die herzinnige Zuneigung zum geliebten Menschen ebenso, wie sie die Treue kennen, wenn beide (vielleicht?) auch seltener sind als in unseren Landen. Aber durch ihre Lieder, ihre schwermütigen Weisen, die die jungen Mädchen singen, wenn sie an milden Frühlingsabenden die schimmernden Parks durchwandeln und die jungen Burschen, die im Frühlicht strahlender Sonnentage vor ihren Karawanen über die einsamen Steppen reiten, webt die gleiche Sehnsucht und die gleiche Hoffnung.

Der schönsten eine handelt von den beiden Fürstenkindern, die, durch ein tiefes Wasser getrennt, nicht zueinander finden konnten. Der Stamm des Mädchens wohnte auf der einen, der des Jünglings auf der anderen Seite des Flusses, aber die Mutter des Mädchens tat alles, um den Herzensbund der beiden Liebenden zu zerstören. Doch als weder das Wasser noch die Feindschaft ihrer Stämme sie zu trennen vermochten, ließ die böse Frau den jungen Fürstensohn auf heimtückische Weise ermorden, worauf sich das Mädchen in die Fluten stürzte, um auch ihrem Leben ein Ende zu setzen. Darauf verwandelten sich die Seelen der Liebenden in zwei Vöglein, die sich von Ufer zu Ufer süße Lieder vorsangen und ihre Herzen auf neue in inniger Liebe vereinigten. Da dingte sich die böse Mutter einen Jäger und ließ die beiden unschuldigen Vöglein töten. Nun verwandelten sich die liebenden Seelen in zwei Weidenbäume, die zu beiden Ufern grünten. Sie wuchsen in der Mitte des Flusses zusammen, daß ihre Äste und Zweige sich innigst verschlangen, und abermals siegte die Liebe über den Haß. Da griff die unversöhnliche Mutter zur blitzenden Axt und befahl einem der ihren, die Weiden zu schlagen, worauf die Seelen beschlossen, in ferne Länder zu reisen, um endlich der Rachsucht der bösen Frau zu entkommen. So begab sich das Mädchen nach China und verwandelte sich in den Teestrauch, und der junge Mann flog weit gen Norden in die ureinsamen Steppen der Jangtang, wo seine Seele zu Salz erstarrte, das dort überall auf den trostlosen Steppen zu finden ist.

Und immer, wenn die Tibeter ihr Nationalgetränk zu sich nehmen, den gesalzenen Tee, finden sich die Liebenden wieder zusammen — bis in alle Ewigkeit.

Aber wie gesagt, die Regel ist die große Liebe in Tibet ebensowenig wie in anderen Ländern.

Auch Angst vor Enttäuschung, daß sich ein Partner wieder zurückziehen könnte, ist im Schneelande so selten, wie die Furcht vor der eigenen Untauglichkeit in den Dingen der Liebe. Andererseits gibt es keine übersteigerte Sinnlichkeit. Die Liebe ist in den Lebenszusammenhang eingebettet und nicht brutal herausgebrochen, wie man das bei uns so oft erlebt. Alles ist Natur und alles Ganzheit. Kein einseitig hypertrophierter Intellekt, kein Sichgehenlassen, kein Zeichen von Überdomestikation, sondern natürlicher Ausgleich der polaren Gegensätze von Mann und Weib. Liebe ist den Tibetern ebenso Lebensbedürfnis wie Nahrung und Religion. Hier gibt es keine Vermischung von „Heiligem" und „Unheiligem" wie in unseren zerspalteten Seelen, wo eine kopfständige Bewußtheit nur allzu oft die wirkliche Liebe verhindert und seelisches Siechtum zur Folge hat. Die Tibeter leben und lieben triebhafter, instinktnäher, unbewußter als wir, sie lieben in geist-seelischer Ganzheit aus den Tiefenschichten ihrer Ichheit heraus, frei, unbeschwert und tierhaft glücklich. Tibet hat weder efeminierte Männer noch hysterische Suffragetten, und das Getöse des Kampfes, der gegenwärtig im vorderen Orient, in Indien und im Fernen Osten für die Rechte der Frau ausgetragen wird, zerschellt an den ehernen Grenzwällen des Gletscherlandes, weil hier nicht um bewußt gewordene Prinzipien gerungen wird, sondern um das Leben schlechthin, — wo äußere Form und innere Erfüllung wechseln wie Berg und Tal, Nomadensteppe und Ackerbauoase.

Gleichklang der Seelen und die Verständigung von Herz zu Herzen wird nie durch Flirt und selten nur durch Worte hergestellt. Findet beispielsweise ein müder Wanderer in einem Hause ein liebenswertes Mädchen, so genügen Mienenspiel und Gesten, um alle erforderlichen Vorbereitungen zu treffen. Er bohrt sich wie von ungefähr mit rechtem Zeigefinger in der rechten Nase — sie tut das gleiche, strahlt und lacht: Als Siegel und Versprechung für einen flüchtigen Bund vom Eulenruf zum Hahnenschrei genügt's. Tut sie es nicht — mag sie nicht. Und es ist auch gut. Es gibt da keine wüsten Szenen der Eifersucht, höchstens einmal Tränen beim Abschied.

Auch Eitelkeit und Liebesschmerz haben in Tibet längst nicht die Bedeutung wie bei unserer selbstübersteigerten Bewußtseinslage, die den Menschen nur in seelische Vereinsamung treibt.

Bei solchen Bünden auf Zeit handelt es sich jedoch beileibe nicht nur um „Eintagsehen". Oft geschieht es in diesem Lande des Karawanenverkehrs, wo Siedlungen und Ortschaften oft wochenweit auseinanderliegen und viele Männer gezwungen sind, lange am gleichen Platze zu verweilen, daß solche Bindungen über Wochen und Monate ausgedehnt werden. Aber von dem sogenannten „Recht der gastlichen Prostitution", einem total irreführenden Begriff der europäischen Wissenschaft, kann schon deshalb nicht die Rede sein, weil sich beide Partner immer aus eigenem Entschluß in echter Menschlichkeit und Achtung zum freien Wechselspiel der leibseelischen Kräfte zusammenfinden. Es wäre daher grundverkehrt, für ganz Tibet von einer „sündigen" Verderbnis der Sitten zu reden.

In Lhasa allerdings, wo Sittlichkeit und Moral offensichtlich nur von einigen Asketen hochgehalten werden, scheint es neben den allgemein üblichen Zeitehen auch eine Art Prostitution zu geben, Pilgern und Wallfahrern eine willkommene Gelegenheit, um neben Bet- und Bußübungen auch ein bißchen zu genießen. Ob allerdings das alte chinesische Sprichwort, daß es in der Heiligen Stadt ebenso viele Huren gäbe wie Hunde, seine Bestätigung findet, wage ich nicht zu entscheiden. Auffallend in der Tat ist jedoch die große Anzahl kokett aufgeputzter weiblicher Wesen, die sich den ganzen Tag über im Bazar herumtreiben. Diese rotbackigen, meist nach chinesischer Art mit Puder und Schminke hübsch hergerichteten, oft wohlhabenden und sich durchaus zu den besseren Ständen zählenden Halbweltdamen, bewegen sich, manchmal sogar reitend und von Dienerinnen begleitet, mit der gleichen stolzen Unbekümmertheit um die heiligen Tempel wie die Frauen der Aristokraten, von denen sie sich äußerlich nur darin unterscheiden, daß sie keine Gebetsmühlen und Rosenkränze, sondern ganz einfach ihre Reize zu Markte tragen. Wahrscheinlich ist gerade das monastische System, das so viele männliche Kraft an die Drohnenstöcke der Klöster bindet, in Verbindung mit der landesüblichen Polyandrie, die einen Überschuß an unverheirateten Frauen zur natürlichen Folge hat, Schuld daran, daß sich die unbefriedigte Weiblichkeit in der Hauptstadt schart und keine Gelegenheit ungenutzt vorübergehen läßt, um sich billigen Broterwerb und vielleicht sogar eine Aussteuer zu verdienen.

Auch wir erleben neckische Dinge. Da des öfteren kleine Diebstähle an Handwerkszeug und Küchengeräten vorgekommen sind, habe ich es unseren Getreuen untersagt, ihre „Sweethearts" mit nach Tredilingkha zu bringen; anscheinend wird meine Anweisung auch befolgt. Eines Abends jedoch, als wir weinselig von einer ausgedehnten Feier zurückkehren und noch einmal nach dem rechten sehen, finden wir in einem der Dienerquartiere nicht weniger als acht Pärchen friedlich vereint in seliger Verschlingung mit dem Allgeist. Die Götter mögen mir verzeihen, daß ich eine laute Stimme habe, jedenfalls hüpften die Elfen, eine nach der anderen, im fahlen Flackerschein, so wie der liebe Gott sie geschaffen, zum Fenster hinaus — — — und das bei — 13 Grad Kälte!

Im großen und ganzen eignet den Tibetern ein ruhendes, ein urtümlich ungespaltenes Seelenleben, und alle jene anonymen Gegenspieler, die wir als Neurosen, kriminelle Perversionen und Geisteskrankheiten kennen, sind in ihrem Pandämonium eingefangen und gezähmt. So unbekannt sind sie, daß man Geisteskranke ob ihrer Seltenheit mit Ehrfurcht behandelt oder heilig spricht, anstatt sie in Anstalten zu sperren, wie das in unseren Ländern der Brauch ist.

Man läßt die Triebe nicht allein im Dunkeln weben wie bei uns. Die Instinktketten als Grundlage der geistig-seelischen Existenz sind beim tibetischen Menschen ungebrochen. Hier haben selbst die „Teufel" ihren Platz im lebendigen Zusammenhange der Natur.

Sieht man von der namentlich in Südtibet weit verbreiteten, in beiden Geschlechtern recht servilen palämongoliden Primitivbevölkerung ab, so ist die gesellschaftliche Stellung der tibetischen Frau im allgemeinen eine hochangesehene und geachtete. Raubkatzenhaft, elegant, prallbrüstig und strahlend von Gesundheit, versieht die lebenslustige Tibeterin, die dem Mann an physischer Kraft und körperlicher Leistungsfähigkeit nur wenig nachsteht — wie bei den innerasiatischen Rassen die sekundären Geschlechtsmerkmale überhaupt weniger stark ausgeprägt erscheinen als bei Europäern — ihre häuslichen Pflichten mit einer selbstbewußten Sicherheit, die den aus China oder Indien kommenden Reisenden immer aufs neue in Erstaunen versetzt.

So gibt es in Tibet nicht nur eine, sondern eine Anzahl natürlicher Eheformen, deren Bräuche zwar streng geregelt, doch im einzelnen so verschieden sind wie die unwirtliche Natur des Landes selbst. Aber dessen ungeachtet, ist die tibetische Hausfrau als Mutter, Matrone und Verwalterin des häuslichen Besitzes nahezu unbeschränkte Herrscherin und selbstverantwortliche Gebieterin in allen Dingen des Familienlebens. Sie führt die Geschäfte des „Inneren" mit großer Umsicht und weiser Vorschau, während dem Manne das Amt des „Auswärtigen" zufällt. In den Städten und größeren Siedlungen obliegt der Frau außerdem der gesamte Kleinhandel.

Wehe dem unvorsichtigen Gatten oder abenteuerlustigen Sohn, der sich einer Expedition verdingt, ohne den Rat und die Erlaubnis seiner Gattin oder Mutter eingeholt zu haben! Reisende und Forscher sollten es sich daher angelegen sein lassen, sich die Sympathien der holden Weiblichkeit von vornherein zu sichern, und es sei ihnen dringendst anempfohlen, für die Frauen mindestens ebenso wertvolle Geschenke an Stoffen, Schmuckstücken, Spiegeln und dergleichen bereitzuhalten, wie für die Herren der Schöpfung. Manch hoffnungsvoll begonnene Expedition scheiterte schon an der Unkenntnis des freien, stolzen und autoritativen Wesens der tibetischen Frau. Frei ist in Tibet nur, wer auch dem Ewigweiblichen den angemessenen Tribut nicht versagt. So will es das Leben in den Hochwüsten Asiens.

Es ist eine wahre Lust zu schauen, wenn selbstbewußte Tibeterinnen ihrer häuslichen Ämter walten, wie sie Männer, Töchter und Buben, Diener und Dienerinnen in milder Zucht zu halten verstehen, ohne den angeborenen Charme zu verlieren. Sie sind harmonisch ausgefüllt in ihrem Reich, zumal in Tibet von jener europäischen Krankheit, der fortschreitenden Entseelung des Hauswesens, keine Rede ist. Von den guten

Geistern ihres Herdes rings umschirmt, sind die tibetischen Frauen noch wirklich die Seele ihres Hausstandes. Da die Gemeinschaft des Volkes im europäischen Sinne nicht besteht und dem Einzelhaushalt daher eine weit größere Bedeutung zukommt als bei uns, sowie durch den glücklichen Umstand, daß Kriege selten geführt werden, ist die Verantwortung der Frau für die innere Ordnung im Laufe der Generationen sicher noch gemehrt worden. An eine vaterrechtliche Bestimmung erinnert lediglich, daß die Frauen der einfachen Stände, die Leibeigenen und Bauern, im allgemeinen mehr arbeiten als ihre Männer, die für gewöhnlich nur die schweren Ackerarbeiten verrichten, sonst aber, die Spindel in der Hand, Wollfäden ziehend, das Vieh hüten oder sich auf langfristige Karawanenreisen in entfernte Provinzen begeben.

Von geradezu eminenter Bedeutung für die Stellung der tibetischen Frau ist es, daß die menschliche Natur allen vaterrechtlichen Kultur- und Glaubenseinflüssen zum Trotz den Sieg davon getragen hat und daß die formenden Mächte und gestaltenden Kräfte der Umwelt sich als stärker erwiesen haben als alle Bande von Tradition und Gesittung. Der Kampf ums nackte Leben in grandios wilder Umgebung und die Tatsache, daß zum Vollmenschen Mann und Frau zu gleichen Teilen gehören, hat der tibetischen Frau zu ihrem schönsten Siege verholfen, trotz Priesterschaft und Monastizismus.

Gleichzeitig hat dieser harte Kampf, der ein wirtschaftlicher im wesentlichsten und weitesten Sinne ist, die einzigartige und bei keinem anderen Volk anzutreffende Folge gezeitigt, daß die Allmacht der Liebe in ihrer seelischen, naturhaften und instinktgebundenen Eigengesetzlichkeit zu einer uns Europäern auf den ersten Blick völlig unerklärlichen, ja rätselhaften Trennung zwischen Ehe und Geschlechtsleben geführt hat. Somit ist die Ehe in Tibet zu einer rein wirtschaftlichen und erzieherischen Angelegenheit geworden, die sich im wesentlichen in der Führung der Familie, der Betreuung von Hausstand und Besitz und der Aufzucht der Kinder, ganz gleich von welchem Vater sie stammen, erschöpft, also nicht unbedingt mit der Liebe und ihren Folgerungen gekoppelt zu sein braucht. Die Liebesehe hat in Tibet im allgemeinen noch kein Echo gefunden und der Liebesbund zwischen Mann und Frau ist noch nicht zum unverzichtbaren Ideal geworden. So weit kann die Scheidung der beiden in unserem Kulturkreis so segensreich und tiefinnigst verwobenen Begriffe getrieben werden, daß der höhere Sinn der Ehe selbst in den gemeinsam gezeugten Kindern nicht lebendig zu werden braucht.

Kinder, ja, unter allen Umständen! Aber gemeinsam gezeugte — entsprechen nicht den unbedingten Erfordernissen des Lebens.

Die Ehe ist also in Tibet wie in anderen Ländern ebenfalls der Grundstock der Familie, des Stammes und schließlich des Volkes, aber nicht in streng genealogischer, sondern einzig in existenzieller und erhaltungsmäßiger Bedeutung. So kann die Ehe als Bindung im Sinne einer volklich-wirtschaftlichen Interessengemeinschaft auch nie zu einer unerträglichen Fessel werden, und Ehescheidungen kommen so gut wie gar nicht vor, eben weil das Liebesleben nicht unbedingt mit dem Eheleben zusammen-fallen braucht. Somit entfällt auch das ethische Gebot der ehelichen Treue, das doch für uns schönstes und höchstes Ideal ist.

Dem allgemeinmenschlichen Bedürfnis nach Bindung und Sicherung auf der einen und dem antagonistischen nach Unabhängigkeit und Freiheit auf der anderen Seite ist somit im Rahmen der Eigengesetzlichkeit des tibetischen Lebensraumes in beinahe idealer Weise Rechnung getragen, und die dem Menschen innewohnende triebhaft-vegetative Forderung nach ungezügelter und freier Liebe kann erfüllt werden.

Es ist seltsam, daß der zutiefst aufwühlende Gegensatz von Geist und Natur im religiösesten, aber auch extremsten Land der Erde eindeutig zu Gunsten des Naturtriebes entschieden wird. Daher werden beiden Ge-schlechtern, dem vorwiegend extrovertierten Mann, als dem Vertreter des Größeren und Ganzen und der mehr introvertierten Frau, als der Walterin der natürlichen Bindungen der Familie, hinsichtlich der Liebe größte Freiheiten zugestanden. Freiheiten allerdings, die beileibe nicht immer ausgekostet, nie aber in der Weise ausgenutzt werden, wie dieses wohl bei hochdomestizierten Europäern der Fall sein würde. Somit ist die tibetische Ehe im Falle seelischer Entfremdung nicht Sammelpunkt mensch-licher Konflikte und seelischer Erschütterungen, sondern ruhender Pol, eine über den Trieben stehende stille Insel der Beständigkeit, auf die man sich im Notfall flüchten kann, wenn man Gefahr läuft, von den wilden Wogen des Liebeslebens verschlungen zu werden. Folglich sind die tibeti-schen Familien — von einzelnen Ausnahmen abgesehen — auch frei von Krisen, die sich bei uns an so vielen, ungestillt Sehnsüchtigen immer wieder vollziehen. In diesem Falle aber ist das feste Schutzband der Ehe dem launenhaften Liebesgott übergeordnet. Wenn auch jene glückhaft-gött-liche Einheit fehlt, die bei uns in wirklich guten Ehen den Glockenton der Ewigkeit anklingen läßt, so ist in Tibet doch der Fortbestand von Sippe und Stamm unter allen Umständen gesichert.

Da Liebesehen in Tibet nur äußerst selten eingegangen werden und beinahe ausschließlich in Verbindung mit Standesehen vorkommen, so werden in fast allen Ständen und Klassen beinahe ausschließlich materiell bedingte Ehen geschlossen, also matrimoniell-wirtschaftliche Bünde zweier mehr oder weniger ebenbürtiger Partner, die sich im Dienste eines Höheren, nämlich der Familie, der Sippe und des Standes fürs Leben vereinigen.

Nun aber ist es ein leichtes zu verstehen, warum im Schneeland je nach Milieubedingungen und wirtschaftlichen Verhältnissen zwanglos drei verschiedene Eheformen existieren:

Die Einehe, als die gewöhnlichste und am weitesten verbreitete Eheform, herrscht überall dort vor, wo Mann und Frau aufeinander angewiesen sind, also bei Ackerbauern, Hirtennomaden und Händlern.

Die Polygamie, als streng vaterrechtliche Eheform, können sich im allgemeinen nur die Wohlhabenden und Reichen leisten, eben solche, die wirtschaftlich dazu in der Lage sind, mehrere Frauen zu unterhalten. Um Komplikationen zu vermeiden, leben die verschiedenen Frauen eines Ehegatten aber nur in den seltensten Fällen unter einem Dach oder auch nur in der gleichen Ortschaft. In der Mehrzahl der Fälle sind die Frauen aus polygamen Ehen reicher Adeliger oder Fürsten gleichzeitig die Verwalterinnen der verschiedenen Güter und Landsitze ihrer Männer, die bei ihren sommerlichen Inspektionsreisen dann den Vorzug genießen, auf jeder ihrer Besitzungen eine Frau und eine Herrin anzutreffen.

Die Polyandrie, als weitestgehend mutterrechtliche Form der Ehe, beschränkt sich in der Hauptsache auf wilde und unfruchtbare Gebirgsgebiete, wo die Ackerbauflächen so klein und spärlich sind, daß sie nicht mehr unterteilt werden können, ohne die Menschen in ernste wirtschaftliche Notlage zu bringen. Daher heiratet meist der älteste Bruder einer Familie ein Mädchen und seine sämtlichen Brüder sind gleichzeitig vollberechtigte Mitehegatten der gleichen Frau. Um ehelichem Zwist aus dem Wege zu gehen, ist es jedoch Sitte, daß immer nur einer der Brüder im Hause weilt, um den ehelichen Verpflichtungen nachzukommen, während sich die anderen auf Karawanenreisen befinden, Handel treiben oder fernab die Herden betreuen. Als Zeichen dafür, daß einer der Ehegatten das Privileg des befristeten Hausrechtes genießt, ist es sinniger Brauch, daß er seine Stiefel vor der Haustüre an einen Haken hängt, oder sonstwie sichtbarlich zur Schau stellt. Da man naturgemäß in vielen Fällen nicht weiß, wer der eigentliche Erzeuger eines bestimmten Kindes ist, würde die Frage nach der Vaterschaft natürlich zu einem sehr ernsten und schwierigen Kapitel werden — wenn man ihr besonderen Wert beimessen würde. Da dieses aber seltsamerweise nicht der Fall ist, so bezeichnen die aus solchen polyandrischen Ehen entsprossenen Kinder ihre „Väter" je nach Alter und sonstigen Umständen recht spaßig mit „großer", „mittlerer" und manchmal auch mit „kleiner Vater".

Neben dieser, durch wirtschaftliche Not bedingten polyandrischen „Fratergamie", gibt es bei den wilden, noch wenig erforschten Räuberstämmen der Ngoloks, die den unwirtlichen Nordosten des tibetischen Landes bewohnen, auch noch eine zweite Form der Vielmännerei, die jedoch anscheinend nur den innigen Zusammenschluß der von Chinesen und Dunganen hartbedrängten Ngolok-Stämme zum Ziele hat. Hier herrscht reines Mutterrecht, und die Ngolokkönigin soll gleichzeitig die Ehefrau ihrer sämtlichen Stammesfürsten sein.

Bei der allgemeinherrschenden Amoral versteht es sich, daß die verwandtschaftlichen Beziehungen auch in Lhasa teilweise einem kaum entwirrbaren Chaos gleichen. Trotz dieser Gleichgültigkeit in diesen Dingen darf man sich jedoch nicht zu dem Trugschluß verleiten lassen, daß der Zusammenhalt der einzelnen Familien darunter litte oder die mütterlichen Instinkte der Tibeterin auf einer niedrigeren Stufe stünden als bei anderen Völkern.

Körperliche Sauberkeit gilt beim einfachen Volke in Tibet nur wenig. Anstatt sich mittels Seife zu waschen, reibt man sich die Haut mit Fett und ranziger Butter ein. Künstliches Begehrlichmachen kennt man im allgemeinen ebensowenig wie die Kriegsbemalung des Sex Appeal. Im Gegenteil, bei vielen Stämmen beschmieren sich die Frauen ihre Gesichter mit fettigem Ruß, und erblicken in solcher Verunstaltung der Gesichtszüge nicht so sehr ein wirksames Antidot gegen den Sonnenbrand, sondern auch ein Abwehrmittel gegen die Lüsternheit der Lamas. Aber ansonsten stellen geschwärzte Gesichter keinen Hinderungsgrund für die Liebe dar — wenn nur die Augen strahlen und die Zähne schlohweiß leuchten.

Eine Ausnahme in dieser und mancherlei anderer Beziehung machen lediglich die Damen der Hocharistokratie.

Während die gewöhnliche Tibeterin eine ausgesprochene Vorliebe für zweideutige Gespräche an den Tag legt und sich nach eigenem Belieben mit den Männern vermischt, so legen die Damen der höchsten Kreise im gesellschaftlichen Verkehr doch stets eine angenehme Zurückhaltung an den Tag. Obwohl sie in ihrem ureigensten Bereich mit großer Würde auftreten und sich völlig selbstsicher an den Unterhaltungen beteiligen, so halten sie sich doch bei offiziellen Besuchen meist völlig zurück, und auch bei den großen zeremoniellen Staatsfeierlichkeiten treten sie so gut wir gar nicht in Erscheinung.

Auf Körperpflege legen die lhasatibetischen Aristokratinnen einen weit größeren Wert, als man bei der mangelhaften Hygiene des gewöhnlichen Volkes annehmen möchte. Im Sommer waschen sie ihren Körper täglich, nehmen sogar Bäder und pflegen ihre äußere Erscheinung auf das peinlichste. Während der Wintermonate allerdings, wenn die Kälte groß und die Luft staubtrocken ist, so daß die Lippen bei jeder unvorsichtigen Bewegung aufzuspringen drohen, begnügen sich die Damen mit einem monatlichen Bad und waschen sich nur täglich an Gesicht und Händen. Um ihre feine, elfenbeinerne Haut und die rosigen Wangen vor den Witterungsunbilden zu schützen, pflegen sie, wenn rauhe Winde klagend um die Heilige Stadt wehen, ihre Häuser nur höchst ungern mit bis zur Unkenntlichkeit vermummten Gesichtern und von hilfsbereiten Dienern begleitet zu verlassen.

Hinsichtlich der Schönheitspflege sind die hohen Tibeterinnen beinahe ebenso eigen wie dies in unseren Ländern der Fall ist. Ihre kosmetischen

Mittelchen lassen sie sich aus China kommen, und in der Anwendung derselben zeigen sie außerordentliches Geschick. Täglich verwenden sie mehrere Stunden auf ihre Toilette.

Nicht zu unrecht sagt man in Lhasa, daß die Schönheit eines Baumes im Schmuck seiner Blätter, die Anmut einer Frau aber in der Pracht ihrer Kleider begründet liege. Die Lhasa-Aristokratinnen tragen kostbare, langwallende Seidenroben von erlesener Schönheit und Farbenharmonie, auf deren blauem, violettem oder purpurnem Grunde Drachenmuster, Svastikas und andere glückbringende Zeichen eingewebt sind. Die schimmernden Gewandungen werden in den Hüften mittels buntfarbiger Seidenschärpen gürtelartig umschlossen. Die ganzen Vorderseiten werden von fünffarbig quergestreiften, mit Gold- oder Silberbrokat besetzten Schürzen eingenommen, deren anmutiger Faltenwurf bis zu den Knöcheln hinabreicht. Das absatzlose Schuhwerk besteht aus weichen, mocassinartigen Lederstiefeln mit roten, grünabgesetzten Filzschäften, die die Waden ganz bedecken.

Ihre wirklich einmalige Note aber erhält die Frauentracht von Lhasa durch die komplizierte Anordnung des „Patug" genannten Kopfputzes, der bei den verheirateten Frauen der reichsten Familien einen geradezu enormen Wert repräsentiert. Das blauschwarzglänzende Haar wird in der Mitte gescheitelt und zu beiden Seiten über die Ohren gekämmt. Die ganze Frisur krönt ein dreieckiges, mit Perlen und Korallen ganz umsticktes Gestell, an dem künstliche, langherabhängende Haarsträhnen angebracht sind, die das längliche Oval des Gesichtes in entzückender Weise umrahmen. Das gleiche gilt von den breiten, mit Diamanten, Perlen und Türkisen gefaßten Ohrgehängen aus purem Gold. Die lichtblaue Farbe der stets ausgesucht schönen Türkise und die strahlende Dreieckkrone stehen in feinem Gegensatz zum pfirsich-farbenen Teint, dem schneeigen Weiß des Halses, dem Tiefschwarz der Haare und dem matten Glanz der Perlen. Feindurchbrochene Embleme aus milchgrüner Jade, jenem dunstigzarten Stein, der zwischen Sichtbarem und Unsichtbarem vermitteln soll, und leuchtendrote Korallen, sowie aus schwerstem Gold gearbeitete, mit Brillanten, Rubinen, Saphieren und Perlen verzierte Amulettkästchen schmücken Hals und Brust. An der linken Schulter werden bis zu zehn Zentimeter breite, langherabhängende Perlengehänge, in deren Mitte sich wiederum edelsteinbesetzte, kostbare Ornamente befinden, getragen. Eine besondere Bewandtnis hat es mit den herrlichen, mit feinen bienenwabenähnlichen Ringmustern gezierten Achaten, die ausnahmslos am Halse getragen werden. Sie gelten als Glückssteine und sollen je nach Ring- oder Augenzahl als Geisterabwehrzauber oder Liebesamulette eine große Bedeutung besitzen, besonders wenn sie von den glücklichen Trägerinnen am Ufer des Kyitschu selbst gefunden wurden. Juwelenbesetzte goldene Etuis, die zumeist kleine Schönheitsutensilien

wie Scheren, Pudertupfer, Pinzetten oder gar einen winzigen Zahnstocher
aus Edelmetall oder Elfenbein enthalten, vervollständigen den Schmuck
der hohen Lhasatibeterin.

Das ganze Geschmeide rahmt sich zu glitzernder und funkelnder
Pracht, daß man beim Anblick einer jungen und schönen Frau geblendet
steht von so viel Anmut und Grazie. Und es gibt unter den Frauen der
lhasatibetischen Adelsfamilien auch nach unseren Begriffen wirkliche
Schönheiten mit viel Liebreiz und edlen, ebenmäßigen, von seidenfeinen
Wimpern beschatteten Gesichtszügen, denen die Lebenslust aus den
glühenden Augen strahlt, und deren beneidenswert weiße Perlenzähne uns
das Bild fremdartiger Schönheit tief ins Gedächtnis prägen. Sie sehen aus
wie schöne Mandschufrauen, und sie verstehen es vortrefflich, sich eine
persönliche Note zu verleihen. Was könnte es Schöneres in Lhasa geben,
als eine lebenssprühende, hübsche Tibeterin, die sich, silberhell lachend,
an der Unterhaltung beteiligt und dann und wann ihre strahlende Perlen-
krone zurechtrückt und sei es nur, um ihre schönen Hände voll zur Geltung
zu bringen.

Die Lebenskunst ist die höchste, bis zur Vollendung entwickelte Kunst
der hohen Tibeter zu Lhasa. Wohl nirgends auf der Welt kann man
geselligen Verkehr und offenherzige Gastfreundschaft so vorbehaltlos genießen, wie in diesem, den Göttern lieben Kultort. Gemäß des Buddha-
wortes, daß Freude und Genuß nicht über Gebühr betont zu werden
brauchen, da die Menschen sich ihnen ohnehin genügsam ergäben, bekennen sich die Lhasa-Aristokraten mit wahrhaft abgründigem Behagen
zur Ganzheit des Lebens. Sich selbst bejahend, geht es ihnen bei den
Festmählern nicht darum, wie man über dieses Leben hinausgelange,
sondern wie man es auf die angenehmste Art genieße.

In der Bejahung der Gegensätze von weltentrückter Geistigkeit und
abgründigem Genießen liegt fürwahr Charakter, denn wer sich mit
ganzer Seele den Göttern verschreibt, darf auch mit ganzer Seele feiern.
Wohlwissend, daß der Mensch auch in seiner vergeistigtsten Form nicht
von Luft allein zu leben vermag, wie Götter und Genien das können,
bleiben die tibetischen Epikuräer in der Sublimierung der leiblichen
Genüsse der diesseitigen Welt ganz und gar verhaftet, als wenn es kein
anderes Leben zu erwarten gäbe. Beinahe achtlos werden alle meta-
physischen Spekulationen beiseite geschoben, und eines jeden Streben
richtet sich darauf, so intensiv und so glücklich zu leben, wie nur irgend
möglich, bis alles, fröhlich lallend, ohne Leid und Reue von der Tafel
sinkt, um in Traum und Rausch all jene geistige Ergriffenheit zu finden,
die nur der zu erleben vermag, der Essen und Trinken in wahrhaftiger
Feier zum kultischen Selbstzweck erhob.

Da bekanntlich nichts schwerer zu ertragen ist als eine Reihe von
Feiertagen, so beginnt für uns mit den großen Festschmausereien eine

anstrengende Zeit, bis wir uns durch die reichgedeckten Tafeln der
Minister und Notabeln im wahrsten Sinne des Wortes hindurchgearbeitet
haben. Vor allem müssen wir Tierkohle und andere Medikamente zu
uns nehmen, um nach den Entbehrungen der Reise nicht fleischvergiftet
oder geplatzt auf dem Kampfplatz zu bleiben. Glücklicherweise aber
sind unsere Mägen anpassungsfähig genug, um mit den täglichen sechs-
bis siebenstündigen Füllungen gerade noch fertig zu werden. Wie oft
wünschen wir uns Pfauenfedern herbei! Bündelweis könnten wir sie
gebrauchen.

In genau umgekehrter Reihenfolge wie die Antrittsbesuche folgt eine
Völlerei der anderen, und als wir aufatmend die Reihe der Allerhöchsten
glücklich hinter uns gebracht haben und schon zu frohlocken beginnen,
regnet es erneut Einladungen über Einladungen, denn alles was Rang
und Namen hat in der Heiligen Stadt, glaubt uns die Ehre einer
gesegneten Abfütterung · antun zu müssen, so daß wir wochenlang fast
allabendlich plumpsatt und leicht besäuselt unseren heimatlichen Penaten
zuwanken.

Trotz ihres rein tibetischen Gepräges sind die großen, den besten Teil
des Tages ausfüllenden Festessen zweifellos chinesischer Herkunft, was
nicht nur in der Auswahl der Gerichte, sondern vor allem auch in der
Tatsache zum Ausdruck kommt, daß die besten Köche Lhasas, die man
sich übrigens gegenseitig auszuleihen pflegt, Söhne des Reiches der
Mitte sind.

Die Einladungen werden unter Vorweisung eines in besonderer Art
gefalteten Seidenschleiers durch den Haushofmeister oder einen persönlichen Diener des Gastgebers unter vielen Bücklingen und mit salbungs-
vollen Worten mündlich überbracht. Als angenommen gelten sie, wenn
der Schleier mit Worten des Dankes in der gleichen Weise an den Überbringer zurückgereicht wird, wodurch sich dieser unter vielen „Lha-Lo-
seufzern" rücklings aus dem Gesichtskreis entfernt.

Nach Beendigung der üblichen Schleierüberreichung nehmen wir an
der festlich gedeckten Tafel Platz, während die Diener und Kinder
unserer Gastgeber durch alle Ritzen und Löcher hereinschielen. Der
Etikette entsprechend werden zuerst getrocknete Früchte als sogenannte
„Empfangshappen" gereicht, von denen jedoch erst nach dreimaliger
Aufforderung durch den Hausherrn gekostet werden darf. Sodann wird
schwarzer englischer Tee aus europäischem Porzellan ganz nach westlicher Manier geboten. Dazu gibt es verschiedenerlei Teegebäck und
sonstige europäische Leckereien, die von besonderen, in den Kaffee-
häusern Darjeelings ausgebildeten Konditoren, gebacken sind. Dieser
„europäische Vorgeschmack", bei dem sich unsere tibetischen Gastgeber
tunlichst zurückhalten, stellt die einzige Konzession an die westliche
Welt dar.

Nach etwa einer Viertelstunde wird der europäische durch tibetischen Tee ersetzt und das eigentliche Ritual kann beginnen. Auf leisen Sohlen bringen die Diener wunderbar gearbeitete dreiteilige Teetassen, die aus einem ziselierten Untersatz, einer chinesischen Porzellanschale und einem in Pyramidenform gearbeiteten und mit rotem Korallenknopf gezierten Deckel bestehen. Oftmals kredenzt man mir sogar Tassen aus feinster, durchscheinender Jade oder solche aus ältestem chinesischen Porzellan der Ming- und Mandschuzeit, denen man die wundersame Eigenschaft nachsagt, „Giftanzeiger" zu sein. Gewöhnliche silberbeschlagene Tsamba-schalen finden bei solch feierlichen Anlässen nur dann Verwendung, wenn es sich um Gefäße von besonders schöner Maserung aus den kropf-artigen Stammwucherungen von Kirsch- oder Ahornbäumen handelt, da diese als Giftindikatoren ebenfalls einen besonderen Ruf genießen. Man glaubt nämlich, daß die „Baumkröpfe" die gleiche „giftsammelnde" Wirkung besäßen, wie die in den Gebirgstälern Tibets so weitver-breiteten menschlichen Kröpfe. Da der Giftmord anläßlich von Fest-essen in Ostasien von je zu den beliebtesten Methoden gehörte, das An-genehme mit dem Nützlichen zu verbinden und einen lästigen Wider-sacher zu beseitigen, vermeiden es die hohen Tibeter nach Möglichkeit, „aus fremden Töpfen" zu speisen und führen daher auch oft ihre eigenen „giftsicheren" Tee- und Tsambaschalen bei sich. Manche ver-schlucken auch prophylaktisch kleine Türkissteinchen, um etwaiges Gift möglichst rasch wieder aus dem Körper zu vertreiben.

Nachdem die Diener den tibetischen, mit Butter, Salz und Soda würzig angerichteten Tee aus schweren, wunderbar gearbeiteten Silber-kannen eingeschenkt haben und der Gastgeber den Göttern des Hauses ein unmerkliches Dankopfer dargebracht hat, beugen wir uns alle feier-lich nach vorne, setzen die abnehmbaren Deckel an den Korallenknöpfen zur Seite, ergreifen die henkellosen Schalen mit beiden Händen, blasen die gelbliche Butterhaut unter hörbarem Prusten zur Seite, trinken einen kleinen Schluck der nahrhaften Teebouillon, lecken uns die butter-beschmierten Lippen und Bärte, setzen die Tassen sehr behutsam wieder nieder und warten darauf, daß die rückwärts stehenden Diener sie von neuem bis zum Rande füllen. Erst dann sollte man, wenn man durstig ist, zum nächsten Schluck ansetzen oder wenn man pausieren möchte, die Tasse wieder bedecken. Höchst unschicklich ist es, das Gefäß unbedeckt oder halbgefüllt auf dem Tische stehen zu lassen.

Bisher haben sich die konservativen Tibeter übrigens allen britischen Bemühungen, den chinesischen Ziegeltee durch indischen zu ersetzen, erfolgreich zu widersetzen vermocht. Selbst in Darjeeling, der Metropole der britisch-indischen Teerzeugung, bevorzugen die dort ansässigen Tibeter den über Land gekommenen chinesischen Tee, obgleich er viel teurer ist als der indische und zumeist auch in hochgradig verschimmeltem

Zustand ankommt. Sie glauben eben, ohne „ihren" Tee nicht leben zu
können und halten ihn für nahrhafter (womit sie zweifelsohne recht
haben) und süßer als den Darjeelingtee. Diese „Süßigkeit" aber soll
erst auf den monate- oder gar jahrelangen Karawanenreisen über den
geheiligten tibetischen Boden entstehen, während der indische Tee durch
den Transport mittels moderner Verkehrsmittel seines besten Ge-
schmackes verlustig gehe. Ich persönlich habe zwar immer nur feststellen
können, daß der über Land gekommene, in Yakhäute eingenähte
chinesische Tee, auf den es hundertmal geregnet und ebensooft geschneit
hat, ohne Salz und Butter kaum zu genießen ist, zumindest aber einen
mehr oder minder muffigen Geruch angenommen hat. Aber vielleicht
ist es gerade dieser „erdige" Geschmack, den die Tibeter „süß" nennen
und so über alles lieben, während sie das köstliche Aroma des Dar-
jeelingtees wahrscheinlich für giftige Auspuffgase dämonenbesessener
Eisenbahnzüge halten.

Obwohl sich in Asien, vorzüglich aber in Tibet, kein Dogma nach-
weisen läßt, das nicht mit charmanter Höflichkeit und Ausrede gebrochen
wird, so gibt es doch auch eine ganze Anzahl von Fleischarten, die der
strenggläubige Tibeter nicht essen sollte, weil er sonst gegen die Regeln
der orthodoxen lamaistischen Kirche verstößt. So bilden die Tibeter
im innersten Kreise ihres symbolischen Lebensrades stets drei Tiere ab:
das Schwein als Sinnbild von Trägheit und Faulheit; die Schlange als
Symbol der Falschheit und des Jähzorns und den gefiederten Hahn als
Repräsentanten der Sinnenwünsche und aller bösen irdischen Gelüste.
Schweine wühlen im Dreck und gelten als Inkarnationen von Sündern
und gemeinen Verbrechern. Schlangen gibt es in Hochtibet nur wenig.
Allen Regeln der exakten Zoologie zum Trotz setzt man ihnen daher
die ebenfalls kaltblütigen Fische gleich, denen die Leichen von Armen
und Bettlern zum Fraße vorgeworfen werden, und von denen die Lamas
glauben, daß die Seelen der Verstorbenen zuweilen interimistisch in
ihnen hausten. Hühner und alle Geflügelarten gelten den Tibetern ebenfalls als sündig, weil diese Tiere Insekten verzehren und daher gegen
das buddhistische Gebot des Nichttötens ihr ganzes Leben lang verstoßen.
Obwohl sie nichts dabei finden, sich selbst nach dem Tode von den
Geiern verspeisen zu lassen, so geht die Abneigung mancher hoher Lamas
gegen jedwedes Geflügel doch so weit, daß sie selbst Hühnereier verschmähen. Obwohl es als ausgemacht gilt, daß der Genuß des Fleisches
der drei genannten Tiergruppen „verboten" ist und manchmal sogar
Erblindungen und Epilepsie zur Folge haben soll, werden diese kirchlichen Regeln nicht sonderlich genau genommen, und hinsichtlich des
Genusses von leckerem Schweinefleisch und Dosenfischchen, von denen
man sagt, daß sie in den westlichen Ländern ja doch keine Leichen

Tsarong, links, und die vier Kabinettsminister; dahinter Ringang

Junge Lhasaaristokratin   Tschangmädchen

Morgenopfer
auf dem Tsog puri

zu fressen bekämen, bekümmern sich die auf ihr leibliches Wohl sorg-
sam bedachten Feinschmecker Lhasas am allerwenigsten darum.

Nach Beendigung des Teezeremoniells werden die elfenbeinernen
Eßstäbchen auf langen, rechteckigen Schutzstreifen tibetischen Daphne-
papiers, auf dem zu Beginn der Schlacht stets blütenweißen Tischtuch
plaziert, worauf das Festmahl mit dem „Druck auf die Leber" seinen
Anfang nimmt. Man glaubt nämlich, daß das in Vorfreude kommender
Genüsse im Munde zusammenlaufende Wasser aufsteigende Lebersekrete
seien, die durch die Vorgerichte erst wieder hinunterbefördert werden
müßten, wodurch gleichzeitig die „Magenwürmer", die das Hunger-
gefühl verursachen sollen, befriedigt und besänftigt werden.

Nach chinesischer Manier werden die verschiedensten Vorgerichte zusammen mit Löffelchen und kleinen, Sojasoße enthaltenden Schüsselchen
aufgetragen und im Gegensatz zu den Hauptgerichten auf kleinen
Tellerchen kranzartig angeordnet, so daß jeder ganz ungezwungen von
dem einen oder anderen naschen kann. Die Platten bleiben übrigens,
soweit sie nicht restlos aufgegessen und durch neue ersetzt werden, bis
zur Beendigung des Festmahles auf der Tafel stehen, so daß man immer
wieder danach langen kann. Es ist durchaus nicht unbedingt erforder-
lich, daß jeder von allen Vorgerichten kostet, doch wird man von den
Gastgebern meist in so liebenswürdiger Weise dazu genötigt, daß man
nicht umhin kann, eine dieser delikaten Leckereien nach der anderen zu
probieren. Und wer die Handhabung der Eßstäbchen noch nicht vollständig beherrscht, kann darauf gefaßt sein, die allerschönsten Häppchen
vom Gastgeber selbst mit höflich schlürfender Verbeugung auf den
Teller gelegt zu bekommen. Um unsere schwergeprüften Mägen nicht
frühzeitig zu überladen, führen wir in den fortschrittlicheren Kreisen
der Hocharistokratie von Lhasa die Sitte ein, zwischen einer Anzahl
von Gängen je eine Zigarette und ein Gläschen Reisschnaps oder Crème
de Menthe zu setzen.

Der Tschang, jenes köstliche, obergärige und leicht moussierende
Gerstenbier, hat als tibetisches Nationalgetränk einen hohen Ruf. Er ist
ein leichtes, außerordentlich erquickendes und durststillendes Getränk
von milchigweißer Farbe, dessen Stärke von seinem jeweiligen Alter
abhängig ist. Sein Geschmack ist leicht säuerlich und unserem Weißbier
nicht unähnlich. Tschang ist bekömmlich, wirkt stimulierend, macht
außerordentlich rasch fröhlich und hinterläßt erfreulicherweise kaum
einen Kater. Er ist das ideale Getränk für die großen tibetischen Gastmähler, bei denen man nicht nur ungeheure Quantitäten herrlicher
Speisen zu sich nehmen muß, sondern es auch zum guten Ton gehört,
rechtschaffen lustig zu sein und über kleinste Scherze herzhaft zu lachen.
Ich glaube mich nicht zu täuschen, wenn ich behaupte, daß unsere frag-
würdige Berühmtheit und gleichzeitige Beliebtheit in Lhasa zum großen

Teil darauf zurückzuführen ist, daß wir uns in äußerst kurzer Zeit zu wahren Tschangspezialisten entwickelten. Je mehr unsere Eigenschaften als unentwegte und standhafte Tschangtrinker in der Heiligen Stadt publik werden, desto mehr gewinnen wir an Achtung und Einfluß.

Besondere Ehre ist es für uns immer, das berühmte Tschangopfer für die Hausgötter selbst ausführen zu dürfen. Zu diesem Zweck wird vor dem Antrinken ein mit Tschang gefüllter silberner Pokal, der als Sinnbild der Wohlhabenheit des Hauses mit Butterklümpchen rundum verziert ist, von Gast zu Gast gereicht und jeder stipst mit Daumen und Zeigefinger hinein, um ein wenig Flüssigkeit mit lässiger Bewegung in die vier Himmelsrichtungen zu spritzen. Die Ringfinger gelten als besonders rein, weil sich die Babies mit ihnen die Nasenlöcher zuhalten sollen, solange sie noch unter dem Herzen getragen werden.

Eine besondere Bedeutung kommt den „Tungschemas" oder Tschangmädchen zu. Sie gehören meist zu den niederen und mittleren Volksschichten, tragen aber wunderbare Kleider und ausgesuchten, der jeweiligen Herrschaft gehörenden Schmuck und dürfen sich die größten Freiheiten herausnehmen. Ihre Aufgabe besteht darin, die Festmähler durch Tänze und Gesänge zu verschönen, die Gäste zum Trinken anzuhalten und dafür Sorge zu tragen, daß die Tschanggläser stets bis zum Rande gefüllt sind. Mit den Worten „Trinket, Euer Gnaden" dürfen die Tungschemas trinkunlustigen Gästen sogar das Glas an den Mund führen, und bei ganz besonders spröden Festteilnehmern haben sie sogar das Recht, sie mit einer bereitgehaltenen Nadel in einen gewissen Körperteil zu pieksen. Die Tanzvorführungen der Tungschemas bestehen darin, daß sie auf kleinen ausgelegten Brettchen wie Vöglein auf und niederhüpfen, ihre Füße und Arme abwechselnd nach vorne, zur Seite oder nach hinten schwingen und im höchsten Diskant dabei singen. Sie müssen aber immer darauf bedacht sein, auf den Boden zu blicken und sollten auch stets ihre Arme in den langen, weiten Ärmeln verborgen halten, da das Gegenteil als unkeusch gilt.

Als willkommene Zielscheibe für die von allen Seiten vorschießenden Eßstäbchen werden die Gerichte in ununterbrochener Folge aufgetragen und die geleerten Platten und Schalen stets durch neue ersetzt. Von Zeit zu Zeit reichen Diener Schüsseln mit heißem Wasser herum, um zwischen süßen und sauren Gerichten den Gästen die Möglichkeit zu bieten, ihre Eßstäbchen zu reinigen.

Der Kuriosität halber seien einige der wichtigsten Gerichte aufgeführt:

1. Kandierte Reisflädchen, um den Appetit anzuregen.
2. Ananas, Aprikosenscheiben, Datteln und Orangen, um die Stimmung zu heben.
3. Litschi-Früchte mit Kandiszucker, um die Verdauung zu fördern.

4. Getrocknete Krabben, um die Peristaltik zu heben.
5. Erdnüsse gesalzen, um den Magen geschmeidig zu machen.
6. Melonenkerne, um die Würmer zu töten.
7. Rosinen, um vor Erkältung zu schützen.
8. Seetang, chinesisch in pikanter Soße, um von Schwermut und Heiserkeit zu befreien.
9. Grüne und schwarze Eier, chinesisch, um die Säfte zu steigern.
10. Rettiche und Gürkchen in Essigtunke, um die Wahrheit zu fördern.
11. Schweinespeck, rosig, gezuckert, um lustig zu werden.
12. Bohnenkeimlinge mit feingehacktem Hammelfleisch, um die Triebe anzuregen.
13. Leber gedünstet, um den Stoffwechsel zu fördern.
14. Schinken chinesisch, in allen Farben schillernd, um das Gleichgewicht zu bewahren.
15. Fleischklößchen im eigenen Saft, um Selbstbeherrschung zu üben.
16. Schweinebauch, durchwachsen, mit Sojasauce, um Widersprüche auszuschalten.
17. Yakzunge in pikanter Soße, um den Redefluß in Schranken zu halten.
18. Schafnieren, sauer mit Tschilli und Paprika, um das Wasser zu halten.

Hauptgerichte:
19. Haifischflossen farb- und geruchlos in langer Brühe.
20. Yakfleischkerne mit kribbelnder Kresse, saurer Tunke und süßem Aprikosengelee.
21. Hammelrippchen, braunglasiert mit Backpflaumen.
22. Gefüllte Pastetchen aus feingehacktem Yak- und Hammelfleisch, hochaufgegangen und duftquellend.
23. Krebse mit feingehacktem Schinken in würziger Tunke.
24. Schildkrötensuppe, Kantonart, klebt an den Lippen.
25. Transparente Erbsmehlnudeln mit Yakfleisch und Selleriegemüse.
26. Hammelpastetchen mit gezuckertem Brotkuchen und chinesischem Weißkohl.
27. Geflügelbrühe aus Mägen und Schwimmhäuten.
28. Gezuckerter Schweinebauch mit grünen Erbsen im eigenen Saft.
29. Rosinenreis, golden glasiert, mit Pfirsichen und Kirschen.
30. Schweinekamm, rosig schimmernd, mit Fischmägen und Seetang.
31. Yakhaxe, braun, in fetter, crèmeartiger Tunke.
32. Gedämpfte Sehnen vom Hirsch, zart quellend und saftig.
33. Seegurken mit geräuchertem mongolischem Schinken, in schleimiger Tunke.
34. Muschelsuppe, sämig.

35. Bambusschößlinge mit mürb gedämpftem Schweinefleisch.
36. Yakbrühe mit Ingwer.
37. Tschillifleisch von Yak und Hammel.
38. Tintenfisch mit jungen Erbsenschößlingen.
39. Kandierte Semmeln in heißem Sirup.
40. Leberklößchen und Algengemüse in sauersüßer Tunke.
41. Muschelfleisch mit Schweinespeck.
42. Yakkeule, kroß geröstet, eingebettet in Dattelkompott.
43. Hammelcurry, Orangensuppe, zuckersüß mit leichtem Ingwer-
    geschmack.
44. Braune krustige Hammelkoteletten in kurzer Pfefferminzsauce.
45. Gerösteter Speck mit Zuckerzwiebeln.
46. Ein ganzer Schinken, gedämpft, mit Zucker, Ingwer und würzigen
    Kräutern.
    (Dieses vorletzte, mich immer wieder begeisternde Gericht, muß zer-
    fallen, sowie es vom Hausherrn mit den Eßstäbchen berührt wird.)
47. Schneeweißer körniger Reis, ohne alle Zutaten.

Von diesem allerletzten Gang lieblich gehäuften Zeremonienreises
werfen wir als vornehme und wohlerzogene Gäste nur einige Körner
nach hinten über die Schulter, um die Götter zu ehren und allen lebenden Wesen Glück, Gesundheit und langes Leben zu wünschen. Der Rest
gehört den Petras, den armen Seelen der ewig gequälten Hungergeister.
Auch die letzten, bis zum Rande gefüllten Tschanggläser bleiben nach
beendetem Festmahl unberührt stehen.
Selig dunstend, untergehakt und vollgekröpft wie die Geier sitzen
wir, rülpsend aus tiefstem Herzensgrund, vor den geleerten Platten.
Dieses höflichste der Abschiedskomplimente zu versäumen, würde uns
kein Hausherr je verzeihen. Doch auch dieses will gelernt, will der
Fülle, der Farbe, dem Duft und dem Wohlgeschmack des verrauschten
Mahles angepaßt sein. Es gehört einmal zu Form und guter Tischsitte,
nicht nur mit faden Worten, sondern mit dem Magen selbst für ein
gutes Essen Dank zu sagen. Und es erfordert einen gar nicht unbe-
trächtlichen Aufwand an Energie, das alles aus den tiefsten Tiefen des
körperlichen Seins heraufzuholen, so daß es dröhnt und knallt wie das
Bersten des Krakatau, röhrend, rollend und rachenauf explodierend.
So will es die Kunst, die letzte, vollendetste des Gastmahles. Es mögen
noch Spiele folgen, man mag auch seinem Nebensitzer noch ein volles
Tschangglas über den Brokat gießen — — — übel wird nichts genommen.
Voll stillen Verständnisses blickt man sich in die Augen oder reicht
sich die Hand. Zu allerguterletzt wird der Meister der Küche herbei-
gerufen, um die Glückwünsche und Geldgeschenke der Gäste schmun-
zelnd in Empfang zu nehmen. Der Ehre höchste Stufe aber ist es, ganz

langsam, ganz behutsam unter den Tisch zu gleiten und vom hohen
Gastgeber eigenhändig mit einem blütenweißen Seidenschleier bedeckt
zu werden.

Einmal haben wir das Vergnügen, die hohen Herren Minister bei
uns zu sehen. Nach tagelangen Vorbereitungen, die in der Hauptsache
darin bestehen, eines der unweit Tredilingkhas gelegenen Lustschlößchen
zu mieten, auszuschmücken und einen der besten chinesischen Köche
Lhasas zu engagieren.

So stehen wir bereit, die Lotosfüßigen zu empfangen. Längst daran
gewöhnt, daß sich die Tibeter nach allem richten, nur nicht nach der
Zeit, sind wir freudig überrascht, als sich einige malerisch gekleidete,
hohe Beamte kaum eine halbe Stunde nach der festgesetzten Zeit auf
schnellen Paßgängern einstellen, um uns die baldige Ankunft der
Minister zu melden. Gleichzeitig überzeugen sie sich kritischen Blickes
von dem Stand der Vorbereitungen, überprüfen die Festtafel, betasten
das Porzellan (Tsarong war so freundlich, es uns auszuleihen) und
halten Nachschau, ob die weißen Glückszeichen, die unsere Diener mit
Kreide auf den Boden gemalt haben, auch keinen Drudenfuß enthalten.
Schonend macht mich der Haushofmeister des Seniorenministers darauf
aufmerksam, daß auch die teppichbelegten Absteigebänke, dem Dienst-
alter der Minister entsprechend, in verschiedener Höhe gehalten sein
müßten. Auf der Stelle wird die Korrektur vorgenommen.

Sodann erscheinen weitere Regierungsvertreter in feuerroten Staatsgewändern, die alle den langen, in Gold gefaßten Türkisring im linken
Ohr tragen. In violetten und purpurroten Seidenroben folgen die würdigen Herren Sekretäre, deren Insignien in hübschen, goldgearbeiteten
und feinziselierten Schreibzeugen bestehen, die sie durch ihre grellbunten
Seidengürtel gesteckt haben.

In höchster Spannung und Erwartung vergehen die Minuten. Plötzlich, die Schultern der Diener und Beamten sinken schlagartig zusammen,
brausen die hohen Staatsminister des Götterlandes auch schon in unver-
gleichlich farbenfreudiger Kavalkade heran. Unnachahmlich, in Hoheit
und Würde, haben sie steinerne Masken aufgesetzt. Mit Ausnahme
des rotgekleideten, von goldener Mitra gekrönten Kalon Lama, tragen
sie unter mächtigen Zobelpelzmützen, goldgelbe, mit feinsten Drachenmustern verzierte Gewänder, die in der Körpermitte von grellroten
Schärpen zusammengehalten werden. In feierlichem Zeremoniell lassen
sich die Minister nun nach Alter, Rang und Würden von den in gebeugter Untertanenhaltung schlürfend hinzuspringenden Staatsbeamten
von den hohen, edelsteinbesetzten Sätteln heben und auf die teppich-
geschmückten Bänke stellen, wo sich beflissene Hände eifrigst darum be-
mühen, letzte Fältchen aus den goldenen Kleidern auszuglätten. Die
Farbenpracht der brokatbehängten Pferde und der sonnenübergossenen

Goldgewänder vor der idyllischen Kulisse des knospenschwellenden Parks, im ersten Ahnen des Frühlings, zaubert Bilder von unvergleichlicher Schönheit hervor.

Nun erst treten wir zur Begrüßung hervor, überreichen die Freundschaftsschleier und geleiten unsere hohen Gäste in weihevoller Prozession in den Empfangsraum, wo gesalzener tibetischer und gesüßter englischer Tee, Törtchen, Keks und Bisquits bereitstehen. Mit Ausnahme des geistlichen Ministers bleiben die hohen Herren vorerst bedeckt. Sie sitzen in kerzengerader Haltung, mit leicht nach vorne geneigtem Oberkörper, machen todernste Gesichter, tauschen, gerade als ob wir uns noch nie gesehen hätten, nur wenige Höflichkeitsformeln aus und lassen sich unter leichten Verbeugungen und Lhaloseufzern zu jedem Teeschluck nötigen. Der Sitte gemäß kosten sie nur vom fettigen tibetischen Gebräu und berühren die Tassen mit dem goldgelbduftenden englischen Tee erst, nachdem der griesgrämige Seniorminister mit sauersüßer Miene das Zeichen zum Absetzen der riesigen Zobelpelzmützen und damit des Endes des offiziellen Teiles gegeben hat.

Die gleichen Männer, die bis dahin todernst vor sich hinstarrten, sind mit einem Male wie verwandelt: Ihre Haltung lockert sich, ihre zusammengekniffenen Äuglein werden groß und ihre Gesichter spiegeln warme, offene Freundschaft wieder. Dieses Maskenabwerfen schafft schlagartig eine so urkomische Situation, daß wir alle miteinander in spontanes Gelächter ausbrechen und uns nun in inniger Verbundenheit die Hände schütteln. Bald ist eine ganz persönliche und so herzliche Atmosphäre geschaffen, daß selbst der Seniorminister sich in halberstickter Lache schüttelt, während mir der Fürst-Minister in einem fort die Hand hält und es keinen gibt, der die bereitgehaltenen lieblichen Gifte nicht mit Wonne in die Kehle rieseln ließe.

Schließlich setzen wir uns zum lukullischen Festmahl, das dank der Einfühlungsgabe unseres chinesischen Küchenmeisters selbst die gastronomischen Genüsse unserer tibetischen Gastgeber in den Schatten stellen soll, denn es wurden den üblichen europäischen Konserven und chinesischen Delikatessen noch feinste Stangenspargel, Frankfurter Würstchen, Räucherlachs und Aal in Aspik hinzugesellt, Genüsse, die wir uns seit Monaten vom Munde absparten, um den Leckermäulern von Lhasa etwas Rechtes bieten zu können. Es wird dann auch ein durchschlagender Erfolg. Alles greift tüchtig zu, und selbst die von unseren Nepaliwilderern gestifteten Wildgänse lassen sich die Lotosfüßigen als Ragout à la Chinois vortrefflich munden, ohne auch nur die geringste Ahnung davon zu haben, beim Genusse des „unreinen" Geflügels eine große Sünde zu begehen. Daneben werden erstaunliche Mengen von Tschang, Whisky, Creme de Menthe und Ingwerwein in die dürstenden Kehlen gestürzt, bis die Stimmung so lustig und ausgelassen ist, daß einer der unsrigen

blanke Silbermünzen unter den goldenen Gewändern und Sitzpolstern
der Minister hervorzaubert oder sie ihnen sogar aus der Nase zieht,
worüber sich die hohen Herren vor ausgelassener Freude kaum be-
ruhigen können und uns in tiefem Mitgefühl immer von neuem die
Hände schütteln. Den Höhepunkt der Feier aber bilden Toasts, Tisch-
reden, Arien und Gesänge, in denen wir abwechselnd Buddha, das Land
der Lamas, den Regenten, die Lotosfüßigen und den köstlichen Tschang
hochleben lassen und den Dank der gerührten Minister entgegennehmen.

Als unsere Gäste im Dämmerlicht des Abends zu ihren Zobelmützen
greifen und ihre steinernen Masken wieder aufsetzen, werfen sich unsere
Diener vor ihnen zu Boden. Wir aber geleiten sie zu den Pferden, ent-
schuldigen uns wegen des kärglichen Mahles, helfen ihnen von den
teppichbelegten Bänken in die prunkvollen Sättel und blicken den Da-
vonreitenden noch lange nach.

Ich habe bisher von einem Manne noch nicht gesprochen, dessen Bekanntschaft ich schon am zweiten Tage unseres Aufenthaltes in Lhasa
machte. Dieser Mann in roten Lamagewändern, der uns damals die
Regierungsgeschenke überbrachte, unsere Gespräche belauschte und so
tat, als ob er kein Wort Englisch verstünde, war K. K. Möndro, äußerlich betrachtet der Typus eines modernen Lhasaedelmannes, der auf
unseren Lhasaaufenthalt und die kommenden Expeditionsschicksale
einen so maßgeblichen Einfluß ausüben sollte, daß es wohl der Mühe
verlohnt, ihn ein klein wenig unter die Lupe zu nehmen.

Mit allen Vorzügen begabt und mit allen Schwächen behaftet, ist
dieser hochintelligente, aber schwergeprüfte Mann seit langem dazu
verdammt, zwischen Mittelalter und Neuzeit, zwischen Asien und
Europa ein unbefriedigendes Doppelleben zu führen. Ohne Zweifel
besitzt Möndro viele Talente, nur: sie richtig zu nutzen scheint er nie
so recht verstanden zu haben. Er zählt zu jenen vier jungen adligen
Tibetern, die vor Ausbruch des ersten Weltkrieges nach England ge-
schickt wurden, um im westlichen Geiste erzogen zu werden. Töricht
genug, sein volles Herz nicht zu wahren, erlitt er später mit allen seinen
guten Vorsätzen kläglichen Schiffbruch, mußte sich ins Unabänderliche
fügen und ist heute einer jener zynischen Menschheitsverächter geworden,
wie sie die östlichen Kulturen in moderner Zeit zu hunderten hervor-
gebracht haben. So ist Möndro nach außen ein hoher Würdenträger
und heiliger Lama, im Inneren aber ein enttäuschter Mann, ein ab-
grundtiefer Verdammer der Gesellschaft, einer, der im tragischen Kampf
des lebendigen Rechtes gegen totenstarres Dogma heldenhaft unterlag.

Heute hat er sich zwar mit seinem Schicksal längst abgefunden, ver-
achtet nichts mehr als das, was die Menschen dies- und jenseits der See
ihre sogenannte Gerechtigkeit nennen, und sieht die ganze Welt mit
vollem Recht als Narrenbühne an.

Nach dem Grundsatz lebend, das Beste aus allen Dingen herauszu-
holen, macht dieser Menschheitsverächter, Fatalist, Lebenskünstler und
schrankenlose Genießer aber ganz und gar nicht den Eindruck eines
geschlagenen Mannes. Im Gegenteil. Seine Bitterkeit im Herzen ist
längst vergoren. Und er spielt die große Komödie mit viel Humor,
Vernunft und Nachsicht.

Möndro ist ein Mann von Welt, der bei Verhandlungen viel Einfühlungsgabe und Taktgefühl bekundet und durch seine höfliche und
zuvorkommende Art auch im persönlichen Verkehr stets den denkbar
besten Eindruck hinterläßt. Er kann laut und herzlich lachen, ist offen
und besitzt ein Maß an innerer Bildung, wie ich sie bisher nur bei
ganz wenigen Menschen angetroffen habe. Kein Wunder, daß dieser
außergewöhnliche Mensch, der die Schwächen der westlichen Welt ebenso
kennengelernt hat wie diejenigen der östlichen, ein denkbar geeigneter
Mittelsmann zwischen der Expedition und den lhasatibetischen Be-
hörden ist.

Möndro war schon Mitglied eines Lamakonventes der gelben Sekte,
bevor er in jungen Jahren die weite Reise nach Europa antrat, ein
Umstand, der nicht unwesentlich dazu beigetragen hat, seinen Skeptizis-
mus frühzeitig zu wecken. Von seinen englischen Erziehern als guter
Kricketspieler und „perfect gentleman" beurteilt, war er als Schüler
weniger gut, da ihm der schematische Lernbetrieb im Grunde seiner un-
abhängigen tibetischen Seele immer verhaßt war. So kam er sicherlich
unberechtigterweise in den Ruf orientalischer Verschlagenheit. Nichts-
destoweniger aber tat er seine Pflicht, absolvierte die berühmte Schule
von Rugby, machte mit Ach und Krach sein Examen, fand am englischen Gesellschaftsleben Gefallen und vergaß sein Tibetisch. Möndro
nahm ganz und gar europäische Gewohnheiten an und bereitete sich
in Cornwall auf seinen ihm zugedachten Beruf als Bergingenieur und
Goldprospektor vor.

Als er nach dem Weltkriege nach Lhasa zurückkehrte und willens
war, die Mineralschätze des Schneelandes zu erschließen, begann sein
Kampf gegen die Vorurteile der Priesterschaft — und damit sein
Leidensweg. Man hielt den jungen Akademiker für völlig aus der Art
geschlagen und die Lamas zwangen ihn, seine dornenreiche Laufbahn
als untergeordneter Beamter am Fuße der offiziellen Stufenleiter zu
beginnen. Trotz aller Schwierigkeiten gelang es Möndro jedoch bald,
den Dalai Lama, der an der Hebung der natürlichen Reichtümer seines
Landes selbst großes Interesse bekundete und Tibet von der Einfuhr
indischen und chinesischen Goldes unabhängig zu machen wünschte, für
seine Pläne zu gewinnen. Voll kühnster Erwartungen stürzte er sich auf
das Feld seiner Arbeit. Leider aber reichten die primitiven Hilfsmittel,
die Möndro zur Verfügung standen, nicht aus, größere Mengen Goldes

zu heben. Hinzu kommt, daß die schottergefüllten Becken der tibetischen
Flüsse meist nur Goldseifen enthalten und die besten Minen sehr weit
von Lhasa entfernt lagen, worauf der anfangs freundlich gesonnene
Dalai Lama, der mangels technischen Verständnisses schon nach den
ersten Wochen positive Ergebnisse erwartete, ungeduldig wurde und
schließlich den böswilligen Einflüssen der Priesterschaft erlag.

Alter Aberglaube blühte wieder auf. Man prophezeite, daß ein
großes Unglück über das Land hereinbrechen werde, wenn die Arbeiten
Möndros nicht augenblicklich beendet würden. Wie der Vogel erblinde,
der zum Gipfel des Tschomo Lungma, des Mount Everest, hinauffliege,
so sicher würden sich Berggeister und Dämonen erheben, um Seuchen
und Epidemien zu senden, behaupteten die Äbte der großen Klöster.
Der arme Möndro versuchte sich mit den Argumenten der europäischen
Wissenschaft zu verteidigen, aber, wie zu erwarten war, blieben die
Priester Sieger. Sie sagten, der große Bodhisattwa Padmapani persönlich habe die kostbaren Metalle zwecks Besänftigung der rachsüchtigen
Erdgeister in den Boden gelegt, und sie wollten wissen, daß man an
jenem „Wurzelgold“, das im Schoß der Erde ruhe, nicht rühren dürfe,
da es sonst keinen Regen mehr gäbe und die Ernten vernichtet würden.
Zudem war man im priesterlichen Lager der felsenfesten Überzeugung,
daß die geringste Goldentnahme eine Störung des göttlichen Gleich-
gewichtes bedeute und die Vernichtung der Religion unweigerlich im
Gefolge habe. Schließlich ging die Priesterschaft so weit, die tibetischen
Bauern aufzuwiegeln und sie zu veranlassen, die Schächte nächtlicherweile wieder zuzuschütten. Möndro selbst wurde ebenfalls durch Dekret
gezwungen, das gefundene Gold wieder zu versenken und das zur Seite
geräumte Erdreich an allen Minen und Grabstellen wieder in die ursprüngliche Lage zu bringen.

In schmerzlichem Verzicht mußte er schließlich einsehen, daß seine
Regierung den Fortschritt und alles, was er in Europa gelernt hatte,
nicht nur als undiskutabel, unmoralisch und religionsfeindlich, sondern
auch als staatsgefährlich in Grund und Boden verdammte. Jedweder
Vergleich mit den Ideen einer anderen geistigen Welt mußte den gläubigen Lamaisten als Todsünde erscheinen. Da seine Landsleute die
Phänomene der Natur in einer Weise betrachteten, die der seinen diame-
tral entgegengesetzt war, gab Möndro gebrochenen Herzens den aus-
sichtslosen Kampf auf.

Er wurde seiner Regierungsstellung als „Goldprospektor“ enthoben
und zog sich, an Welt und Menschen irre geworden, ins Privatleben
zurück. Da er nicht den Ehrgeiz besaß, Abt irgendeines großen Klosters
zu werden, und es auch seinem Charakter Hohn sprechen mußte, sich
einen Sitz in der Nationalversammlung zu erschleichen, um auf diese
Weise wieder zu Einfluß und Geltung zu gelangen, wartete er ab, ließ

den großen Buddha einen guten Mann sein und kam zu dem religionsphilosophischen Ergebnis, daß die Besserung des Menschengeschlechtes
durch die Mittel des lamaistischen oder irgend eines anderen Glaubens
ein Ding der Unmöglichkeit sei. Den Teufel danach fragend, was ihm
die Zukunft wohl noch bringen werde, hatte er sich zu der Erkenntnis
durchgerungen, daß die Götter ihr himmlisches Mandat längst verwirkt
hätten, daß sie ebenso käuflich und korrupt seien wie irdische Machthaber, ja, vielleicht überhaupt nur Fiktionen des menschlichen Geistes
seien, nichts als einer freien Seele unwürdige Erfindungen, um die Völker
zu beherrschen. Von nun an besaßen die Vorschriften der Religion für
Möndros weiteres Leben keinerlei Bedeutung mehr.

Nachdem er sich von den ärgsten Enttäuschungen erholt hatte, wurde
er infolge seines scharfen Verstandes und seiner guten Urteilskraft in
den engeren Mitarbeiterstab seiner Heiligkeit des Dalai Lamas berufen.
Hier machte er rasch Karriere und gehörte bald zu den sechzehn, die
Jünger Gautama Buddhas versinnbildlichenden hohen Beamten der
vierten Rangstufe, die dem Gottpriester als persönliche Berater zur
Seite standen. Die Aufgaben, die seiner hier harrten, vermochten
Möndro jedoch kaum zu befriedigen, und die ruhige Atmosphäre im
Hofstaate des Dalai Lamas quälte ihn. Er erinnerte sich an seine un-
beschwerten, im fröhlichen England verbrachten Jugendjahre, gedachte
wehmütig der lustigen Stunden des Lebensgenusses im tatenfrohen Lon-
don, Rugby und Cornwall. Kurzentschlossen ließ er sich, seiner hohen
Würde ungeachtet, ein Motorrad aus Indien kommen, um sich die Zeit
besser zu vertreiben. Obwohl dieses feuerspeiende Vehikel — das erste
seiner Art übrigens, das in Tibets heiligen Landen eingeführt wurde —
die Einwohner Lhasas in höchste Erregung versetzte und unter den
Vierbeinern wilde Paniken hervorrief, so fand Seine Heiligkeit, der
Dalai Lama, an der knatternden, mit unheimlicher Vehemenz sich fort-
bewegenden Maschine doch sichtbarliches Gefallen. Während Möndro
tagtäglich einige Runden um den Potala brauste und den staunenden
Pilgern aus der Wildnis die Bändigung der Explosionsmaschine vor-
führte, erwachte in Seiner Heiligkeit der Wunsch, auch einmal seinen
kühnen Mut zu probieren und auf einem solchen Motorrad zu fahren.
Also wurde ein Beiwagen bestellt und als das ungefüge Ding nach Monaten von Indien heraufgetragen war, wurde Möndro die Ehre zuteil,
seinen lebenden Gott im baldachingeschmückten Beiwagen täglich auf
dem Lingkhor spazierenfahren zu dürfen.

Aber schon war neues Unheil im Verzuge. Eines Tages, als Möndro
auf seiner ratternden Maschine wieder durch die Stadt donnerte, bog
der lotosfüßige Premierminister auf prächtig geschmücktem Staatsroß
unversehens um die Ecke. Es geschah, was geschehen mußte. Das
scheuende Tier entledigte sich seiner ministerlichen Last auf rascheste

Art und Weise vermittels weniger Luftsprünge. Der Premierminister landete in einem Unrathaufen und verlor infolgedessen sein „Gesicht". Der Affront war passiert: Möndro hatte die Staatsautorität untergraben, und der Dalai Lama konnte nicht umhin, ihm zum zweiten Male den Laufpaß zu geben. Möndro wurde kaltgestellt, vom vierten auf den sechsten Rang degradiert und in eine entlegene Gegend strafversetzt.

So kam unser Freund zu einem kleinen Gouvernement in den wilden Tälern des westlichen Tibet, wo er sich nicht nur durch den Bau neuer Brücken und das Herrichten guter Transportwege viel Verdienst erwarb, sondern „mit dem gleichen Geschick, wie man das Ei unter der Henne wegnimmt, ohne das Nest zu zerstören", für sich und den Staat Geld und Güter zusammentrug. Folglich begann sein Ansehen bei der fernen Lhasaregierung wieder zu wachsen, bis man ihm nach einigen Jahren von neuem Gelegenheit bot, in die Hauptstadt zurückzukehren und vom sechsten in den fünften Rang aufzusteigen. Heute bekleidet Möndro die Stelle eines Bürgermeisters aller Außenbezirke Lhasas, administriert die am Fuße des Potala gelegene Ortschaft Scho und ist überdies mit der fachmännischen Pflege sämtlicher Parkanlagen der Heiligen Stadt betraut. Sein Büro befindet sich im Potala, aber er wohnt in einem prunkvollen, im Nordwesten der Innenstadt gelegenen, erst vor wenigen Jahren erbauten Hause, wo er einen seiner Brüder, den er als seinen Haushofmeister angestellt hat, gleichzeitig die Verwaltungsdienste versehen läßt.

Mein Verhältnis zu Möndro wird von Tag zu Tag inniger und herzlicher. Fast täglich kommt er mit seinen beiden, ihm treu ergebenen Dienern, zu kurzem Schwatz oder längerem Plauderstündchen zu uns herüber, trinkt ein paar Whiskys, raucht ein paar verbotene Zigaretten und verspricht, am nächsten Tage wieder „hereinzutropfen".

Dieser ebenso joviale wie gutherzige Mann bekundet für uns ein so ungewöhnliches Interesse, daß ich bald alle meine Maßnahmen und Entschlüsse mit ihm bespreche und stets in offener und wohlmeinender Art von ihm beraten werde. In der Tat sind Möndros Verdienste für die Expedition während der entscheidenden Wochen in Lhasa von geradezu unschätzbarem Wert. Bei allen offiziellen Gesprächen übernimmt er schon bald die Rolle meines privaten Dolmetsch. Ich verdanke ihm vor allem wertvollste Aufklärungen über das jeweilige „Klima" bei Regent und Ministern und kann meine Handlungen danach richten. Auf solche Weise gelingt es mir denn auch, mit allen widerstreitenden Gruppen spielend umzugehen. Alltäglich bespreche ich mit Möndro den taktischen Plan, so daß faktisch kein Schritt unternommen wird, ohne vorher meines Freundes Ratschlag eingeholt zu haben.

Da ich es mir nun einmal in den Kopf gesetzt habe, alles daran zu setzen, um dem Neujahrsfest und damit den größten und vornehmsten

Feierlichkeiten des lamaistischen Kultjahres in der tibetischen Hauptstadt
beizuwohnen, benötige ich Möndros Hilfe mehr denn je. Eines Tages
berichtet er mir, daß er es bei Seiner Heiligkeit soeben durchgesetzt
habe, daß unser Aufenthalt in Lhasa auf weitere 14 Tage verlängert
werde. Ich würde jedoch der hohen tibetischen Regierung viel Bitternis
ersparen, wenn ich mich damit einverstanden erklären würde, die
Heilige Stadt am 28. Tage des letzten tibetischen Monats, also genau
zwei Tage vor Beginn der großen Neujahrsfeierlichkeiten, wieder zu
verlassen. Eine schöne Bescherung!

Nach Möndros Ansicht kann hier nur der „eiserne Mann" helfen.
Er allein besitze Einfluß genug, um die verfahrene Situation wieder ins
rechte Gleis zu bringen, und so bereiten wir ein großes Festmahl zu
Ehren Seiner Exzellenz Tsarong Schapés in sämtlichen Räumen Tredilingkhas vor.

Als ich am fraglichen Vormittage gegen zehn Uhr von meinem
üblichen Ornithologengang zurückgekehrt bin und mich gerade in meinen
in Lhasa nachmals so berühmt gewordenen Teeanzug mit den gestreiften
Hosen und den ausgebeulten Knien geworfen habe, erscheint Exzellenz
Tsarong, nur von einem Diener begleitet, als erster im Reigen der hohen
Gäste. Tsarong, ohne Zweifel die stärkste Persönlichkeit Lhasas, gibt
sich, alle Regeln der Etikette außer acht lassend, so wie er zu Fuß durch
die Lingkhas kam, als wirklich großer und daher auch wahrhaft be-
scheidener Mann.

Als zweiter folgt Kyipup, der kleine, schüchterne „Oberbürger-
meister", der den Eindruck erweckt, als ob er keiner Fliege etwas zu-
leide tun könne. Dann kommt Ringang, Staatssekretär und Snob, dessen
idiomatisch perfektes Englisch so klingt, als ob er Oxford gestern erst
verlassen hätte. Es folgen Chigmi Taring, Staatssekretär für die
Finanzen und einige andere ehrenwerte Gäste, bis endlich auch Möndro
mit breitem Grinsen erscheint und sich gleich ganz wie zu Hause fühlt.
Nur Mr. Tschang, der vornehme Gesandte des Reiches der Mitte, läßt
noch etwas auf sich warten. Als er schließlich mit seiner schwerbewaffne-
ten, modern uniformierten Leibgarde in Erscheinung tritt, schüttelt er
sich selbst die Hände und entschuldigt sich, verbindlich lächelnd, daß er
die ganze Nacht wichtige Berichte für Nanking habe vorbereiten
müssen und daher zu seinem denkbar größten Leidwesen die Zeit ver-
schlafen habe. Wohlwissend, daß sich in Tibet nur der älteste und
ranghöchste Würdenträger auch das höchste Maß an Unpünktlichkeit
erlauben kann, möchte der liebe Herr Tschang wohl als derjenige angesehen werden, obwohl es das alleinige Vorrecht Tsarongs gewesen wäre,
die festgesetzte Stunde um ein solches Maß zu überschreiten. Glücklicherweise ist die Stimmung inzwischen schon so herzlich geworden, daß
unsere tibetischen Gäste mit großer Gelassenheit alles hinnehmen. In

lustig ungezwungener Unterhaltung nehmen wir Tee, Whisky und
Liköre auf dem herrlich sonnenüberstrahlten Altan, wobei der Erd-
magnetiker seinen selbstgebauten, in einer kleinen Maggikiste unter-
gebrachten Radioapparat, zum Ergötzen aller zum Quietschen und
zum Pfeifen bringt. Nach anschließender Besichtigung unseres immer
ansehnlicher werdenden Tierparks beginnt uns die aufkommende Brise
die Tischdecken um die Ohren zu schlagen, so daß wir genötigt sind,
den Rest des Tages in den festlich hergerichteten Innenräumen Tredilingkhas zu verbringen. Während draußen Stürme brausen und sandige
Schauer gegen die papierverklebten Fenster trommeln, sitzen wir auf
weichen, teppichgepolsterten Kissen um die hübsch dekorierte Tafel,
lauschen den Klängen des Grammophons und brechen einer Pulle nach
der anderen den Hals. Für besondere Feinschmecker sind auch noch ein
paar Flaschen Cacao-Likör bereitgehalten, für deren Inhalt Tschang
und Möndro besondere Vorliebe bekunden, so daß mir schon Angst
wird, die Vorräte könnten nicht reichen.

Das Fest nimmt seinen Lauf, ganz Tredilingkha dröhnt von den Lachsalven unserer ehrenwerten Gäste, und als die ersten Gerichte aufgetragen werden, scheint der Erfolg gesichert. Zu unserer großen Freude
wird eifrig zugelangt, und schließlich sitzen wir alle weinselig untergehakt, singen, scherzen und lachen, bis Tsarong, der alte Haudegen,
einige Anekdoten aus seinem bewegten Kriegerleben zum besten gibt.
Darauf warten Möndro, Kyipup und Ringang mit einigen Geschichten
aus ihrer englischen Zeit auf und erzählen, wie sie ihre Lehrer in
Harrow und Rugby durch allerlei Späße in Harnisch brachten. Auch
der liebe Herr Tschang, der anfangs glauben mochte, seine ehrenwerte
Nation nur durch ein gelegentliches Lächeln vertreten zu dürfen, ist
völlig aufgetaut und zwingt mich, nach alter chinesischer Sitte, in einem
fort mein Glas zu stürzen und es, ein freundliches „gan — be" (trockene
Tasse) rufend, mit der Öffnung nach unten zu halten. Das „trockene
Tasse-Spiel" beginnt Schule zu machen, bis Möndro unter den schmachten-
den Klängen des „Tango Nocturno" eine elegante Sohle aufs Parkett
legt und im Kreise herumzuwirbeln beginnt. Es ist ein Bild für Götter,
den hohen Lama, der sich kaum auf den Beinen halten kann, im langen
roten Priestergewande abwechselnd in Taumelgalopp verfallen oder
sich in zierlichen Pirouetten drehen zu sehen.

Nun, da wir alle Herzen gewonnen haben und eine Hochstimmung
sondergleichen herrscht, erinnere ich mich wieder des eigentlichen
Zweckes meiner Einladung und beginne mit aller Überzeugungskraft
Tsarong und den anderen ehrenwerten Gästen darzulegen, daß es im
Namen unserer Freundschaft Ehrensache für sie alle sei, sich bei Seiner
Heiligkeit dem Regenten und bei den Herren Ministern für die Ver-
längerung unseres Lhasaaufenthaltes bis zum großen Neujahrsfeste ein-

zusetzen. Natürlich erhalte ich von allen Seiten Zusagen für größtmögliche Unterstützung und, als sich unsere Gäste zum Gehen wenden und unseren an den Wänden aufgestellten Dienern die üblichen Geschenke in die Hände drücken, habe ich das Bewußtsein, nicht nur einen, sondern mehrere Schritte vorangekommen zu sein.

Nach der zeremoniellen Verabschiedung wieder nach oben kommend, gewahre ich Möndro, der sich in der Dunkelheit zurückgeschlichen hatte, ganz allein am Tische sitzen. Eingedenk des tibetischen Brauches, daß man ganz besondere Dinge, um deren Erledigung man gekommen ist, erst anzuschneiden beginnt, wenn der Magen gefüllt und das Fest schon verrauscht ist, kann ich mir das Verbleiben Möndros vorerst nicht anders erklären, als daß er noch etwas sehr Wichtiges auf dem Herzen hat, etwas, das er mir sicher nur unter vier Augen sagen möchte.

Wie der große Buddha nichts vom Beginn oder vom Ende des Universums lehrte, weil er erkannt hatte, daß beides über die Fassungskraft des menschlichen Geistes hinausgeht und daher auch mit Worten nicht auszudrücken ist, so halten es die Tibeter auch in vielen Dingen des täglichen Lebens für unangebracht, nach Gründen zu schürfen und nach Ursachen zu forschen. Fragen wir also nicht danach, was unseren lieben Möndro eigentlich veranlaßte, eine größere Seßhaftigkeit zu bewahren als die anderen tibetischen Gäste, sondern beschränken wir uns auf die Beschreibung der weiteren Ereignisse. Möndro hat den Kopf in die Hände gestützt, grunzt, schüttelt sich vor Lachen, starrt vor sich hin und schmettert einige unbeantwortete Befehle in den leeren Raum. Dann untersucht er die Flaschen, bis er eine halbvolle gefunden hat, beginnt behaglich vor sich hinzubrummen und kippt einen Schnaps nach dem anderen hinunter. Sodann wird er schwermütig, beginnt zu philosophieren und meint, daß wir die Bedingungen der lamaistischen Kirche eher erfüllten als mancher Lama, schon weil wir lange Bärte trügen und weil einer von uns einen ganz kahlen Kopf habe. In diesem Augenblick kommt einer von Möndros Dienern auf leisen Sohlen hereingeschlichen und blickt mich mit angsterfüllten Augen an. Er verbeugt sich tief vor seinem großen Herrn und redet mit verhaltener, hingebungsvoller Stimme auf ihn ein. Aber Möndro bemerkt die treue Seele gar nicht. Der Diener, wohlwissend, daß sein Herr alle Rechte über ihn besitzt, weist nun mit Deutlichkeit darauf hin, daß es Zeit zum Gehen sei. Möndro aber wirft den treuen Hausgeist einfach zur Türe hinaus. Auch in Zukunft erscheint es mir oft unverständlich, daß die dienenden Trabanten des großen Möndro mit einer geradezu abgöttischen Liebe und Treue an ihrem Herrn hängen.

Nun beginnt Möndro, eine Zigarette nach der anderen zwischen den Fingern zu zerreiben, und bittet mich, ihm seine kleinen Extravaganzen nicht übel zu nehmen. Ich sage ihm, daß er mein Freund sei und sich

deshalb alles erlauben könne. Darauf rollt ihm eine dicke Träne über
die Backe.

Als nächstes findet er an einem alten englischen Trinklied, das ich
schon eine ganze Weile vor mich hinsumme, besonderen Gefallen. Dieses
Lied von den „forty green bottles" hat es ihm so angetan, daß er gar
nicht genug davon bekommen kann und immer von neuem beginnt. In
der Folge werden die „green bottles" Möndros Leib- und Magensong,
mit dem er mich noch monatelang beglückt. Dann greife ich zum Tage-
buch, um rasch noch einige Aufzeichnungen über den denkwürdigen Tag
zu machen, bin aber im höchsten Maße erstaunt, als mich Möndro plötzlich mit empörten, weitaufgerissenen Augen anstarrt und sagt, daß er es
als grobe Taktverletzung empfinde, zu schreiben, wenn ein hoher Gast
anwesend sei. Im gleichen Atemzuge aber versichert er mir wieder
seine volle Sympathie und Zuneigung.

Endlich nimmt er seinen Abschied und wir entschließen uns, ihn
durchs mitternächtliche Lhasa zu begleiten. Da die Pferde im Vorhof
vor Dunst und Fahne scheuen, marschieren wir zu Fuß, hoffend, von
den nächtlichen Wächtern der Heiligen Stadt nicht entdeckt zu werden.

Es ist ein wunderbarer Gang. Enten quarren, Eulen klagen, ge-
flügelte Vogelvölker ziehen unsichtbar im Dunklen, sonst aber herrscht
unheimlich geisterhafte Stille. Die Sterne stehen hoch am Himmel und
die goldenen Kuppeln des Potala schimmern im Mondenglanz. Rundum
die dämmernden Silhouetten der Berggiganten. So ziehen wir Arm in
Arm durch die glitzerkalten Straßen, und dröhnend klingen unsere
Schritte über das holprige Pflaster. Aufgeschreckt von dem ungewohnten
Lärm heulen die Hunde. Sonst ist alles still und stumm, und die strengen
Fassaden der großen, weißgekalkten Häuser machen im bleichen Licht
des Mondes einen fahlen, gespensterhaften Eindruck.

Nachdem wir unserem lieben Freund bis zu seinem Hause das Geleit
gegeben, lassen wir uns von seinen treuen Trabanten rasch ein paar
Pferde satteln und galoppieren funkenstiebend durch die geisterhaft
erleuchtete Stadt Tredilingkha entgegen.

Als ich mich todmüde in meinen Schlafsack rolle und die Vorkomm-
nisse des Tages nochmals überdenke, schlafe ich mit hoffnungsvollsten
Gedanken ein.

Tags darauf erscheint Möndro schon in aller Herrgottsfrühe.
Strahlend vor Freude, lachend und voller Humor frühstückt er mit
mir, trinkt seinen Tee auf der sonnigen Terrasse und verspricht mir alles
zu tun, was in seinen Kräften stehe.

Am Abend kommt er dann wieder „hereingetropft", um „eben mal
ein kleines Schnäpschen zu nehmen" und getreulich Bericht zu erstatten.
Also, auf Vorschlag seiner Exzellenz Tsarong Schapés erlauben sich
Seine Heiligkeit der Regent und seine vier mächtigen Minister, dem

Barasahib der deutschen Expedition die Erlaubnis zu erteilen, noch
weitere acht Tage in den Mauern der Heiligen Stadt mit seinen
Expeditionsmitgliedern verbringen zu dürfen.

Diese verlängerte Frist bezöge sich auf die großen Staatsfeierlichkeiten
am ersten und zweiten Neujahrstage, doch seien sowohl der Regent wie
auch die Minister außerstande, die Permission auch auf die anschließen-
den Mönlomfeierlichkeiten auszudehnen, da sie die Verantwortung für
unsere Leben während dieser gefährlichen Zeit der Lamaherrschaft nicht
übernehmen könnten.

Regent

Parkhorstraße

DIE HEILIGE STADT

Wenn man die Heilige Stadt von einem erhöhten Punkte — von
den Dächern des Potala oder vom hochragenden Zeugenberge des
„eisernen Hügels" — überblickt, so fällt auf, daß sie einen unverhältnis-
mäßig kleinen Flächenraum einnimmt. Der Durchmesser beträgt etwa
zwei, der Umfang an der Peripherie der Häuserreihen gemessen, etwa
fünf Kilometer. Das ganze dichtgedrängte Häusergewirr bedeckt kaum
die Fläche einer winzigen europäischen Kleinstadt. Mit seinen südlich
vorgelagerten Parks macht die Stadt inmitten der ungezähmten Berges-
natur einen oasenhaften, friedlich freundlichen Eindruck. Obwohl eine
Reihe öffentlicher Plätze eine gewisse Auflockerung zur Folge hat, so
scheint die ganze Stadt doch nichts als eine kompakte Masse sich um
die Stadtkathedrale scharender Häuser und ganzer Gebäudekomplexe.

Lhasa ist um einen Pivot erbaut; um die Achse des Landes, den
heiligsten aller Tempel, den „Gottesort", der ihm den Namen gab, und
der mit seinen weithinleuchtenden Golddächern den Mittelpunkt der
ganzen tibetischen Welt darstellt: den der Religion, weil sich die heiligste
Statue in seinem Inneren befindet; den des Landes, weil sich hier alle
Straßen treffen, die durchs Schneeland führen; und den architektonischen,
weil sich alle Baulichkeiten der Heiligen Stadt um diesen Tempel
scharen. Um dieses Zentrum schwingend, gliedern vier heilige Ring-
straßen, die von den gläubigen Lamaisten nur in Richtung des Sonnenlaufes begangen werden dürfen, die Anordnung der Heiligen Stadt in
mehrere konzentrische Kreise.

Dem innersten dieser Kreise, Tsug Lha Khang-Pharkhor, kommt nur
religiöse Bedeutung zu, da er lediglich den Haupttempel der Stadtkathedrale umzirkelt. Der zweite, etwa tausend Meter lange, Tromsi-
Pharkhor, auch kurz Pharkhor genannte „innere Ring" stellt dagegen den
wichtigsten Straßenzug Lhasas überhaupt dar. Als Pracht- und Parade-
straße, auf der das monastische und wirtschaftliche Leben der Heiligen
Stadt kulminiert, führt der Pharkhor im Geviert um den riesigen Ge-
bäudekomplex der weitläufig angelegten Stadtkathedrale herum.

Im Gegensatz zu den Pharkhors oder inneren Ringen führen die,
den heiligen vom profanen Boden trennenden Lingkhors, als Pilger-
und Hauptumwandlungsstraßen um die äußere Peripherie Lhasas. Sie
gliedern sich in die wenig begangene Tot-Lingkhor-Straße, die nur

um den Potala herumführt und in die eigentliche, etwa sechs Kilometer lange Chiyi-Lingkhor oder Parkstraße, den „äußeren Ring", der die ganze Stadt samt Potala und eisernem Hügel umspannt.

Der Tsug Lha Khang wurde schon um 650 n. Chr., da Srong Tsan Gampo das Zepter über dem Schneeland schwang, erbaut. In späteren Jahrhunderten wurde er erweitert, aber erst im 17., zur Zeit des großen 5. Dalai Lamas, wuchs die Stadtkathedrale zu ihren heutigen gewaltigen Dimensionen an und prägte das Gesicht der Stadt.

Wie es einer richtigen Hierarchie geziemt, umfaßt der drei Stockwerk hohe, weitläufige Gebäudekomplexe neben dem Haupttempel und der eigentlichen Kathedrale noch eine Anzahl von Regierungsgebäuden und Palästen. Dort befinden sich die Arbeitsräume des Premierministers, die Tagungshallen des Tsongchu oder der Nationalversammlung, die „Kaschag" genannten Amtsräume der Kabinettsminister, das „Finanzministerium", die Schatzkammern der Regierung, das Staatsgefängnis und das Haus der Gerechtigkeit, wo hohe Lamas, die unvermeidliche Teetasse vor sich aufgebaut, in feierlicher Weise Recht zu sprechen pflegen, ehe die Verurteilten, schwere Khangs um den Hals, an den Pranger gestellt werden.

An einer erweiterten Stelle des südlichen Parkhor, gegenüber der chinesischen Gesandtschaft, erhebt sich auf einem fliesengepflasterten Platz, als Seltenheit im lamaistischen Religionswesen, eine große steinerne Kanzel, von der Seine Heiligkeit der Dalai Lama einmal im Jahre zu seinem Volke zu sprechen pflegt.

Die Außenarchitektur des „großen Hauses der Götter" und seiner zahlreichen Adnexe hebt sich nur wenig von den umliegenden Gebäuden des Parkhors ab; nur die goldenen Dächer des Zentral-Tempels erstrahlen wie „eisgepanzerte Gipfelriesen über dem Ozean des Schneelandes".

An den vier Ecken erheben sich mächtige, von Streben gehaltene Flaggenbäume, mit schwarzen Yakhaaren drapierte Glückszeichen, Siegesbanner und lustig knatternde Windgebetsmühlen, über denen ein endloses Meer bunter, im Winde flatternder Gebetswimpel auf und nieder wallt. Der ganze Parkhor ist in einen dunstigen Vorhang gehüllt, von aromatischen Wacholderdüften durchzogen. In blaustreifigen Schwaden ziehen sie an den Häuserfronten entlang.

Unter den Dächern der Hauptgebäude verlaufen meterhohe Firststreifen aus dicht zusammengepreßten Weidenzweigen, deren dumpfe, samtrote Oberfläche einen prächtigen Hintergrund für die goldenen Embleme und Glücksmonogramme abgibt. Balken und Säulenwerk an Türen und Portalen sind reich beschnitzt und weisen schachbrettartige Muster in matten, roten, goldenen und blauen Farben auf.

Wahrhaft imponierend ist das westseitige, säulengeschmückte und von riesigen düsterschwarzen Vorhängen verbrämte Hauptportal des allerheiligsten Tempels, das von zwei schwergoldenen Glücksschirmen als Sinnbildern der priesterlichen Herrschaft und zwei goldenen Gazellen, die das Rad der Lehre halten, geschmückt wird.

Der etwas zurückliegende Torweg läßt hier einen kleinen gepflasterten Vorhof frei. Dank des Glaubens Wundermacht schwebt eine Atmosphäre der Andacht zwischen den wuchtenden Säulen, die zum Brennpunkt aller lamaistischen Glaubensvorstellungen hinanführen. Als wenn es die Gottheit wirklich zu realisieren gäbe, hocken hier in äußerster Empfänglichkeit, neben ganzen Rudeln von Pariahunden, Dutzende von abgehärmten alten Weibern, die in vieltönigem Rhythmus ihre mit den Reliquien Verstorbener geschmückten Pilgerstäbe drehen, um den Dahingeschiedenen glückliche Wiedergeburten zu verschaffen. Außerdem wimmelt es tagein und tagaus von barhäuptigen, barfüßigen Pilgern und Gläubigen, die die Tausendzahl ihrer Kotaus mit Hilfe der Perlen ihrer Rosenkränze zählen und die großen Steinplatten schon völlig blankgewetzt haben. Auch Verkrüppelte, Aussätzige, mit Geschwüren bedeckte, in Lumpen gehüllte und von Syphilis Zerfressene treiben vor dem heiligsten Tempel ihr unheimliches Wesen. Durch fromme Bittsprüche versuchen sie das Mitleid der Wegfahrer zu erregen oder brechen in gemeine Lästerungen aus, wenn es ihnen nicht gelingt, die erhofften Obuli zu erhalten. Im allgemeinen aber gibt jeder gerne, denn nirgends in Tibet fördert das freiwillig gespendete Almosen den Tugendverdienst so sehr, wie am Portale des „Großen Hauses der Götter".

Von einer kleinen Mauer rings umschlossen, erhebt sich vor dem Portal eine alte Trauerweide, deren feingegliederte Äste aus dem „Haupthaar" Gautama Buddhas entstanden sein sollen. Der Baum bewacht das Glück Lhasas, und niemand ist es erlaubt, auch nur ein Zweiglein zu pflücken. Als die Weide vor Jahren vom Blitze getroffen und beschädigt wurde, ließ der verstorbene 13. Dalai Lama in allen Klöstern des tibetischen Landes Offizien für die Gesundung des Baumes und die Wohlfahrt der Heiligen Stadt abhalten.

Dicht daneben ragen zwei steinerne Denkmäler, deren eines — ein schlanker Monolith — die aus dem Jahre 783 n. Chr. stammende Inschrift mit den Friedensbedingungen eines erfolgreichen Krieges gegen den chinesischen Kaiser trägt. Das zweite plattenähnliche Monument wurde erst gegen Ende des 18. Jahrhunderts, als die Mandschukaiser schon ihre Macht über Tibet entfaltet hatten, von den Chinesen errichtet. Seine Inschrift ist als „Pockenedikt" bekannt und enthält die Ermahnungen und Quarantäne-Vorschriften zur Bekämpfung der furchtbaren Seuche, die damals über „hunderttausend" Einwohner hinweggerafft haben soll. In die Reihe der nationalen Heiligtümer aufgenommen und ganz mit urzeitlich anmutenden becherartigen Vertiefungen bedeckt, dient die Pockentafel als Opferstein und Abwehrzauber für die Bekämpfung der gefürchtetsten und verbreitetsten Geißel des Schneelandes.

Von sechs goldgeschnitzten, speckig abgegriffenen Riesensäulen flankiert, führt der Weg durch ein gewaltiges, mit kunstvollen Bronzen und schmiedeeisernen Griffen beschlagenes Tor in die Vorhalle mit den vier mächtigen Richtungsgöttern und von dort direkt zum Tsug-Lha-Khang-Pharkhor, dem innersten Ring, der von hunderten von Gebetsmühlen flankiert wird und den rechteckigen Haupttempel rings umschließt.

Dann erst öffnen sich den Gläubigen die Pforten jenes Allerheiligsten, vom göttlichen Geiste erfüllten Gefäßes. Moderdünste schwelen, sie kriechen im Halbdunkel durch finstere Gänge, zu deren Seiten sich je vierzehn, nur von Butterlampen erhellte und durch mächtige Riesenketten versperrte Alkoven mit den göttlichen Bildwerken befinden. Hier wie nirgends offenbart sich das Rätsel des Menschen, der dem Tode geweiht und den irdischen Leiden verfallen, in methaphysischer Angst nach dem Lichte sucht und nach der Überwindung des Wahnes. Doch was sie hier finden, die opfernden, betenden Seelen, ist ein unentwirrbares, von dämonischen Mächten überflutetes Gemisch von Göttlichem und Ungöttlichem.

Da stehen, von Weihrauchdünsten still umwebt, die großen Heiligen der lamaistischen Kirche,... und das Bild der tibetischen Geschichte erwacht zu neuem farbigen Leben.

Hier Srong Tsan Gambo, der Gesetzeskönig mit seinen beiden Gemahlinnen, den höchsten weiblichen Gottheiten des lamaistischen Pantheons.

Er einte im 7. nachchristlichen Jahrhundert die tibetischen Stämme von Nepal im Süden bis zum Kokonor im Norden und begründete das tibeto-tangutische Großreich. Nach Festigung seiner Macht fiel der kriegerische König in Westchina ein, wo der buddhistische Kaiser Tai tsung der großen Tang-Dynastie herrschte, dessen gewaltige Domäne vom Kaspi über alle Länder des zentralen Asiens bis nach Indochina reichte.

Srong Tsan Gambo eroberte das westliche China und forderte in einem im Jahre 641 geschlossenen Friedensvertrag die schöne chinesische Prinzessin Wen tschang als seine zweite Gemahlin, nachdem er schon vorher die nepalesische Prinzessin Bhrikuti geheiratet hatte. Die beiden Frauen waren es nun, die ihren königlichen Gemahl zum Buddhismus bekehrten und ihn trotz flammenden Widerstandes des alten Stammesadels und der

Bönposchamanen zum ersten großen Verkünder der Lehre des Erleuchteten im Schneelande werden ließen.

Als das Tsangpotal zu versanden begann, brach Srong Tsan Gambo von der alten Hauptstadt Yarlung Podrang auf, um dem wachsenden Reiche eine neue Metropole zu gründen.

Im Tale des Kyitschu fand er zwischen den Bergen einen idyllischen Platz, wo die Herden weideten und der „Rhasa" hieß ..., der Ort der Schafe und der Ziegen.

Nachdem die chinesische Gemahlin ihr Brautgeschenk, jenes wundertätige aus Indien stammende Buddhabild, dorthin verbracht hatte, wuchs auf magische Weise ein Tempel empor: der Tsug Lha Kang. Nun erbaute sich der König auf dem heiligen Marpori, jenem steil aufragenden Zeugenberge, der die Ebene weithin beherrscht, ein festungartiges Kastell, die Anfänge des Potala, der seit dieser frühen Periode Königsburg und Regierungssitz der Beherrscher des Schneelandes geblieben ist.

Aus „Rhasa" aber wurde „Lhasa". Aus dem „Ort der Schafe" wurde der „Ort der Götter"!

Und siegreich wuchsen seine heiligen Symbole in den Himmel... Triumphierend geben sie noch heute dem ganzen Lamalande das Gepräge. —

Dort, Thi Srong Detsen. Er war die nächste überragende Erscheinung in der Reihe der großen Könige Tibets. Zwischen 740 und 790 festigte er weiterhin das tibetische Großreich und unterwarf sogar ganz Ostturkestan seiner Machtsphäre.

Glanz und Reichtum erstrahlten über dem Schneelande, und der Buddhismus, der seit Srong Tsang Gambo nur ein bescheidenes Dasein im Schatten des Königtums gefristet hatte, erfuhr unter seiner Herrschaft jene umfassende und tiefgreifende Wandlung, die zur Gründung des Lamaismus führte.

Im Anfang zwar schienen die Widerstände fast unüberwindlich. Die Bönpos schmähten die Lehre des Buddha und verwandelten die Tempel zu Lhasa in Schlachthäuser. Da lud der König den indischen Patriarchen Santarakschita nach Tibet ein, und das große Übersetzungswerk der heiligen Schriften wurde begonnen.

Im Tsangpotal, halbwegs zwischen Lhasa und Yarlung Podrang, ging Thi Srong Detsen nun daran, das erste tibetische Kloster zu errichten. Er legte weiße Seidengewänder an, nahm eine goldene Axt zur Hand und fügte das Fundament mit seiner eigenen Hand.

Hieraus ergab sich der Brauch, daß die Tibeter noch heute bei der Grundsteinlegung ihrer Tempel und Klöster Offizien zu Ehren Thi Srong Detsens abzuhalten pflegen.

Da sich jedoch die Nagas, die Erdgeister und Dämonen dem Bau des Klosters widersetzten und alle Mauern, die der König am Tage errichten ließ, nächtlicherweile wieder zerstörten, wodurch die Staatskasse verarmte, riet Santarakschita dem König, den berühmtesten aller Zauberpriester, den Schaktianhänger und Tantriker Padma Sambhava aus Indien herbeizurufen, um dem Spuk der bösen Geister ein Ende zu setzen. —

Düster, wie seine ganze Persönlichkeit war, leuchtet uns aus magischem Halbdunkel das funkelnde Standbild Padma Sambhavas entgegen.

Mit ihm, Guru Rimpoché, dem „köstlichen Lehrer", wie die Tibeter ihn nennen, betrat um die Mitte des 8. Jahrhunderts eine der merkwürdigsten Gestalten der Religionsgeschichte tibetischen Boden.

Übersinnlich aus dem Kelche eines Lotos geborener Sohn des sagenhaften Königs Indra Buthia von Udayana, dem klassischen Land des Tantrismus, der Hexen und der Zauberkulte, begann er seinen Lebensweg bezeichnenderweise mit einem Totschlag. Er sollte gepfählt werden... führte mystische Tänze auf... entfloh seinen Richtern kraft magischer Gewalt... hielt Meditationsübungen auf Leichenäckern ab... wurde Heilkünstler und Zaubermeister... begab sich in den Götterhimmel... ließ sich zum Bodhisattwa erheben... empfing heilige Bücher, legte sie auf die Erde nieder und beschloß, die Völker der Erde zum Buddhismus zu bekehren. Mordtaten, Teufelsbannungen, Dämonenaustreibungen, Liebesabenteuer, Orgien und Ausschweifungen jeder Art kennzeichneten den Lebensweg dieses ebenso erstaunlichen wie anrüchigen Charakters, der Gautama Buddha einen „kleinen Zauberer" nannte. Von der schönen Dakini Mandarava begleitet, bestieg er sein Wolkenroß, flog ins Schneeland, landete bei Sangar, wenige Meilen westlich von Samyeh, und Thi Srong Detsen beeilte sich, ihn willkommen zu heißen.

Beide Großen standen sich am steinigen Ufer des heiligen Flusses gegenüber... doch keiner neigte das Haupt... Da hob Padma Sambhava die rechte Hand, und aus den Fingern sprangen fünf Feuerstrahlen, die die seidenen Gewänder des Königs versengten, worauf sich Thi Srong Detsen demütig vor dem Zauberer zu Boden warf und um Vergebung flehte. An der Stelle aber, wo die fünf magischen Blitze flammten, wuchsen sogleich fünf schneeweiß glänzende Tschorten aus dem granitnen Felsengrund hervor. In weltabgeschiedener Ödnis stehen sie noch heute als Objekte höchster Verehrung am Rande des versandeten Tsangpotales.

Nachdem der König seinen hohen Gast nach Samyeh geleitet, versammelte dieser schon in der ersten Nacht alle Nagas, Geister und Dämonen auf dem Zeugenberge Häbori, um sie in seinen Bann zu zwingen.

Bald gelang es ihm, der nächtlichen Zerstörung Einhalt zu gebieten... und was dem König in zwölfjähriger mühevoller Arbeit nicht gelungen

war, vollendete Padma Sambhava in wenigen Tagen. Nach dem Vorbild des indischen Vihara von Otantapuri in Magadha entstand das erste tibetische Kloster. In seiner Mitte erhob sich der Weltentempel; kleinere Gotteshäuser und die Tschorten der vier Himmelsrichtungen schlossen sich an, und das Ganze umspann eine mächtige Mauer, die von tausend kleinen Stupas gekrönt wurde. In Anwesenheit des Königs und aller Granden des Staates wurde ein glanzvolles Einweihungsfest begangen...
Und von Zeit an wuchsen im Inneren des Häbori, jenes Versammlungsortes der dämonischen Heerscharen, kostbare Türkise, herrliche Achate und andere wertvolle Steine, die von den Gläubigen heute noch gefunden werden und ihren Besitzern eine sorglose Zukunft sichern sollen.

Die bedeutendste Tat des großen Tantrikers aber bestand zweifellos darin, daß es ihm gegen den zähen Widerstand der Bönpos gelang, sämtliche Götter und alle deifizierten Naturkräfte des vorbuddhistischen Urpantheons zu „besiegen", sie als „schreckliche Gottheiten" in seinen Dienst zu zwingen und sie zu „Beschützern der Lehre" zu bestellen. Das war die Geburtsstunde des Lamaismus. Padma Sambhava wurde damit gleichzeitig zum Begründer und Schutzheiligen der ersten und ältesten lamaistischen Sekte, der Nimapas.

Hundertundacht steinerne Butterlampen, schon zu Zeiten des großen Reformators gefertigt und aus tausend Dochten blakend, verbreiten ein geheimnisvolles Flackerlicht um das Bildnis jenes mächtigen Mannes, Tsongkhapas, der die gelbe Staatskirche schuf. 1357, am zehnten Tage des zehnten Monats im Feuer-Hennenjahr wurde er im „Zwiebeltal" des fernen Amdo, an der Grenze des Reiches der Mitte unter geheimnisvollen Umständen geboren.

Da, wo sein Nabelblut zu Boden tropfte, — an der nämlichen Stelle, wo später das Kloster Kumbum aus dem geheiligten Boden erwuchs, — keimte ein Wunderbaum hervor, auf dessen Blättern hunderttausend Bildnisse des Buddha erschienen.

Schon im Kindesalter zeichnete sich der Knabe aus dem Zwiebeltal durch Sittenstrenge und Gelehrsamkeit aus. Als Jüngling von 16 Jahren brach er von Osttibet auf, reiste durch das unwirtliche Hochland gen Westen, durchquerte Zentraltibet, gelangte nach Sakya und von dort zu den ehrwürdigen Stätten der alten Königskultur nach Yarlung Podrang, wo ihm mit 25 Jahren die Gelongweihe zuteil wurde. Vom Wissensdurst getrieben, begab er sich ins Kyitschutal nach Lhasa. Hier studierte er die riesigen Enzyklopädien des Kandschur und des Tangschur, gab sich mit philosophischen, medizinischen und mathematischen Problemen ab und widmete sich in seinen Mußestunden der Poesie. Auch als Einsiedler in Bergeshöhlen lebte er, setzte sich in einsamen Winternächten, wenn der Sturmwind sang, mit den tantrischen Zauberlehren auseinander und billigte ihnen als Mittel höherer Erkentnis eine gewisse

Berechtigung zu. Am meisten aber stützte er sich auf Nagarjunas Philosophie und auf die Lehren der sittenstrengen Kadampas, die, von der allgemeinen Korruption des Glaubens unberührt, noch einen verhältnismäßig reinen Buddhakult betrieben und seinem Lebenswerk die entscheidende Richtung verliehen.

Doch als er begann, seiner neuen Lehre Gehör zu verschaffen, versuchten ihn seine machtlüsternen Gegner durch öffentliche Disputationen zu Fall zu bringen.

Tsongkhapa aber merzte die Irrlehren aus, bestimmte inneren Gehalt und äußeres Gewand der neuen Lehre und schwang sich in glanzvollem Siegeszug zum großen Reformator auf. Er wurde zum Begründer jener Sekte der „Tugendsamen" der „Gelugpas", die das festgefügte Fundament des Kirchenstaates im Herzen Asiens bildet.

In seinen religionsphilosophischen Abhandlungen vertrat er die bewußte Abwehr von allen weltlichen Dingen. Er dämmte die sündhafte Gier der Lamas nach irdischen Gewinnen, propagierte die Verinnerlichung in der Einsamkeit und versuchte, das Leben wieder mit den Vorschriften der alten Buddhalehre in Einklang zu bringen. Mit starker Hand merzte er die Schäden aus, belebte echte Religiosität, räumte mit allem überflüssigen Wust magischer Riten auf, verschaffte der Geistlichkeit erneute Geltung und erhob die Reinheit des Lebens zur grundsätzlichen Forderung seiner Lehre. Tief griff er in das persönliche Leben der Priesterschaft ein, verbot den Genuß von berauschenden Getränken, führte die Beichte ein und das Fasten, sprach sich gegen unzeitigen Müßiggang aus, richtete in den Klöstern gemeinsame Tafelrunden ein und legte die wechselseitige Beziehung zwischen Volk und Klerus nach pedantischen Regeln fest. Er inaugurierte die Mönlamgebete, den gemeinsamen Gottesdienst, religiöse Versammlungen, geistliche Disputationen und Wechselgesänge, schuf die einheitliche Lamagewandung, legte deren Herstellung, Schnitt- und Tragart genauestens fest, erließ Regeln für die rituellen Waschungen und führte den Gebrauch der altbuddhistischen Almosenschalen wieder ein.

Von den Lamas der ersten Weihestufe, den Getsuls, verlangte er die Beobachtung von vierzig, von denjenigen der zweiten, den Gelongs, sogar von zweihundertdreiundfünfzig verschiedenen Vorschriften und setzte das achtfache Gelübde der alten Buddhamönche wieder in Kraft. Jeder Lama mußte sich verpflichten, Keuschheit zu üben, sich keinen fremden Besitz anzueignen, kein Leben zu nehmen, keine Lüge zu sagen, kein Mahl zur Unzeit einzunehmen und nicht auf hohen Lagern zu schlafen. So erwuchs ein Gebäude hoher Ethik und Moral, das selbst die schwierige Frage der geistigen Nachfolge nicht unberücksichtigt ließ. Tsongkhapa gilt daher auch als der Begründer des Inkarnationssystems und der ununterbrochenen Fleischwerdung höchster Würdenträger. Von sich selbst verkündete er, daß seine Wiedergeburten im Cyklus der Generationen zahllos sein würden.

So, wie er vom Priester hohe moralische und charakterliche Eigenschaften voraussetzte, verlangte er andererseits vom Gläubigen blindes Vertrauen zum Lama. Auch ließ er es nicht zu, daß angehende Lamas Kritik an ihren Lehrern übten und erwartete, daß sich alle jungen Priester auf die guten Charaktereigenschaften ihrer geistlichen Führer stützten. Auf solche Weise gelang es ihm, die verderbte Lehre aufzurichten, die wankend gewordenen Gesetze wieder herzustellen und der Religion ein Gefüge zu verleihen, das fünf Jahrhunderte überdauern sollte.

Einer alten Weissagung Gautama Buddhas zufolge versammelte Tsongkhapa seine Schüler um sich und gebot ihnen, die neue Lehre zu verbreiten und die Buddhataten zu vollbringen, auf daß „das ganze Schneeland ein mit Freude erfülltes Kloster werde". Zur Erinnerung hieran benannte er das erste von ihm gegründete, östlich Lhasas gelegene Gelugpakloster „Ganden" oder das „Freudenvolle". Fünf Jahre später gründete er Drepung — den Reishaufen —, das der Sitz seiner Nachfolger und damit die Königswabe der Hierarchie der Gottpriester Tibets wurde. Zusammen mit Ganden und dem wenig später gegründeten, nördlich Lhasas gelegenen Sera, bildet Drepung auch heute noch den monastischen Mittelpunkt der gelben Staatskirche und der gesamten lamaistischen Welt. Alle drei Klöster zusammen aber wurden seither die „Drei Säulen des Staates" genannt. Das Kloster Taschilumpo bei Schigatse, der spätere Stammsitz der Panchen- oder Taschilamas, geht auf die Gründung von Tsongkhapa's Neffen, Schüler und Nachfolger Gedundup, zurück.

Tsongkhapa, der überzeugende Redner und barmherzige Mönch, legte seine Weisheiten in dreihundertdreizehn heiligen Schriften nieder. Sein Hauptwerk „Über den Stufenweg zum Heil" gilt als köstlichste Reliquie Gandens, des großen Reformators Lieblingskloster, wo seine leiblichen Überreste in einem güldenen Tschorten ruhen. 1419, am 25. Tage des zehnten tibetischen Monats, verließ die Seele des großen Erneuerers der lamaistischen Religion seine leibliche Hülle und stieg vor den Augen des betenden Volkes zum Himmel empor.

Die auffallenden Kultübereinstimmungen zwischen der von Tsongkhapa geschaffenen „gelben Staatskirche" und dem römisch-katholischen Ritus sind schon wiederholt Gegenstand geistiger Diskussionen gewesen.

Missionare meinten, der Satan habe sich im Lamaismus, diesem „Zerrbild der christlichen Kirche", manifestiert; andere wollten sogar wissen, daß der „Mann aus dem Zwiebeltal" von christlichen Missionaren erzogen worden sei, so daß hieraus die seltsamen gleichgerichteten Bräuche des Mönchswesens, des Heiligenkultes, der Priesterweihen, der

klösterlichen Institutionen, des Zölibates, des Bilder- und Reliquien-
Dienstes, der Ritualien und der beiderseitigen Anwendung von Weihrauch,
Weihwasser, Glocke, Rosenkranz, Tonsur, aber auch von Prozessionen,
Wallfahrten, Gebetsrezitaten, Exerzitien, Exorzismen, Segnungen,
Votivgaben, Sündenbekenntnissen, Fasten und Opfern ihre zwanglose
Erklärung fänden. Es scheint jedoch, daß die kultischen Analogien viel
älter sind als Tsongkhapa; ja, älter als das Christentum, da sie teilweise schon im altindischen Religionskreis ihre Entsprechungen finden.
Eine unabhängige Entstehung kann jedenfalls nicht ohne weiteres angenommen werden. - Mit hoher Wahrscheinlichkeit geht die Übernahme
zahlreicher indischer Kultgüter durch das Christentum auf jene Zeit
zurück, da die christlichen und buddhistischen Kulturen im turkestani-
schen und persisch-indischen Grenzgebiet sich innigst berührten. Vom
Rosenkranz, der auf die altindische Gebetsschnur zurückgeht, wird von
der europäischen Wissenschaft mit Bestimmtheit angenommen, daß er
erst von den mittelalterlichen Kreuzfahrern aus dem vorderen Orient
nach Europa gebracht worden sei.

Auch den übrigen juwelenübersäten Statuen der Hauptgottheiten ist
je eine besondere Nische gewidmet.

Da ist Tschenresig, der tausendarmige Bodhisattwa der Barmherzigkeit, Tsöpamé, der Gott des ewigen Lebens, Öpamé, der Buddha des
unermeßlichen Glanzes, die acht Medizingötter und ein Heer von
Heiligen. Von Stickluft umflossen verschwimmen sie im Halbdüster der
schwelenden Lampen, die von fetttriefenden, rußgesichtigen Lamas mit
zentnerschweren Butterlasten gespeist werden.

Es folgt der dritte Hierarch, jener große Abt von Drepung, dem
erstmalig der mongolische Titel eines „Ocean-Priesters“, eines „Dalai
Lamas“ verliehen wurde; sodann der Große Fünfte und schließlich, im
grellerleuchteten schachtartigen Lichthof, der Thron des 13. Dalai Lamas
und, edelsteinbeladen, das goldene Riesenstandbild Dawo Dschambas,
des Maitreya, des kommenden Buddhas der Liebe, der als Messias der
lamaistischen Kirche verehrt wird.

Endlich, am östlichen Kopfende des Alkovengevierts, durch eiserne
Vorhänge doppelt gesichert, erstrahlt silberbeschlagen das heiligste aller
Verließe, wo ein märchenhafter Aufwand an Gold und faustgroßen,
zum Teil sogar in den Boden eingelassenen Edelsteinen zur Schau gestellt ist.

Hier, auf hohem, juwelenglitzerndem Thron erhebt sich die diaman-
tengekrönte Wunderstatue Sakyamunis, des Jowo Rimpoché, die
„Gemme der höchsten Majestät“, die während der Lebenszeit Gautama
Buddhas wundertätig entstanden sein soll. Sie stellt den Erleuchteten
im jugendlichen Alter von 16 Jahren dar und gelangte als Geschenk des
indischen Königs von Magadha zuerst nach China. Im 7. Jahrhundert

dann brachte die Prinzessin Weng Chang die Wunderstatue als Morgengabe ins Schneeland und nach Lhasa. Um dieses Standbild wuchsen der Tempel und die Heilige Stadt. Sie ist der Mittelpunkt der gesamten lamaistischen Welt.

So ist der Tsug Lha Khang bunt und farbig aus tiefsten Tiefen des tibetischen Seelenmeeres pflanzenhaft emporgestiegen.

Vor dem Jowo Rimpoché glänzen vielzentnerschwere, aus purem Golde getriebene Butterlampen, wie sie im ganzen Lande kein Beispiel haben. Halbkreisförmig gruppieren sich zu beiden Seiten die Figuren der Apostel und Jünger des Buddha, sowie furchtbare Fratzen von Padma Sambhava bezwungener Dämonen. Auf den Altären stehen goldene Weihwasserschalen, mystische Weltburgen und andere Kleinodien, sowie Opfergaben aus Tsamba, Gerste, Reis, Butter, künstliche Blumen, Räucherkerzen und weitere hunderte mild flackernder Butterlampen. Letztere sind alle mit kleinen Schutzglocken gegen den bösen Atem der sündigen Menschheit und gegen den Anflug von Insekten abgeschirmt. Kein Schmetterling und keine Fliege dürfen den heiligen Raum mit ihrem Tode entweihen.

Im oberen Stockwerk des Tsug Lha Khang feiert der Tantrismus, die Geheimlehre, wahre Orgien. Hier gemahnen die „Räume des Schreckens" an mittelalterliche Folterkammern, wie sie sich die beschwingteste Phantasie nicht grauenhafter ausmalen könnte. Die erste Stelle nimmt Palden Lhamo, Lhasas Schutzgöttin, ein. Mit ihren löwenköpfigen Begleiterinnen und dämonischen Jungfrauen schwingt sie im kosmischen Tanz unmenschlicher Verzweiflung das Zepter über einem Meer von Blut.

Ein fürchterliches Reich: Gierende, gähnende, vielarmige Ungeheuer, aus düsterer Dämonie der unerlösten Menschenseele entsprungen, ohne Schimmer von Gnade und Güte, thronen sie im Schattenspiel der hundert Dochte in massiver Wucht. Heere von Mäusen, die aus Ecken und Erkern, aus Fugen und Rissen kribbeln und krabbeln, verleihen dem Raum ein drohend unheilvolles Leben. Als Inkarnationen früherer Lamas werden sie heilig gehalten, aber die aufwartenden Priester treiben schwungvollen Handel mit ihren Fellen, die von den osttibetischen Räubernomaden als Amulette gegen Schußverletzungen hochbegehrt sind.

Mir selbst bereitet die Erbeutung eines Exemplars dieser endemischen Hamstermaus fast unüberwindliche Schwierigkeiten, denn als ich endlich eines der flinken Tierchen, die zu Scharen auf den großen Butterlampen sitzen, in der Hand halte, stürzt gleich ein riesiger Tempelwärter heran, so daß ich die Beute wohl oder übel wieder laufen lassen muß. Da sich unsere Diener aus religiösen Gründen davor bewahren, mir eines der Tiere zu fangen, bleibt schließlich nichts anderes übrig, als ein schäbiges Fell zu ungeheuerlichem Preise von den Lamas zu erstehen.

Neben Palden Lhamo in wutgesträubtem Flammenhaar steht der brüllende, zähnebleckende Mahakala, der große schwarze Gott der Zerstörung, der blutberauschte, in überschäumender Lebensgier über Leichenberge tanzende Dämon.

In schaurigen Verließen voll gottgeweihter Schwerter, Bogen, Pfeile, staubiger Rüstungen, Lassos, uralter Gewehre, Hexenspiegel und Trisulas folgen der wilde pferdeköpfige Tandim, der rasende Donnerkeilschwinger Tschagdor, die blutgierige Schutzgöttin Dorgé Phagmo und viele andere, mit Knochengehängen und Schädeldiademen grausig geschmückte Gottheiten. Ihre Beine ekstatisch spreizend, in Meeren von Blut watend, rasend vor Zorn, Menschenleiber unter ihren Füßen zerstampfend, werfen sie mit fletschenden Grimassen, klaffenden Stirnaugen und gorgonenhaft heraushängenden Zungen nach allen Seiten den bösen Blick.

Allen diesen Schreckgestalten ist die Pflicht auferlegt, die in tiefen Gewölben liegenden Schätze des Staates zu beschirmen und zu bewachen.

Wustmähnige Adepten des Geheimkultus wachen darüber. Ihre Lehren sprechen alle Gläubigen an, hohe und niedrige, geistvolle und primitive, Yogis und Asketen, machtgierige Priester und fromme Einsiedler. Zwischen leuchtendster Vergeistigung und dunkelstem Aberglauben fanden sie unter dem weiten Dach eines maßlos sich dehnenden, tausende von Wesenheiten umfassenden Pantheons, ihre Domäne.

Aber gleichzeitig liegt es auch in der Natur des Geheimkultes begründet, daß es zu konventioneller Verflachung und Veräußerlichung des religiösen Lebens kommen mußte. Die Folge war die Spaltung in esoterische und exoterische Kultformen. Das Tantrajana wurde, da es ganz auf den Glauben an die okkulten Phänomene abgestellt war, zu einem sekreten Kult, dessen Priestern es mancherorts sogar unter Todesstrafe versagt war, sich von der geheimen Lehre abzuwenden. Die absichtlich zweideutig gehaltenen und nur durch die Vermittlung eines Guru, eines Lehrers, auszulegenden Geheimtexte, führten schließlich zu den seltsamsten Praktiken. Die Träger des geheimen, den Lamaismus bis in seine feinsten Verästelungen durchziehenden Wissens, leben für gewöhnlich von der übrigen Priesterschaft getrennt.

In schaurigen Einöden, da, wo die Natur sich selbst dazu bestimmt, die Menschenseele wundergläubig zu machen, erheben sich ihre weltabgeschiedenen Bergklöster. Dort fristen sie ihr Leben. Schauervolle, nur vom Tosen der Wildbäche oder vom Donner der Lawinen unterbrochene Stille, verbreitet den Zauber völliger Verlassenheit um die Ritös genannten Hochburgen des tibetischen Mystizismus. Im Gegensatz zu den gewöhnlichen Lamaklöstern werden sie niemals in den Tälern oder auch nur in der Nähe vielbegangener Wege erbaut. Sagenumwobene, furchterregende und geheimnisvolle Orte, wo sich der magische

Einfluß mächtiger Bergdome, eisblauer Gletscher, tiefer Schluchten, ungeheurer Moränenwälle und einsamer Seen bemerkbar macht und die Phasen der geologischen Skala in mächtigem Aufschluß die Schöpfungskraft der Erde offenbaren, gelten als die geeigneten Orte zur Erlernung der hohen Kunst der tantrischen Magie. Oft kleben die Aboden der Mystiker gleich Adlerhorsten an himmelragenden Felswänden, in deren Innern sich schauerliche Grotten befinden. Das sind die Sammelpunkte jener geheimnisumwitterten Naljorpas, die in menschenunwürdigen Verließen ihren Durst nach Erkenntnis stillen. Ihr Wahlspruch lautet, auch in der Hölle behaglich leben zu können. Den Wildschafen vergleichbar, die sich in sicherer Höhe halten, erleben sie fern der menschlichen Gesellschaft und in bitterster Armut das wahre Glück. Die starren, weitaufgerissenen Augen dieser merkwürdigen, dunkelhäutigen Menschen, deren langverfilztes, ungepflegtes Haar in verstaubten Wülsten über die Schultern herabhängt, verleihen ihnen einen wilden, fanatischen Ausdruck. Sie tragen, nur mit einem Gürtel zusammengehaltene, dünne Gewänder von tiefschwarzer Farbe.

Auf schmalen, abgründigen Stegen gelangt man zu den „Höhlen der Erleuchtung", jenen kleinen, verriegelten, steingebauten Zellen, wo die Mystiker in völliger Abgeschlossenheit ihr Dasein fristen.

Winzige, fest verschließbare Schiebetürchen von kaum fünfzehn Zentimeter Höhe, an deren Basis kleine, waagerechte Brettchen angebracht sind, dienen dem Zwecke des Nahrungsempfanges. Daneben befinden sich kleine Pfannen, in die Trinkwasser gegossen wird, das durch eine Röhre aus dem Inneren der Höhle abgesogen werden kann. Ein-, höchstens zweimal täglich, klopft der Wärter mit kleinem Stein ganz leise an das hölzerne Gitter. Worte dürfen nicht gewechselt werden — Sekunden, die wie Ewigkeiten dünken, vergehen. Dann leises Rumoren, und ganz langsam öffnet sich von innen das lebendige Grab. Wie von unsichtbarer Hand wird das Türchen um wenige Zentimeter emporgezogen, und hervor kommt nichts als eine von dicken Fäustlingen umhüllte Hand, die den faden grauen Tsambabrei entgegennimmt und sich sogleich wieder zurückzieht, damit kein Lichtstrahl durchs wollene Gewebe dringe. Das ist die einzige Verbindung mit der Außenwelt, die den Anachoreten für Monate und Jahre, ja manchmal fürs ganze Leben, gestattet ist.

Die verschiedenen Abschließungs- und Vergeistigungsperioden werden von den Fortschritten der Schüler abhängig gemacht und sind nach unumstößlich strengen Gesetzen geregelt. Schon bei den Inaugurationsfeierlichkeiten werden die jungen Anachoreten großer physischer und seelischer Pein ausgesetzt, die so manchen Jüngling den Verstand verlieren läßt. Schmerz und Verzweiflung gelten nämlich als die mächtigsten Mittel, den jungen Menschen von der Nichtigkeit des irdischen

Lebens zu überzeugen und die Sehnsucht nach der anderen Welt zu erwecken.

Durch Schweigegelöbnis verpflichtet sich der Schüler, die Geheimlehre nicht eher weiterzugeben, bis ihn der Guru, meist erst in seiner Todesstunde, ausdrücklich dazu ermächtigt. In qualvollen Martyrien werden die Gehirne der jungen Anachoreten mit Bannsprüchen und mystischen Formeln übersättigt. Nächtelang müssen sie gefesselt an Leichenstätten zubringen, um sich in der hohen Kunst der Schlaflosigkeit zu üben. Da ihre Kräfte von den grausamen Experimenten ganz in Anspruch genommen werden, magern die Schüler entsetzlich ab, bis die schwarze Kunst sie ganz verschlingt und sie zu glauben beginnen, von der grausamen Erde enthoben zu sein.

Sobald sie sich dem geistigen Bann ihrer Lehrer ganz ergeben haben, beginnt die Zeit der Einkerkerungen, deren erste Periode drei Monate und drei Tage beträgt. Die meisten sind nun schon so tief in die Netze der Mystik verstrickt, daß es für sie zeitlebens kein Entrinnen mehr gibt. Nach Ablauf dieser ersten Zeitspanne dürfen sie wieder ans Tageslicht kommen und selbst darüber entscheiden, ob sie gewillt sind, sich der nächsten und härteren Prüfung zu unterwerfen. Diese zweite Periode währt drei Jahre, drei Monate und drei Tage. Nach Absolvierung dieser Frist werden die Einsiedler endgültig in die Gemeinschaft der Tantriker aufgenommen und besitzen das Vorrecht, mit allen Geistern frei verkehren zu können.

Die dritte und grausamste Periode hält fürs ganze Leben an. Sie endet mit dem Tod. Die Zellen werden aber erst erbrochen, wenn die Nahrung mehrere Tage unberührt geblieben ist und Klopfzeichen nicht mehr beantwortet werden. Die Leichen der Naljorpas, die den selbsterwählten Büßertod erlitten, dürfen den Blicken gewöhnlicher Sterblicher niemals enthüllt werden. Auch den Geiern werden sie nicht zum Fraße vorgeworfen, sondern ausnahmslos verbrannt. Aus ihrer Asche formt man kleine Buddhafiguren — viele sollen sich auf magische Weise von selbst in den Schädelkapseln bilden —, die auf den Altären der Klostertempel aufbewahrt und als Gegenstände besonderer Verehrung angebetet werden. Das gleiche gilt von den Rosenkränzen, den als Teller dienenden menschlichen Schädelkalotten und den Schienbeintrompeten der Verstorbenen, die neben der Kleidung, welche die Anachoreten auf ihren Leibern tragen, die einzigen Gegenstände sind, die sie mit in die Vereinsamung nehmen dürfen.

Es gibt die verschiedensten Härtegrade im Leben der tibetischen Einsiedler. Beileibe nicht alle verbringen die Jahre der Abschließung in völliger Dunkelheit. Manchen sind sogar Luken und winzige, papierverklebte Fenster mit einem Ausblick auf die sie umgebende Bergwelt erlaubt. Die meisten Zellen sind mit schwachen Oberlichtern versehen, so daß die Insassen durchaus in der Lage sind, die Tageszeiten zu unterscheiden. In besonderen Fällen wird vom Klosterabt sogar die Erlaubnis erteilt, kleine Öllämpchen zu benutzen, um heilige, für die Meditationsübungen unerläßliche Schriften zu lesen. Die Verließe selbst sind denkbar einfach. Manche besitzen rinnenartige Abläufe für Wasser und Fäkalien, aber die Regel ist das keinesfalls. An Flächenraum umfassen sie durchschnittlich drei bis vier Quadratmeter und erlauben aufrechtes Stehen nur mit Mühe. Die Inneneinrichtung besteht neben einem kleinen, altarähnlichen Bücherbord, auf dem auch die Zauberinstrumente ihren Platz haben, aus dem, „Gambi" genannten, quadratischen Lattengestell, das den Naljorpas dazu dient, in Buddhastellung mit untergeschlagenen Beinen und nach oben gekehrten Fußsohlen zu meditieren, zu schlafen — — — und zu sterben. Wenn sie die vorgeschriebene Stellung in der Todesstunde versäumen, bleibt ihnen die Pforte der Erlösung für immer verschlossen.

Aber es gibt auch Eremitenhöhlen, in die ein Lichtstrahl niemals dringen darf. Deren Insassen sitzen jahrelang im eigenen Auswurf und ziehen sich ihre Nahrung an langen Stricken in das Innere ihrer furchtbaren, grottenähnlichen Behausungen. Sie dürfen erst nach zwölf Jahren und nach Erkenntnis des höchsten Wissens in die Welt der Sinne und der Menschen zurückkehren. Um nicht beim Anblick der Sonne völlig zu erblinden, müssen sie ihre müden Augen erst allmählich wieder an das Tageslicht gewöhnen. Zu diesem Zwecke werden winzige Löcher in die Mauern geschlagen, die nach und nach zu kleinen Fenstern erweitert werden.

In Tibet ist der Glaube weit verbreitet, daß die Mystiker der höchsten Grade durch Absperrung der Sinneseindrücke und Tötung des Fleisches die Grenzen der physischen Leiblichkeit längst hinter sich gelassen haben. Vor der Macht solcher Buße weiche selbst die Kraft der Götter, sagt man im ganzen Land und, wenn die Auserwählten die lange Frist lebend überdauert haben, blasen sie ihr Horn aus Menschenbein, worauf sie in der sitzenden Stellung des Buddha auf magischem Wege von selbst ins Freie gelangten, keinen Schatten mehr würfen, die Schwerkraft überwunden hätten und imstande seien, sich auf einer Opferpyramide aus Gerstenkörnern niederzulassen, ohne daß auch nur ein Körnchen aus seiner Lage gerate.

Auf uns Europäer mögen die Verstiegenheiten dieses Glaubens, hinter dem das Nichts steht und der Wahnsinn lauert, den niederziehenden Eindruck äußersten Unsinns machen. Doch täuschen wir uns nicht: Die tibetischen Mystiker glauben sich ihrer selbst entledigt zu haben und heißen das die vollkommenste Beherrschung des Geistes über den Stoff, was wir die willenmäßige Macht über die Illusion nennen könnten. Über ihre eigenen Visionen erschreckend, glauben sie, Menschen und

Geistwesen zu beherrschen. Sie fühlen sich als Werkzeug höheren Willens. In namenloser Einfalt haben sie das Normale für das Anormale hingegeben. Jenseits von Gut und Böse, über Lob und Tadel erhaben, selbstlos unter den Selbstsüchtigen, begierdelos unter den Begierigen strahlen ihre Seelenkräfte aus der Mitte ihres Wirkungsvermögens ins Unbegrenzte aus. So üben sie Macht, eine anonyme, grenzenlose Macht über sich selbst und andere. Mit solchen, ans Wunderbare grenzenden psychischen Fähigkeiten experimentieren sie mit dem Dämonischen im Menschen, das man bei uns so oft geflissentlich überging, um es durch Vernunft und Wissen zu ersetzen, glaubend, es auf diese Weise aus der Welt zu schaffen. Wahrscheinlich ist die Erkenntnis solcher Weisheiten der Grund, weshalb die verschiedenen Reformbestrebungen innerhalb der lamaistischen Kirche dem Tantrasystem stets seinen Platz bewilligten. So blieb Tibet die Einheit des Glaubens bis in unsere Tage gewahrt.

Der den körperlichen und geistigen Exerzitien entspringende Geistesstrom der Adepten beschränkt sich aber nicht nur darauf, die Kräfte des Menschen in bestimmte Bahnen zu lenken und Gier, Neid, Zorn, Stolz, Trägheit und Wollust zu bekämpfen. Geisteskonzentration, Willensbeherrschung, Atemübungen, kontemplative Versenkung, kurz, die wissende Beherrschung aller körperlichen und geistigen Funktionen befähigen sie, die unsichtbare Welt ins Sichtbare zu projizieren und die Geistwesen aus der Unendlichkeit des Raumes herbeizulocken und zu materialisieren. Sich beliebig in Trance versetzen zu können, Divinationswissenschaften zu üben, Fernwirkungen auszulösen, mit ihren Schülern über riesige Entfernungen Zwiesprache zu üben, geheime Botschaften auszusenden und zu empfangen, aus Handlinien und Stirnfalten Lebensschicksale zu lesen, Gedankenbilder körperlich darzustellen, die Kräfte gebannter Geister, Dämonen und der eigenen Schutzgottheiten für ihre Zwecke zu nutzen, ihre Seele zum Verlassen des Leibes zu bewegen und sie auf Reisen zu schicken, sich in die kommenden Zeiten zu versetzen, sakrale Gegenstände mit Kraftwellen aufzuladen, Träume zu verifizieren, sich mit beliebigen Menschen, aber auch mit Tieren und Pflanzen zu identifizieren, den Blutstrom rauschen und die Säfte steigen zu hören; das sind die, unter dem Siegel der tiefsten Verschwiegenheit von Generation zu Generation weitergegebenen Mittel, um die leidende Mitwelt zur Freiheit zu führen.

Über der völligen Loslösung von den Dingen der Welt erhebt sich als letzte Einsicht der tibetischen Adepten, daß auch die geistigen Kräfte nur eine Täuschung sind. Damit ist selbst Gott zur Illusion und das Leben nach dem Tode zur subjektiven Vision geworden, die, im Geiste des Menschen entstehend, wieder in den rätselhaften, sich stets erneuernden Strom, von dessen Ursprung wir nichts wissen, zurückfließt.

Tschorten in Gyantse

Eine weitere höchst merkwürdige Gesellschaft unter den Tantraanhängern stellen die auf sinnliche Wahrnehmungen nicht angewiesenen Lunggompas oder mystischen Schnelläufer dar, deren absolutes Orientierungsvermögen allen physikalischen Gesetzen Hohn zu sprechen scheint. Mangels geregelten Postverkehrs in den unendlichen Einöden des hochtibetischen Landes gelten sie als Überbringer wichtiger Botschaften von Kloster zu Kloster. Die Macht magischer Formeln soll sie dazu befähigen, die Schwerkraft ihrer eigenen Körper aufzuheben. In jahrelang geübter Versenkungstechnik überbrücken sie zu allen Jahreszeiten trotz Schnee und Kälte gewaltige Strecken auf ihren „geflügelten" Sohlen. Ihr Atem dient ihnen als „Pferd" und soll die mechanische Tätigkeit des Körpers mit dem Gleichmaß eines Pendels regeln, während der in Trancezustand versetzte Geist als Reiter angesehen wird. Die trostlosen Einöden begünstigen die Konzentration auf die beschwingende Formel, wodurch der erforderliche Gleichklang zwischen magischen Silben, Atemtätigkeit und fliegenden Schritten erreicht wird. Sie können ihre physischen Kräfte derart kontrollieren, daß sie selbst die für Menschen nicht mehr bewohnbare Nordebene Tibets im rhythmischen Lauf in kürzester Zeit und fast ohne Nahrungsaufnahme zu durcheilen ver-mögen. Den Kopf in den Nacken geworfen, mit starr in die Weite gerichtetem Blick, eilen sie im Dauerlauf dahin und schrecken vor keinem Hindernis zurück. Die Lunggompas dürfen jedoch niemals angeredet werden, weil jede Unterbrechung ihres Zustandes das Entweihen der Geheimkräfte und ihren sofortigen Tod zur Folge haben soll. Auch sie gehen auf „direktem Weg" ins Nirwana ein.

Andere gebieten den Kräften der Natur durch den „Toumo". Diese mystische Enthebung glaubenstrunkener, in überirdischen Wohlgefühlen schwelgender tibetischer Anachoreten dient der Entwicklung der „inneren Wärme", die dadurch entsteht, daß die Mystiker ihren Geist unter Sprengung der fleischlichen Hülle in jeden beliebigen Körperteil versenken.

In den warmen Mantel der Götter gehüllt, die fünf Weisheiten Buddhas ein- und die Sünden der Welt ausatmend, ihren Nabel zur Feuergöttin erhebend, in klassischem Lotossitz, mit gekreuzten Beinen und den Händen auf den Knien, peitschen sich die Anachoreten angesichts der eisstarren Hochgebirgswelt nächtlicherweile zu höchster Ekstase. Durch absolute Kontrolle der Atmungsorgane lassen sie das „Feuer" ins Blut überströmen, wodurch die Körperwärme automatisch um ein vielfaches erhöht wird. Auf solche Weise erdulden die meist nur mangelhaft gekleideten „Räpas" größte Kältegrade in todesnaher Umgebung, ohne gesundheitliche Schäden zu erleiden. Einige sollen imstande sein, ihren Geist völlig vom Körper zu trennen, so daß beide, ohne sich zu stören, dem gleichen Zwecke dienstbar sind. Dem eisigen Atem der Gletscher die Wärme des Toumo entgegensetzend, führen sie regelrechte Wettkämpfe durch, nehmen Bäder in eisigen Bächen, setzen sich der Macht der Hochlandstürme aus und bewirken, daß ihre gefrorenen Kleider zu tauen und zu trocknen beginnen. Der berühmteste Meister des Toumo war Milarepa selbst, der „Baumwollbekleidete", Tibets größter Dichter, der die magische Kunst während der langen, sterndurchglänzten Winternächte, die er fern vom Menschendunst zwischen den Gletschern des Mount Everest, der Göttinmutter des Landes, verbrachte, zum ersten Male geübt haben soll.

Noch ein weiterer Aspekt des Tantrayana hat in den Schreckenskammern des „Großen Hauses der Götter" eine merkwürdige Frucht getragen: der Sexuelle. Da stehen die Götter und Dämonen aufrecht in geschlechtlicher Umarmung mit ihren weiblichen „Energien", den Schaktis, um in exstatischer Geberlust die Welt zu umfangen.

Es hat eine seltsame Bewandtnis mit ihnen.

Bekanntlich bestand in allen östlichen Kulturen, wo der ursprüngliche Buddhismus herrschte, das Vaterrecht — und das Weib wurde als ein Mensch zweiter Klasse gewertet. Auch im religiösen Bereich ging die Überordnung des männlichen Prinzips so weit, daß alle Buddhas, Boddhisattwas, Götter und Heiligen fast ausnahmslos männlichen Geschlechtes waren. Das Weib war im karmischen Ablauf einer geschlechtlichen Verwandlung unterworfen und wurde in der aufsteigenden Reihe der Wiedergeburten zum männlichen Wesen.

Der ursprüngliche Buddhismus lehrte die Überwindung der Geschlechterliebe durch Kasteiung, und es gibt wohl kaum eine Religionsform, die die Liebeslust so sehr als Sünde verdammte, wie die Lehre des Gautama. Als das Pantheon des Buddhismus wuchs, erhielten die göttlichen Wesenheiten ihren Rang nach dem Grad der Abtötung ihrer Begehrlichkeiten. Je höher sie standen, desto subtiler war die Art der Befriedigung ihrer Liebesbedürfnisse, bis zur Stufe des bloßen gegenseitigen Berührens der Hände. Die höchsten Gottheiten aber wurden als geschlechtslose Wesen aufgefaßt.

Demgegenüber stand der Mythos von der Doppelgeschlechtlichkeit der ersten Menschen und des göttlichen Urwesens, jener androgyne Monotheismus, wie wir ihn im Volksglauben der Menschheit aus zahlreichen Frühkulturen kennen.

Überhaupt scheint das religiöse Lebensgefühl von Anbeginn mit geschlechtlichen Vorstellungen durchtränkt. Erde und Himmel, Sonne und Mond wurden als göttliche Paare aufgefaßt und in vielen heiligen Texten findet sich Erotisches und Mystisches innigst miteinander versponnen. Sakraler Liebesgenuß, Zeugungsseligkeit und Phalluskult gehen mindestens bis auf die jüngere Altsteinzeit zurück. Es scheint, als ob die Vorstellung, der Mensch habe dereinst als doppelgeschlechtliche Einheit gelebt, etwas ebenso Vorgegebenes sei, wie die Geschlechterliebe selbst. Erst durch die wachsenden Begierden, so interpretiert schon Plato, kam es zur Entzweiung, und die Sehnsucht nach endlicher Wiedervereinigung durchzieht die religiösen Gefühle der Menschheit bis zum heutigen Tag.

Der krasseste aller Widersprüche zwischen ursprünglichem und tantrischem Buddhismus ergibt sich nun auf Grund der Bejahung der ewigen Zeugungskräfte der Natur durch die von altem Volksglauben getragene Alleinheitsphilosophie, für die das Geschlechtliche nichts Obzönes, nichts Anstößiges, nichts Sündiges und nichts Unreines mehr besitzt. Begehrlichkeit und Sinneslust, so lehrt der Tantrismus, bedürfen letzter Steigerung und höchster Glut, um vom Ichwahn befreit, zu Hilfsmitteln des Heils und der höchsten Tugenden zu werden. Die Alleinheitsidee forderte, daß das Höchste und Absolute nur durch innige Verschmelzung des männlichen und weiblichen Prinzips erreicht werden könne. Daher gesellte man den männlichen Gottheiten weibliche Partner, die Schaktis, mit denen sie in mystischer Verschlingung in allen tibetischen Tempeln dargestellt sind. Die in die Welt gesandten Kräfte versinnbildlichend, werden die Schaktis als nackte Jungfrauen mit schönen, wohlgeformten Körpern, im gräßlichen Schmuck aufgereihter Menschenköpfe, dargestellt. So wurde der Zeugungsakt konsekriert und der kosmischen Vereinigung von männlichen und weiblichen Polaritäten höchster religiöser Wert beigemessen. Es entstand eine umfangreiche Symbolik absichtlich dunkel gehaltener erotisch-mystischer Riten, und den höchsten Wesenheiten wurde noch eine vierte Seinsweise zuerkannt: Der Körper der „großen Lust". Gleichbedeutend mit der höchsten Stufe der Vergeistigung wurde nun die Verschlingung zwischen Gott und Schakti, die „Jab-Jum", die Vater-Mutter-Stellung, Symbol der höchsten Seligkeit. Dabei bedeutet Jab das Lichte, Positive, Schöpferische, Unzerstörbare, den Donnerkeil, Buddha und die männliche Kraft, während Jum das Schattige, Weiche, Empfangende, die Barmherzigkeit, die sich öffnende Lotosblume und somit die Erkenntnis, deren alle Buddhas bedürfen, versinnbildlicht. Der Nachwuchs des hohen Paares aber ist nichts anderes als die buddhistische Gemeinde.

Also fließen die lichten Götter des Himmels und der Erde als Sinnbild höchsten Weltgeheimnisses im Zeugungsakt ineinander und bilden eine Einheit mit dem Transzendenten, dem Alleinen.

Aber der Liebesgenuß ohne das heilige Wissen, der nur der Befriedigung der Triebe dient, gilt bei den Tantrikern als tierische Entartung.

Unter Mißachtung aller Gebote des Erleuchteten erlauben sie ihren Priestern jene mystische Brautschaft, die anzeigt, daß alles Irdische einschließlich der Gesetze der Moral nur bedingte Gültigkeit und relativen Wert besitzen. Wie in keinem anderen Lande kam es unter den Tantrapriestern Tibets zu einer Ekstasis wollüstiger Liebe, die die wunderlichsten Ausschweifungen in sich einschlossen. So geben sich die Meister der Geheimlehren sexuellen Exzessen hin und lehren ihre Schüler, daß es gemäß der Alleinheitslehre ein heilfördernder Akt sei, dem verehrten Guru die Gattin, die Geliebte oder die Tochter anzubieten. Allgemein ist der Glaube verbreitet, daß die Adepten des Schakti-Kultes imstande seien, ihre „Erleuchtungsgedanken" — so nennen sie den Zeugungssaft — nach Umarmung ihrer Schakti wieder in sich aufzunehmen, um der darin enthaltenen geistigen Energien nicht verlustig zu gehen, und um sich gleichzeitig durch die aufgenommenen weiblichen Energien zu vervollkommnen.

Um ihre Nachfolge zu sichern, erteilen die Schaktiadepten ihren Schülern Befehl, nach „Mädchen mit dem heiligen Wissen" Ausschau zu halten. Diese werden an bestimmten Körpermerkmalen, Formen des Busens und anderer physischer Zeichen erkannt. Um die magischen Kräfte des Guru auf das zu zeugende Kind zu übertragen, geschieht die heilige Handlung unter ganz besonderem Zeremoniell, in Gegenwart des Guru.

Zahlreiche Gurus haben übrigens auch ganz normale Ehen geführt, ehe sie sich wieder in klösterliche Vereinsamung zurückzogen, um sich dem Leben im Geiste zu widmen. Im allgemeinen aber gilt die Gründung einer Familie bei den Schaktianhängern als selbstsüchtig und egoistisch, da sie ihre Hauptaufgabe darin erblicken, der Gesamtheit aller lebenden Wesen, die sie allein als Familie anerkennen, helfend zu dienen. —

Auch das geheimnisvolle, mit einer Unzahl magischer Vorstellungen verwobene Phänomen des Todes hat die tibetischen Tantriker von je beschäftigt.

Die „Wissenschaft des Todes" wird von Adepten besonderer Art betrieben. Man sagt ihnen nach, daß sie furchtbare Orgien feierten, Menschenfleisch äßen und in düsteren Höhlen entsetzliche Kämpfe mit Yama, dem Todesgotte, zu bestehen hätten, bei denen sie nicht selten unter den qualvollsten Erscheinungen den Tod fänden.

Es geht darum, dem blutgierigen Todesgott menschliche Lebensjahre zu entreißen, den Odem zu „sammeln" und ihn auf gläubige Lamaisten zu übertragen, wodurch deren Lebensdauer entsprechend verlängert werde. Bei diesen komplizierten und gefährlichen Zauberriten wird der sachgemäßen Anwendung der Bannformeln die größte Bedeutung zugemessen. Sollte es dem Todesgott gelungen sein, einen Menschen, der sich nach astrologischer Berechnung eines fünfzigjährigen Lebens erfreut haben sollte, schon mit Vierzig hinwegzuraffen, so versucht der Adept dem blutgierigen Yama die Differenz von zehn Jahren zu entreißen, um sie einem anderen Menschen zuzuführen. Mit Zauberglocke, Donnerkeil und Geisterglocke bewaffnet, versenkt er seinen Geist in das All, wobei die Glocke tief und der Donnerkeil hochgehalten werden.

Die Glocke beginnt zu tönen und Yama wird herbeigelockt. Jetzt verkrampft der Adept seine Arme, hält Glocke nach links, Donnerkeil nach rechts, und bildet den „Haken", indem er Yama ganz dicht an sich heranzieht. Hierauf führen seine Hände seltsam windende, schlangenartige Bewegungen aus, bis sich die Zeigefinger beider Hände berühren, wodurch der Dämon, mit Schellen versehen, gefesselt und in Bann geschlagen wird. Rasch wechseln die magischen Attribute von Hand zu Hand. Abermals ertönt die Glocke, und der Zauberer wird mit weitaufgerissenen Augen und krampfhaft verzerrten Zügen furchtbar hin und her geschüttelt: Der vor Wut tobende Dämon versucht sich zu befreien. Nun wird der Zauberdolch mit grimmigem Gesicht ergriffen und zweimal in Richtung Yama und zugleich gen Himmel gestoßen. Der Todesgott gibt seinen Widerstand auf. In höchster Ekstase und mit rollenden Augen führt der Adept den Zauberdolch nun gegen seine eigene Brust, wodurch ihm alle Sünden vergeben werden und er übermenschliche Macht erhält. Noch einmal wird der Dolch auf den Todesgott gestoßen und sodann fest auf die Brust gepreßt. Damit gelingt es dem Zauberer, die „Lebensjahre" zu sammeln und an sich zu reißen.

Oft wurden mir von den Meistern des Todeskults die seltsamsten Fragen gestellt. Ob ich im hohen Himalaya dem „Schneefrosch" begegnet sei, dessen Fleisch eine wundersam verjüngende Wirkung ausübe? Ob unsere Priester wenigstens wie sie imstande seien, die Vorzeichen nahenden Todes in den Aspekten des Himmels zu lesen? Ob sie die Gedanken der Sterbenden in ihren letzten Stunden zu erraten vermöchten, um die Seelen zu günstigen Wiedergeburten zu geleiten?

Wenn ich dann den Kopf schüttelte und kleinmütig bekennen mußte, daß auch wir das Lebenselexier noch nicht gefunden hätten, war ihr Interesse an den Errungenschaften Europas zumeist erschöpft, und sie erzählten mir schauerliche Geschichten von tanzenden Leichen, die ihren Befehlen gehorchten und sinnvolle Handlungen auszuführen imstande seien. Zwecks Beschwichtigung der tantrischen Gottheiten sind an Stelle milder Gaben von Blumen und Früchten auch heute noch Blutopfer gebräuchlich.

Die meisten Spukgestalten werden durch die Kraft der Einbildung erzeugt, und jene furchtbaren Szenen aus den buddhistischen Höllen, wo Teufel Menschenleiber öffnen, Trunkenbolde gequält, Mörder bei lebendigem Leibe zerschnitten und Geizhälse über offenen Feuern gebraten werden, vermögen die Adepten ebenfalls bewußt zu erleben, so wie sie aus dem Gedärm von Schlachttieren und aus frischem Blut, an dessen Oberfläche mystische Schriftzeichen erscheinen, die Zukunft zu deuten vermögen. Die schauerlichen Mysterien gehen so weit, daß die Gurus ihre Kräfte dazu benutzen, die eigenen Schüler — zwecks Erprobung ihrer Standhaftigkeit — bei lebendigem Leibe zu zerstückeln und sie in Erinnerung an die Tat Buddhas, der sich in einer früheren Wiedergeburt den hungrigen Raubtieren zum Opfer brachte, dazu zwingen, ihr zuckendes Fleisch in gräßlichem Festmahl den Dämonen vorzusetzen. Wenn sich nachher auch alles als hypnotisches Blendwerk herausstellt, so enden diese Experimente doch nicht selten mit dem Wahnsinn der Beteiligten.

Da im Glauben der Tantriker Absicht und Handlung gleichzusetzen sind, so ist eine Untat, die nur erdacht wurde und nicht zur Ausführung gelangte, ebenso verdammungswürdig, wie ein begangenes Verbrechen. Andererseits schreckt ihre Tollheit nicht davor zurück, selbst Morde gutzuheißen, wenn sie nur für das Seelenheil der Opfer geschehen. Bluttaten und Grausamkeiten entspringen dem Mitleid, sagen die Adepten in äußerster Konsequenz des Alleinheitsgedankens. Noch in unserem Jahrhundert gingen Leidenschaft und verbrecherischer Irrtum so weit, daß der große mongolische Tantriker und „Rächerlama", eine der grausamsten Gestalten des modernen Asiens, gefangene Chinesen nach dem Ritual der Tantralehre „opferte". Mit zugespitzten Menschenknochen öffnete er seinen Opfern die Schläfen, riß ihnen die schlagenden Herzen aus dem Leib, opferte die Gehirne auf den finsteren Altären der tantrischen Gottheiten und ließ mit dem Blut seiner Schlachtopfer mystische Siegeszeichen auf Fahnen und Feldzeichen schreiben.

Böses ist wie Gutes, Stroh wie Seide, Kot wie Speise, Stank wie Duft, Tag wie Nacht und Leid wie Lust. So lehrt der Tantraglaube, um die Phantasmagorie der Erscheinungswelt und den Trug des Daseins zu beweisen. Um sich zu reinigen, werden die Leidenschaften ausgebrannt, die Übel ausgekostet und die Scheußlichkeiten zur absoluten Größe erhoben. Ohne Ekel zu emfinden werden selbst die vergoldeten Pillen aus den Fäkalien der lebenden Buddhas verzehrt. Sie gelten als überirdische Repräsentation duftiger, ambrosaartiger Medizin. So überwinden die Tantriker durch Aufhebung aller Unterschiede schrittweis den Weltenwahn. —

Es ist wie eine Erlösung, als ich nach Überwindung steiler Stiegen endlich auf den goldenen Dachemporen des Tsug Lha Kang stehe und wieder frei atmen kann.

Unter mir liegt der Parkhor. In großer Linie erheben sich die kalkweißen Häuserreihen, die mir trotz ihrer wuchtigen Strenge immer wieder den Vergleich mit einer unwirklichen Geisterstadt aufdrängen.

In den äußeren Fassaden macht sich überall eine ruhige Gleichförmigkeit bemerkbar, die das gesamte Straßenbild beherrscht und einen geschlossenen und selbstsicheren Eindruck erweckt. Der Parkhor wirkt wie eine Häufung von Burgen, die aus der Weite der Landschaft zusammengerückt sind, und sich, ohne ihren festungsartigen Charakter aufzugeben, ringförmig um den Stadttempel geschart haben.

Das sind die großen Patrizieranwesen, die, wie eigenwillige Persönlichkeiten, eigene Namen tragen, denen die Sippennamen der großen Familien hinzugefügt sind. Es sind aus schweren Granitblöcken gefügte massive, dreistöckige Konstruktionen mit langgestreckten, wuchtigen Mauern und keilförmig zulaufenden Fensterumrahmungen, die in vielen Fällen durch schöne, schwarz und rot bemalte Holzschnitzereien und vorhangartige Markisen aus schwarzem Yakhaartuch verziert sind.

Es entspricht durchaus dem praktischen Sinn der Lhasatibeter, die, vom kleinsten Häusler bis zum höchsten Würdenträger, im Handel das Hauptziel ihres irdischen Lebens erblicken, daß die heilige Straße gleichzeitig durch hunderte von Läden zum Geschäftszentrum der Heiligen Stadt profaniert wurde. Da es jedoch viele Adlige unter ihrer Würde halten, selbst Geschäfte zu betreiben, haben sie Agenten angestellt, die die Verkaufsstände unterhalten und im Auftrage ihrer Brotherren oft weite Geschäftsreisen in entfernte Provinzen unternehmen.

Die Handelsbeziehungen zahlreicher Kaufleute aus Lhasa reichen im übrigen weit über die Grenzen Tibets hinaus bis China, Indien, Vorderasien und Turkestan. Die Hauptmasse der auf dem Bazar verhandelten chinesischen und japanischen Waren kommt heute auf dem Seeweg über Singapur und Kalkutta. Vor allem tragen die langjährigen sinotibetischen Feindseligkeiten dazu bei, daß die großen Chinakarawanen, die oft acht bis zwölf Monate unterwegs sind, noch heute schrankenloser Willkür von Generälen, Stammesfürsten und Räuberbanden ausgesetzt sind.

Da die Männer viel unterwegs sind, liegt fast der gesamte Kleinhandel in den Händen der Frauen, die es dann auch meisterhaft verstehen, ihren Rosenkranz abwechselnd als Gebetsschnur oder Rechenmaschine zu benutzen und dem wirtschaftlichen Leben der tibetischen Hauptstadt eine eigene Note zu verleihen.

Vor und neben den Läden, die nach chinesischer Art mit Brettern verschlossen werden können, sind während der Marktzeiten überall hölzerne, mit Waren bedeckte Tische aufgeschlagen, während die ärmeren Händler ihre Waren einfach zu ebener Erde, oft mitten auf der Straße, aufbauen und einen Schirm darüber spannen, um gegen die mittägliche Sonne geschützt zu sein. Die größeren Geschäfte gliedern sich in weiträumige, unterirdische oder auch zu ebener Erde gelegene Magazine und Speicher, an die sich die mit Waren überhäuften Verkaufsräume anschließen.

Die einzelnen Geschäftsbranchen sind im Geviert des Parkhors räumlich getrennt, so daß man Lebensmittel nur an einer, Kleidungsstücke an einer anderen, Haushaltungsgegenstände und Eisenwaren an einer dritten Stelle einkaufen kann. Nur die Fleischer und Lederarbeiter haben aus religiösen Gründen im eigentlichen Parkhor keinen Platz gefunden, ihre Läden befinden sich in peripher gelegenen Seitengassen, wo ganze, im Stück getrocknete Yaks oder zu Paaren verschränkte Schafsmumien mit Köpfen und Hörnern daran in absonderlichen Posen zur Schau gestellt sind.

Auf der Parkhorstraße kann man so ungefähr alles kaufen, was das Herz begehrt. Neben japanischen Dutzendwaren gibt es Wolle, Seiden, Brokat- und Pulostoffe, Teppiche, Pelze, Medizinkräuter, Moschusstoff, alle Arten Lebensmittel, chinesische Delikatessen, Gläser, Porzellane, Perlen, Korallen, Diamanten, Türkise, Bernstein, Gold- und Silberarbeiten, Gebetsmühlen, Rosenkränze, Butterlampen, Schwerter, Dolche, parfümierte Seifen, Whisky, Creme de Menthe — und selbst deutsches Exportbier der Schlüsselbrauerei zu Bremen.

Als wichtigster Importartikel sei nicht zuletzt der chinesische Ziegeltee erwähnt, der in der tibetischen Hauptstadt in nicht weniger als fünf verschiedenen Qualitäten gehandelt wird.

Die Geschäfte vollziehen sich stets in einem ruhigen, gemächlichen Tempo. Oft genug sieht man achtbare Geschäftsfrauen, die sich die Köpfe gegenseitig in den Schoß legen und sich stundenlang zu wechselseitiger Jagd und Körperpflege zusammenfinden. Der heilige Parkhor ist also nicht nur Stätte emsiger handwerklicher Betätigung, sondern zugleich auch des intimeren Familienlebens der einfachen Bevölkerungsschichten.

Der allgemeine Schacher, das stundenlange Feilschen und Aushandeln der Preise, wie es in ganz Tibet gang und gäbe ist, bezieht sich natürlich auch auf die religiösen Gegenstände und die heiligen Bücher, die von den Lamas der einzelnen Konvente auf der Parkhorstraße in großen Mengen feilgeboten werden. Die meisten Schriften religiösen Inhalts sind übrigens derartig schlecht und unsauber gedruckt, daß selbst erfahrene Schriftgelehrte nicht viel von all der Kleckserei entziffern können. Aber sie erfüllen ihren Zweck, bringen den Priestern den Lohn ein und machen die Käufer glauben, etwas Außergewöhnliches für die Religion getan zu haben.

Da die tibetischen Götter den Geruch des Tabaks nicht leiden können, wird der religiöse Charakter der Parkhorstraße insofern gewahrt, als das Rauchen streng untersagt ist. Einmal, beim Fotografieren einer Straßenszene, als ich mir unvorsichtigerweise eine Zigarette anzünde, fliegt mir gleich ein ganzer Hagel von Steinen um den Kopf, so daß ich mich in das Haus eines befreundeten Adeligen flüchten muß, der dann auch, als ich ihm meine Sünde beichte, eine bedenkliche Miene aufsetzt und mir mit aller Überzeugungskraft klarzumachen versucht, daß ich mein Leben verwirkt hätte, wenn ich mich noch einmal unterstehen

würde, die mächtigen Geister der heiligen Stätte in solch unschicklicher
Weise herauszufordern. Der Aberglaube mag damit zusammenhängen,
daß Zigarette im Tibetischen „Schisru" heißt, was so viel wie „zerstören" oder „vernichten" bedeutet und von den priesterlichen Beherrschern so ausgelegt wird, als ob das Rauchen die Religion zerstöre
und die Götter in Harnisch bringe.

Umgekehrt aber sind die guten Leute von Lhasa einschließlich ihrer
höchsten priesterlichen Würdenträger dem Schnupftabak äußerst zugetan,
weil man mit seiner Hilfe alle die kleinen „Würmer", die Kopfschmerz
und Schnupfen verursachen, betäuben und zum Aufsuchen seiner Feinde
veranlassen kann.

Bald haben sich die Bewohner der Heiligen Stadt an unsere täglichen Exkursionen gewöhnt, so daß es zu ernsthaften Zwischenfällen
niemals kommt und wir meist gänzlich unbelästigt bleiben. Allerdings
empfiehlt es sich, nicht zu früh am Morgen auf dem Parkhor Unruhe
zu stiften, da ab Sonnenaufgang täglich hunderte von Menschen, einschließlich der höchsten Würdenträger des Staates, ihre heiligen Parkhor-
runden absolvieren. Oft stehe ich gebannt im Trubel des fremdartigen
Geschehens, lausche den inbrünstigen Gebeten der vorüberwallenden
Gläubigen oder beobachte von Haus zu Haus ziehende Volkstänzer, in
deren wilden Wirbeln und Reigen sich die ganze ungestüme Leidenschaft
des freien Hochlandvolkes offenbart.

Alles ist hier durchtränkt und durchzogen von jenem ausschließlich
tibetischen Geruch, der ein würzig-aromatisches Gemisch von Wacholder,
ranziger Butter und dem Rauch der Yakdungfeuer darstellt. Alle Klassen
der tibetischen Bevölkerung kommen auf der Parkhorstraße zusammen,
von zerlumpten Bettlern, ärmlichen Lohndienern in speckig-schmutzigen
Wollkleidern mit abgegriffenen, roten Troddelmützen, ranzfettigen
Soldaten in schäbigen Khakimonturen mit zerfransten Hüten und langen, buttergeschminkten Zöpfen — einem letzten, in China längst ver-
botenen Servilitätsrelikt aus den glorreichen Zeiten der Mandschu-
Kaiser — bis zu den höchsten, goldrotrauschenden Priestern und seiden-
schimmernden Aristokraten hinauf.

Wie oft sehe ich alle Reiter, die des Weges kommen, plötzlich von
den Pferden steigen, ihre Kopfbedeckungen abnehmen und gebeugten
Rückens, ängstlich speichelschlürfend, am Straßenrande stehen.

Und dann brausen sie heran, im fördernden Paßgang, der schnellsten
Fortbewegungsart, die unter Lhasaaristokraten zulässig ist. Denn auch
die Reitvorschriften der hohen Tibeter sind nach alter Tradition geregelt. Galopp gilt als unfein, Trab sogar entschieden als plebejisch,
da das rhythmische Auf und Ab die hohen teppichbelegten, kurz-
bügeligen Turmsättel derangieren und die kostbaren Steine der
juwelenbesetzten Orden lockern könnte. Einzig der Paßgang, in welchem

die stolzen Tiere ihre sehnigen Beine paarweis nach vorn werfen und die kleinohrigen Köpfe mit schnaubenden Nüstern hocherhoben tragen, wird in Lhasa als wahrhaft vornehme Art des Reitens angesehen. Mir will es scheinen, daß diese in Tibet allgemein bevorzugte Gangart der Pferde eine Anpassung an die Bedürfnisse des unendlich weiten Hochlandes darstellt. Während nämlich trabende und galoppierende Pferde schon bald ermatten, können Paßgänger die doppelten bis dreifachen Entfernungen zurücklegen, ohne sich selbst und ihre Reiter zu ermüden. Die Tiere werden in der Weise eingeschult, daß man sie mit gekoppelten linken und später mit zusammengebundenen rechten Beinen zur Weide gehen läßt, wodurch sie sich den wiegenden Paßgang selbständig aneignen.

Jedenfalls kann man sich kaum ein schöneres Bild als diese malerisch uniformierten, mit ihren ungebärdigen Pferden schier zentaurisch verwachsenen tibetischen Aristokraten vorstellen, wenn sie in wiegendem Paßgang durch die Straßen reiten. Mit ihrem roten, seidenrauschenden Gefolge wirken sie wie Visionen aus längstvergangenen Zeiten. Unnahbar würdevoll, in langen, schimmernden Brokatgewändern, unter denen nur die buntgewirkten Stiefel hervorschauen, brausen sie durch rasch gebildete Gassen, ohne der sich ehrfürchtig verneigenden Menge auch nur die geringste Beachtung zu schenken.

Mehr als anderswo in Lhasa gewinnt man auf der Parkhorstraße den Eindruck, daß die Bevölkerung der tibetischen Hauptstadt ein kunterbunt zusammengewürfeltes Rassengemisch darstellt. Neben hochgewachsenen Steppentibetern und schaffellbekleideten Khampas, die die Straßen mit ihren wilden, halbnackten Weibern rottenweise durchstreifen, fallen in diesem Hexenkessel hochasiatischer Völkerschaften vor allem die schlanken, hochgewachsenen Kaschmirmohammedaner mit ihren stattlichen Bärten auf.

Von den etwa tausend Kopf starken Nepalis gehört die überwiegende Mehrzahl zum Stamme der Newaris, die als Kupfer-, Silber- und Goldschmiede in geschlossener Gemeinschaft am Nordrande der Parkhorstraße zusammenleben. Im Gegensatz zu den hinduistischen Gurkhas, die unter allen in Lhasa ansässigen Fremden entschieden das fortschrittlichste und wahrscheinlich auch das geistig regsamste Element darstellen, sind die lamaistischen Newaris meist mit tibetischen Frauen verheiratet. Auch sonst haben sie sich den Bedürfnissen des Landes völlig angepaßt. Die Nepalis in Lhasa erfreuen sich seit langer Zeit gewisser exterritorialer Rechte, wie sie auch der tibetischen Gerichtsbarkeit nicht unterstehen.

An die Nepaligemeinschaft schließen sich im Nordosten die reichen Läden der Kaschmirhändler an, während die Söhne des Han größtenteils auf der südlichen Seite des Parkhor leben, wo sich auch die chinesische Gesandtschaft befindet. Alles in allem soll es heute noch etwa 500 bis 600 in Lhasa ansässige Chinesen geben, unter denen wiederum die Kaufleute von Tatsienlu, Sining und Jekundo die führende Rolle spielen. Im Gegensatz zu den mohammedanischen Kansu-Dunganen, die sich rein erhalten, sind die meisten Chinesen tibetisch verheiratet. Diese langbefolgte Kolonisationsmethode geht auf ein altes Gesetz zurück, welches allen Chinesinnen untersagte, den Bereich der großen Mauer und damit das eigentliche China zu verlassen. Selbst die verheirateten Beamten, die in den westlichen Außenprovinzen Dienst taten, durften ihre Frauen nicht mit in die Fremde nehmen, wodurch die innerasiatischen Vasallenvölker verhältnismäßig rasch mit chinesischem Blute durchsetzt wurden.

Vom Zentrum Lhasas führt der Weg nun durch den westlichen Teil der Stadt in Richtung auf den äußeren Ring, den Lingkhor.

Abgesehen von der großen, nach Indien führenden Ausfallstraße, die zum Teil sogar gepflastert ist und einigen abseits liegenden Patrizierhäusern, sowie der nepalesischen Gesandtschaft, stellt dieser auch für die übrigen Teile Lhasas typische Stadtteil ein häßliches Gewirr kleiner und winkliger Gassen und Gäßchen dar. Im Gegensatz zum sauberen, gepflasterten Parkhor findet die Unhygiene hier keine Grenzen. Wenn die Sonne frühmorgens die an den Portalen überall angebrachten Glückszeichen beleuchtet und die mit antennenartigen „Geisterfallen" geschmückten Mauern die Hitze aufzusaugen beginnen, ziehen die seltsamsten Gerüche durch die Straßen der Heiligen Stadt.

Was sich über Nacht an Unaussprechlichkeiten angesammelt hat wird tagsüber von den Hufen der Pferde zertrampelt, bis am Nachmittage der Staubsturm kommt und die Luft mit wirbelndem Unrat verpestet. So geht es Tag um Tag. Und die abergläubigen Menschen leben weiter in der felsenfesten Überzeugung, daß jedweder Anspruch auf Reichtum in späteren Wiedergeburten zunichte werde, wenn Reinlichkeit und Ordnungssinn überhandnehmen sollten. Das ist auch der Grund, weshalb das einfache Volk durchweg eine schwarze Patina trägt und sich nur höchst selten einmal einer Körperwäsche unterzieht, um sich der angesammelten Schmutzkrusten zu entledigen.

Das chinesische Sprichwort, besagend, Lhasa sei eine Stadt voll Teufel, die von Exkrementen lebten, mag wohl in diesem Stadtteil seinen Ursprung genommen haben. Eine Art Lungengymnastik betreibend preschen wir mit zugehaltener Nase im Schnelltrab dahin, auf günstige Gelegenheit wartend, wieder einen Atemzug nehmen zu können. Überall liegen Schädel, Knochen und halbvertrocknete Pferdeleichen herum, an denen sich grindige, räudige und bis zum Skelett abgemagerte Hunde gütlich tun. Die wenigen offenen Plätze sind mit verpesteten Pfühlen und Unrathaufen übersät. Dazwischen tummeln sich schwarze Kolkraben,

fettgefressene Schweine und kleine struppige Kühe, die von Fäkalien
leben. Hausbesitzer, denen die menschlichen Hinterlassenschaften vor
ihren Pforten doch einmal unsympathisch werden, hängen lange Yak-
haarschnüre mit alten Stiefel- und Kleiderfetzen von Hausecke zu Hausecke, um die lieben Passanten zum Aufsuchen anderer Örtlichkeiten zu
ermuntern. Leider, so hat es den Anschein, geschieht dieses aber nur
selten. Der Auswurf der Häuser landet in kaminartigen Trichtern
direkt in den Gassen, und nur die halbverhungerten Hunde sorgen für
Vernichtung.

Wie wenig sich der tibetische Mensch gerade in dieser Hinsicht an
Neuerungen gewöhnt, erhellt uns die Tatsache, daß ein fortschrittlich
gesinnter „Polizeichef" wiederholte Steinigungen über sich ergehen
lassen mußte, bis er endlich einsehen lernte, daß man wohl gewillt war,
riesige Summen für religiöse Zwecke auszugeben, aber für die Straßenreinigung keinen Tanka opfern wollte. Als es ihm aber doch nach
erheblichen Mühen gelang, eine öffentliche Bedürfnisanstalt zu erbauen,
zogen die Bürger von Lhasa noch immer die offenen Straßen der neu-
errichteten Örtlichkeit vor, so daß nur Sperlinge und wilde Tauben eine
neue hochwillkommene Nistgelegenheit fanden, während die Unsauber-
keit in den Straßen die gleiche blieb. Bei gutem Wetter spielt sich das
Leben der Einwohner auch in diesem miasmenverseuchten Stadtteil nicht
in, sondern vor den Häusern ab. Die Schmiede zum Beispiel — es sind
meist Frauen, die dieses geringgeachtete Gewerbe ausüben — gehen
ihrer mühseligen Arbeit von Gasse zu Gasse wandernd nach, und ihre
verlausten Kinder, denen die Schmutzquaddeln wie Ebenholzklumpen in
den verfilzten Haaren hängen, spielen, der Kälte ungeachtet, halbnackt
um sie herum. Obwohl es mit Ausnahme der Kaste der berufsmäßigen
Bettler keine Erwerbslosen zu geben scheint, ist doch die gewöhnliche
Bevölkerung der Hauptstadt genau so arm und bedürfnislos wie das
ganze tibetische Volk.

Diese Menschen kennen keinen Überfluß, nur Zeit steht ihnen in
verschwenderischer Fülle zur Verfügung.

An einer Baustelle, wo sich Nachbarn zu gegenseitiger Hilfe zu-
sammentaten, empfängt uns der monotone Arbeitsgesang von Maurer-
leuten. Als wir uns anschicken, das gemächliche Abladen der lang-
ohrigen Grautiere, die schwere Granitblöcke von den nahen Bergen
herbeigeschleppt haben, zu filmen, lädt uns der zukünftige Hausbesitzer
freundlichst ein, dem ungewöhnlichen Treiben aus nächster Nähe zuzu-
schauen. Nachdem Männer die Randsteine der Mauern unter frischen,
lebensfreudigen Gesängen fertiggesetzt haben, werden die Zwischen-
räume ausgestampft. Dieser Teil des gemütlichen Bauspieles wird von
Mädchen ausgeführt, die flache, etwa ziegelgroße Steine in die Hand
nehmen, sie langsam in Hüfthöhe anheben und verschnaufen, bis ein

die Götter um Glück und Reichtum bittender Ruf des Bauherrn erschallt und sie die Steine auf den feuchten Lehm fallen lassen. Darauf erfordert das Bauritual die Einschaltung einer weiteren, die Götter ehrenden Singstrophe, bis das zeitlose Spiel mit den gleichen, unnachahmlich langsamen Bewegungen von neuem beginnt. Auf diese Weise verrichten zwanzig bis dreißig tibetische Bauarbeiter in einer Stunde etwa die gleiche Arbeit, die ein ordentlicher Maurer bei uns in knapp einer Viertelstunde erledigen würde. Selbst die kleinen Lehmkiepen werden so gemächlich gekippt, die Bohlen so langsam gelegt, die Drillbohrer so behutsam bedient und der Sand so bedachtsam auf die Siebe gelegt, daß wir mit bestem Gewissen der Zeitlupe entraten können, um die einzelnen Arbeitsgänge in allen Phasen filmisch zu erfassen. Die Tibeter haben nun einmal ihre eigenen Maße für Zeit und Raum, ihre Arbeitskräfte kosten fast nichts, Regenfall ist in den nächsten Monaten auch nicht zu erwarten, warum also sollte der Bau schließlich nicht allen bösen Geistern und Dämonen zum Trotz zum stattlichen Hause heranwachsen?

In der angenehmen Gewißheit, daß Parteihader, Arbeitslosigkeit, Tarifsorgen, Unzufriedenheit und verbissene Gesichter den lustigen Bauarbeiten der Götterstadt durchaus fremde Begriffe sind, scheiden wir von der seltsamen Arbeitsstätte und setzen unseren Rundgang fort.

An der westlichen Peripherie der Stadt erhebt sich inmitten öder Vorstadtumgebung die „Yutosampa“ genannte Türkisenbrücke, ein schmuckes, nach Chinesenart überdachtes Bauwerk, das mit leuchtenden Glasurziegeln, schön gearbeiteten Drachenköpfen und Gyaltsen ganz bedeckt ist. Hier befindet sich auf einem mit Auswurf und stinkenden Pferdekadavern bedeckten, von Bettlern und räudigen Hunden belagerten Stück Ödlandes die Ruine des ehemals so berühmten Tengyeling-Klosters, dessen Abt während des tibetischen Befreiungskrieges mit den Chinesen paktierte, worauf das historische Gebäude 1912 auf Befehl des Dalai Lamas dem Erdboden gleich gemacht wurde.

Später etablierte sich die tibetische „Reichspostanstalt“ in den Überresten des Unglücksklosters, wo sich ein paar in Indien geschulte, ziemlich verlotterte, schlecht englisch sprechende Lamas dem Gotte des Fortschritts verschrieben haben. Für gewöhnlich werden die Postsachen mittels Pferden, Maultieren oder Eilläufern von Relaisstation zu Relaisstation befördert, so daß wichtige Briefschaften in etwa drei Tagen Gyantse erreichen können. Obschon der tibetische Staat dem Weltpostverein nicht angeschlossen ist und die für das Ausland bestimmten Briefe daher später noch mit britisch-indischen oder chinesischen Marken versehen werden müssen, haben es sich die Tibeter nicht nehmen lassen, selbst sehr schöne, wenn auch durchaus ungültige Briefmarken zu drucken, die in Lhasa mit einem ebenfalls ungültigen Stempel versehen werden.

Für rasche Postbeförderung tut jedoch im allgemeinen ein gutes Trinkgeld weit bessere Dienste als die gestempelten Lhasamarken mit den beiden kämpfenden Löwen.

Was den Geldverkehr angeht, so hat die allmächtige indische Rupie auch in Lhasa das Feld längst erobert, nachdem sie erst den chinesischen Silberschuh und später den russischen Rubel verdrängte. Ein weiteres Zeichen für die Einflußnahme Britanniens auf Tibet ist der Staatstelegraph, der gegen die Opposition der konservativen Mönchspartei und der Nationalversammlung, auf Anweisung Tsarongs und des Ministerrates, eingerichtet wurde. Obwohl die Leitungen oft wochenlang nicht funktionieren und die windschiefen Stangen von den Hochlandstürmen alle paar Tage umgeweht werden, so befinden wir uns doch zeitweilig in der glücklichen Lage, wichtige Nachrichten in wenigen Tagen von der einsamsten Hauptstadt der Welt nach Berlin übermitteln zu können.

Dicht vor der Lingkhorstraße, in der Nähe eines verfallenen Torbogens der längst geschleiften Stadtmauer, befindet sich eine weitere historische Stätte. Hier stand bis zur chinesischen Revolution 1912 neben Militärbaracken, einem Pekinger Theater und einem chinesischen Speisehaus, inmitten von Lustgärten der Palast des chinesischen Ambans, des Statthalters des Himmelssohnes zu Peking. Heute halten nur noch zwei verlorene Granitlöwen vor dem verfallenen Gemäuer Wache. Als letzte steinerne Zeugen künden sie, einsam und verlassen, von der entschwundenen Macht des Reiches der Mitte, das Tibet zur Zeit der großen Mandschukaiser so fest in seinen Riesenarmen hielt.

Der „äußere Ring" tritt an der südlichen Peripherie der Stadt bis auf wenige hundert Meter an den Kyitschu heran. Da der mächtige Fluß das Tal von Lhasa während der regenreichen Sommermonate kilometerweit zu überschwemmen pflegt, wird er in der ganzen Länge der Stadt von einer soliden, aus basaltähnlichen Eruptivgesteinen bestehenden Deichmauer begrenzt, die auf Anordnung eines chinesischen Generals aus der von seinen Truppen geschleiften Stadtmauer von der tibetischen Bevölkerung in Zwangsarbeit errichtet wurde. Zur gegenwärtigen niederschlagsarmen Zeit wälzt der Kyitschu seine tiefen, türkisfarbenen Wasser in einer einzigen, kaum achtzig bis hundert Meter breiten Rinne dahin, so daß an verschiedenen Stellen Fähren betrieben werden können. In einer hafenähnlichen Bucht werden sogar ganze Geschwader von Fellboten mit riesigen Wollballen beladen und stromabwärts nach Chedishö am Bramaputra verschifft, wo sich das Zentrum des lhasa-tibetischen Textilhandels befindet.

Zwischen Fluß und Stadt liegen von Stein- oder Lehmmauern wallartig umsäumte Parks, in denen sich einige der fortschrittlichsten Aristokraten wunderhübsche Paläste erbaut haben, die mit ihren großen,

freundlichen Fenstern und weiten Portalen wie Mitteldinge zwischen
tibetischen Burgen und indischen Bungalows anmuten. Auch „unser"
Tredilingkha gehört als Gästehaus der Regierung in die Reihe dieser
freundlichen Wohnstätten. Daneben gibt es eine Anzahl von schmucken,
einstöckigen Trokhangs oder Lusthäusern, die mit ihren bunten Veranden,
schönen Freskomalereien, fischgrätenähnlichen Deckenmustern, Geister-
abwehrzaubern und sonstigen Ornamenten zu den anmutigsten Baulichkeiten der Heiligen Stadt zählen. Gleichgültig, ob sich die Trokhangs
in Staats- oder Privatbesitz befinden, dienen sie meist repräsentativen
Zwecken, wie Staatsempfängen, Lustbarkeiten und sonstigen geselligen
Veranstaltungen, in deren Durchführung die Tibeter unumstrittene
Meister sind. Die „oberen Zehntausend" der Stadt pflegen sich während
der heißen Sommermonate hier allwöchentlich ihre Stelldicheins zu
geben, um Besuche auszutauschen, Gäste zu bewirten und Freunden und
Nachbarn einige sorglose Stunden zu bereiten.

Die einfachen Leute huldigen dagegen mit Vorliebe den Picknick-
schmausereien, jenem „Nationalsport" und schönstem Zeitvertreib der
städtischen Bevölkerung. Schon im Vorfrühling kann man an schönen
Sonnentagen Gruppen von sich amüsierenden Gesellschaften antreffen,
die mit Kind und Kegel in die Lingkhas gezogen sind, um ihre Zelte
aufzuschlagen, abzukochen, Tee und Tschang zu trinken, zu tanzen,
zu singen, zu würfeln, zu spielen und den Tag mit Freunden und
Bekannten in schönster Harmonie unter freiem Himmel zu verbringen.
Ob Händler, Häusler oder Handwerker, alle lieben sie es, wo immer
sich Gelegenheit bietet, ihren dumpfen Wohnungen zu entfliehen, um im
hellen Sonnenschein den Freuden des Müssigganges zu frönen.

In Richtung auf Potala und Tsogpuri schließen sich zu beiden Seiten
des Lingkhor sodann wilde Sanddornwäldchen und künstlich angelegte
Haine von Pappeln und Weiden an, die, ebenfalls Eigentum der Regierung, von hohen Wällen umsäumt sind. Einem höheren Beamten
obliegt die Pflege dieser entzückenden „Drosselbuschlingkhas", in denen
sogar alle drei bis vier Jahre planmäßig ein wenig Holz geschlagen
werden darf, allerdings nicht, bevor man die Baumgeister freundlichst
aufgefordert hat, ihre bisherigen Wohnstätten zu verlassen.

In diesen heimlichen, wenig besuchten Gegenden, die ich zu meinem
ureigensten Jagdrevier auserkoren habe, gibt es viele verschwiegene
Plätzchen, lauschige Bächlein und glucksende Rinnsale, die in der kalten
Jahreszeit ein wahres Dorado für alle möglichen Vogelarten darstellen,
da sich die Tiere in diesen dichten, mauerumschlossenen Hainen vor
jeglicher Störung sicher fühlen. Viele Stunden der Einsamkeit verbringe
ich an diesen rinnenden Wassern, und sie zählen zu den schönsten, die
ich in Lhasa verlebe.

Hier schicken sich schon im Februar die Kolkrabenpärchen zur Brut
an, hier wurmen Einsiedlerbekassinen und Waldwasserläufer im schlam-
migen Grund, und viele bunte Wiedehopfe, Berghänflinge, Karminfinken,
rotbrüstige Braunellen und feurigbunte Riesenrotschwänzchen tummeln
sich im dichten Geäst und Gesträuch. Als Residuum einer alten Wald-
fauna kommen auch zwei sehr seltene und kostbare Arten langschwän-
ziger Lachdrosseln hier vor, die bei der Annäherung des Menschen mit
ihren langen Schwänzen wie Eichhörnchen davonhuschen oder vielstimmig
kreischende Konzerte intonieren.

Der zwei bis drei Meter breite Lingkhor führt nun mitten durch den
südlichen Parkgürtel hindurch. Stellenweise treten Öd- und Ruderal-
plätze auf, die sich als Tummelplatz für Kinder wie als Exerzierplatz
für die Leibgarde des Staatsoberhauptes gleicher Beliebtheit erfreuen.
Aber auch zahlreiche Schafe weiden hier und scharren sich Wurzel-
geflechte aus dem staubtrockenen Boden hervor. Gebetssteinwälle und
altehrwürdige, die vier inniggesellten Elemente versinnbildlichende
Tschorten, kleine Nischen und Kapellen, mit Gebetswimpeln und
Miniaturbuddhas verzierte uralte Götterbäume, in deren hohlen Stämmen
man Genien und Ortsgeister verehrt, und nicht zuletzt gewaltige, meist
aus Feldspat und Quarzit bestehende Labtschas, Steinpyramiden, säumen
die von dichtgedrängten Scharen von Gläubigen bevölkerte Ringstraße.
Zu beiden Seiten des Weges wachsen schrullig gedrehte Opferweiden mit
Korkzieherstämmen, die sich wie ineinander verschlungene Drachenleiber
waagerecht über dem Boden dahinwälzen, um sich schließlich zu viel-
stämmigen Trauerweiden mit einem dichten Flor feingliedriger Äste zu
erheben.

Diese labyrinthischen „Weltenbäume“ sind fürwahr ein seltsamer
Anblick, der so recht zu dem wundersamen Getriebe auf Tibets be-
rühmtester Umwandlungsstraße paßt.

Nun berührt der Weg ein kleines Bächlein, wo fromme Pilger die
sündhaften, fischefressenden Gänsesäger verscheuchen, heilige Fischchen
mit Tsambamehl füttern und mit eigens geschnitzten Hohlformen unzählige Buddhas in die spiegelblanke Wasserfläche „drucken“.

Wieder geht es an heiligen Drehweiden vorüber, deren hohle Stämme
hier ganz mit Opferfiguren, Miniaturbuddhas und kleinen Tschorten
gefüllt sind, bis der große Fluß an einer besonders tiefen Stelle direkt
an den Lingkhor herantritt. Hier wohnt in tiefblauem, steilufer-
begrenztem Kolk, in dem kaum eine Wasserbewegung zu erkennen ist,
ein mächtiger „Lhu“, ein Wasserdämon, dem man früher sogar menschliche Leichen zu opfern pflegte. In einer sich tief übers Wasser neigen-
den, mit tausenden von im Winde flatternden gebetsfahnengeschmückten
Weide befindet sich die vogelnestartige, mit Lappen und Lumpen aus-

Tschamtanz im Potala

Matoropfer

Felsenkloster bei Lhasa

gekleidete Wohnung eines Geisterbeschwörers, der hier schon seit Jahren in Wind und Wetter Wache hält und sich selbst seinem fanatischen Glauben zum Opfer brachte.

Weit in der Runde erheben sich über der breiten Talaue die wilden, zerrissenen Berge. Vom Licht der Sonne sanft übergossen erstrahlen sie in wunderbar zarten Pastellfarben, während der Potala, hochragend und von allen Seiten sichtbar, wie ein weißrotes Märchenschloß in den tiefblauen Himmel stößt.

Vom Lingkhor gesehen macht die Burg des unauslöschlichen Stammes der Gottpriester wohl den tiefsten Eindruck. Ihre jäh aufragenden, schlohweißen Mauern, die den „Podrang Marpo", den roten Palast, mit den Privatgemächern der Dalai Lamas zu beiden Seiten einschließen, wirken wie eine Vision aus anderer Welt, wie die unsichtbare Berührung mit einem riesigen Plan, einer unfaßbaren Idee.

Rote Casarkagänse, die als Inkarnationen heiliger Lamas gelten, umkreisen die prätentiösen goldenen Dächer, um in Mauern und Verließen nach geeigneten Nistplätzen Ausschau zu halten.

Auf viel begangenem Fußpfad gehts nun über eine hübschgeschwungene Steinbrücke zu einem riesigen, von Elstern, Kolkraben und räudigen Hunden wimmelnden Unrathaufen hinüber, wo ein schuhsohlennähender Polizist zwischen himmelragendem Palast und schwelendem Auswurf göttliche Wache hält. Dicht daneben kommen büttenbehangene Wasserweiber an einem alten Ziehbrunnen zum täglichen Klatsch zusammen und werfen den von langer Reise kommenden Karawanentreibern unmißverständliche Blicke zu.

Vor dem festungsartig ausgebauten Hauptportal stehen als älteste Zeugen tibetischer Geschichtsschreibung ein wundervoller Obelisk und zwei hübsche chinesische Tempelchen. Steinerne Gedenktafeln enthüllen uralte Inskriptionen aus dem 8. Jahrhundert über die Erfolge der tibetischen Armee gegen die Tang-Kaiser in tibetischer und chinesischer Sprache. Da sie leider schon stark beschädigt sind, behaupten böse Zungen, die Chinesen hätten, als sie die Erlaubnis erwirkten, die Inschriften zu kopieren, alle Namen der von den Tibetern eroberten chinesischen Städte willkürlich verstümmelt.

Eine Flucht breiter, mächtig ausladender Treppen, die durch starke Mauern nach allen Seiten geschützt sind, unterstreicht den Eindruck imponierender Wehrhaftigkeit. So erhebt sich der Potala in seiner ganzen unübertrefflichen, in Worten nicht einzufangenden Schönheit und Größe.

In gleicher Weise wunderbar wirkt die kastellartig erbaute Medizinschule auf dem steilen Pyramidenberg des eisernen Hügels zur Linken. Nirgends in Lhasa erlebt man eine erhebendere Aussicht als von der höchsten Turmzinne dieses Tsogpuri. Flirrend im Mittagslicht liegt die große, nur vom alles beherrschenden Potala jäh unterbrochene Ebene in stillem Frieden. Darüber der blaue Himmel und ein Dom von Licht. Der in westlicher Richtung vielarmig sich aufteilende Fluß, die breiten Flächen des gelben Sandes, die schimmernden Parks von Norbulinkha, die großen Sumpfgebiete gegen Drepung und die im Dunst verschwimmende, weißleuchtende Stadt im Osten, bilden einen unvergeßlichen Akkord von Farben und von Stimmungen. Die heiße Sonne brennt den Schnee an den hohen Hängen zu kochendem Dampf. Sie lockt die weißen Wolkentürme vom Westen. Und an den Nachmittagen folgen rasende Staubfahnen, bis die Abendröte die Landschaft wieder verklärt. Dann leuchten bizarr die Silhouetten der Klöster im flammenden Schein, und am Ufer des Kyitschu stehen die Pferde als dunkle Schattenrisse gegen die silberne Flut.

Die Luft hier oben ist so klar und rein, daß die Lamas den Sitz der höchsten Medizingötter ihres Landes auf diesen Berg verlegten und daher auch die Quelle, die am Fuße des eisernen Hügels hervorsprudelt, für besonders wundertätig, rein und heilig halten. Sie ist dem Bodhisattwa Vadschrapani, dem Regenbringer und Beschützer der wasserspeienden Schlangengötter geweiht und gilt als eine Art tibetischen Lourdes.

Staubige Pilgerschwärme bewegen sich in allen nur erdenklichen Bewegungsphasen, gebetsmühlenschwingend, Rosenkränze leiernd und „Om Mani Padme Hums" murmelnd über die Via sacra zum heiligen Quell, zum „Gichtstein" und zum „Rheumatismusfelsen", wo sie ihre kranken Glieder reiben. Dicht an dicht, wie groteske Fabelwesen, fallen die Bresthaften im Tschagsalwo nieder. Ein oder zwei Schritte voranschreitend richten sie sich wieder auf, falten die Hände über den Köpfen, führen sie zur aschenfarbigen Stirn, zum Munde und zum Herzen und lassen sich abermals zur Erde fallen, um mit ausgestreckten Händen einen Strich auf den Boden zu ziehen, ehe sie sich wieder aufrichten und die mühsame Rutschprozedur von neuem beginnen. Beim Anblick dieser Bilder tiefster Inbrunst, wenn Dutzende und Hunderte von fanatischen Gläubigen in langen Reihen im Staube liegen, vorankriechen und wieder zu Boden sinken, erlebe ich stets einen tiefen, unbeschreiblichen Schauer.

Die größte Zahl besteht aus Greisen und betagten Frauen, die die Blüte ihrer Jahre längst hinter sich gebracht haben und nun schon beginnen, sich aufs nächste Leben vorzubereiten. Es ist fürwahr ein pathetisches Bild, die klappernden Greise und zahnlosen Mütterchen von langen, schulterumwallenden Kapuzen umhüllt, in aller Herrgottsfrühe, wenn die dunstglitzernde Sonne aus den kalten Flußnebeln heraufsteigt

und bunte Fäden in den Morgen webt, über die kalten Steine dahin-
kriechen zu sehen. Aber auch Würdenträger und Aristokraten sind dabei.
Um als echte Bettelmönche angesehen und von niemandem erkannt zu
werden, haben sie sich ihre Gesichter dick mit Ruß beschmiert. Als ich
einmal zwei meiner rußgetarnten Freunde im aschgrauen Bettelgewande
erkenne, werfen sie sich vor mir in den Staub, verbergen ihre Gesichter
und setzen ihre Umwandlung erst fort, als ich mich diskret zurückgezogen habe.

Andere wiederum verzichten völlig aufs Inkognito, lassen sich von
Dienerschwärmen begleiten und betrachten das ganze als bekömmliche
Morgengymnastik. Viele werden auch von ihren drolligen „Abzos",
den kleinen, wollhaarigen Lhasa-Terriern gefolgt. Andere wieder halten
zahme, glöckchenbehangene Schafe, die treu wie Hunde daherzotteln,
für die passendsten Trabanten ihrer gesundheitsfördernden morgend-
lichen Reisen.

Am südlichen Steilhang des mächtigen Felsenpalastes von Tsogpuri
ragt eine heilige, mit Gebetswimpeln über und über beflaggte Götter-
weide mitten aus einem riesigen Manihaufen hervor, dessen Steine bis
zur Krone des von Opfergebilden halberstickten Baumes hinaufreichen.
Hier klettert der Linkhor zu glatten Wänden empor, wo hunderte von
Buddhas und Heiligen die Straße säumen. Teilweise sind die Figuren
in den gewachsenen Fels gemeißelt und teilweise auf lose Schieferplatten
gemalt und in kleine Schreine und Höhlen gestellt. Zahlreiche Fels-
nischen enthalten auch aus Lehm geformte zwergenhafte Buddhastand-
bilder, die sich zwischen den buntgemalten Felsplatten wie Heinzel-
männchen ausnehmen. Auch diese Zeichen werden in ununterbrochener
Folge von Schwärmen sich ehrfürchtig verneigender Pilger angebetet.

Etwa von der Mitte des Felsens fällt der heilige, hier kaum meter-
breite Pfad in westlicher Richtung wieder ab, um schließlich, an einer
Reihe großer Gebetstrommeln vorbeiführend, einen überwältigenden
Anblick von eigenartiger Schönheit freizugeben. Nicht weniger als fünf-
tausend herrlich bemalter, roter, goldener und blauer Buddhas um-
säumen in Reihen von je fünfundzwanzig Einzelbildern drei große, in
eine glatte Schieferwand eingelassene Prachtbuddhas. Dieses farben-
sprühende Felsenmosaik bedeckt horizontal und vertikal gestaffelt die
ganze Wand, deren untere Partien von den Stirnen der Pilger völlig
glattgeschliffen sind und eine marmorähnliche Patina angenommen
haben. Dicht daneben klafft ein schmaler, die Krone eines Tschortens
darstellender Felsenspalt, in den man nur seine Hände zu versenken
braucht, um von „Leberschmerz" befreit zu werden. Andere steinerne
Buddhas mit ähnlich salventen und apotropäischen Eigenschaften folgen.
Sie müssen von den vorüberziehenden Wallfahrern ebenfalls mit den
Stirnen berührt werden. Über der ganzen Buddhawand wehen tausende

bunter Maniwimpel, auf Papier gedruckter Windpferde und flatternder Girlanden, die bis zu den Wipfeln gegenüberliegender Weidenbäume reichen.

Ganz in der Nähe liegt ein kleiner Park mit hübschem Haus, Dekilingkha, der „Garten der Glückseligkeit", wo sich abseits vom Getriebe der Stadt die jeweils in Lhasa anwesenden britisch-indischen Missionen seit 1904 zu etablieren pflegen.

Hier nun verläßt der Lingkhor die bisher eingehaltene westliche Richtung und biegt scharf nach Norden auf die von Indien kommende Hauptkarawanenstraße um. Dort liegt im Schatten des Medizinfelsens das saubere Gunduling, eines der vier berühmten Königsklöster der tibetischen Hauptstadt. Soweit sie nicht wie Tengyeling mutwillig zerstört wurden, sind diese Königskonvente auch heute noch sehr reich, besitzen im Verhältnis zur Zahl ihrer Insassen riesige Ländereien in allen fruchtbaren Teilen des tibetischen Landes und tragen in bezug auf die Auswahl ihrer Mönche einen exklusiven und vornehmen Charakter. Im Gegensatz zu den großen Staatskonventen Drepung, Sera und Ganden, deren riesige Mitgliederzahl einem ständigen Wechsel unterworfen ist, darf die Zahl der auserlesenen Mönche in den Königsklöstern 500 niemals überschreiten.

Als Sitz hoher göttlicher Inkarnationen hatten die Königsklöster von je eine einzigartige Stellung inne. In vergangenen Zeiten besaßen sie eine Art Monopolstellung für die Ämter der Regenten, die bis zur Volljährigkeit des jeweiligen Dalai Lamas de facto regierten. Als jedoch der letzte 13. Dalai Lama seit über einem Jahrhundert wieder der erste war, der zur Regierung gelangte, ohne im kritischen Alter von 16—18 Jahren ermordet zu werden, mußten auch die Äbte der Ling-Klöster darauf verzichten, das Zünglein an der politischen Waage des Götterlandes zu sein.

In vornehmer Zurückgezogenheit lebend haben es die Priester der Königsklöster verstanden, ihre althergebrachten Rechte mit der ihnen eigenen Intoleranz zu wahren. Neben dem Wunsche nach göttlicher Verinnerlichung träumten sie jahrhundertelang von Macht und Einfluß. Die Erduldung irdischer Qualen zum Dogma erhebend, versprachen sie den Menschen die Befreiung im Reiche des Lichtes, und alle im milden Glanz unzähliger Butterlampen leuchtenden Heiligtümer waren willkommene Mittel, das Volk in bannender Hypnose, in willenloser Trance zu belassen. Wie zähes Gespinst legten sich die Fäden der roten Spinne aus den Königsklöstern ohne Unterschied um jeden, der es unternehmen sollte, den Wünschen der mächtigen Äbte zuwider zu handeln.

Das monastische Leben vollzieht sich nach strengen Regeln und Gesetzen. Früh am Morgen ruft Balkenschlag die Priester zu rituellem

Tagwerk. Dann erklingen seltsam schauerliche Klänge aufdröhnender Lamakapellen, um die Götter zum täglichen Weihedienst herbeizurufen. Höfe und Hallen, Tempel und Tschorten, Hütten und Häuser sind vom dumpfen, feierlichen Gemurmel der betenden Mönche erfüllt.

Zweimal am Tage werden die Glaubensübungen unterbrochen. Da sieht man das wallende Lamaheer im Sonnenschein auf den goldenen Tempeldächern versammelt, um aus schweren, kupfernen Kannen Tee und Tsamba zu nehmen.

In allen tibetischen Klöstern liegt die Hauptlast der praktischen Arbeiten auf den schwachen Schultern der jüngsten Mitglieder der Klostergemeinden. Schon im Alter von acht bis zehn Jahren werden die zwergenhaften Mönchlein ihrem Berufe zugeführt, und die meisten dieser ärmlich gekleideten, mit Schmutz und Rußkrusten bedeckten Novizen fristen in Entbehrung ein gar kümmerliches Leben.

Die Erziehung des priesterlichen Nachwuchses obliegt den älteren Lamas, die sich gleichzeitig von ihren jungen Ordensbrüdern bedienen lassen. Unterbringung und sozialer Rang richten sich im allgemeinen nach der Vermögenslage der Eltern, so daß die Sprößlinge begüterter Familien der Obhut höherer „Gelongs" oder „Gesches" anvertraut werden, die von den Familien der Klosterschüler mit geldlichen Zuwendungen bedacht und mit Nahrung und Kleidung versorgt werden. Oft wählen sich die Söhne aus adeligen Häusern ihre Mentoren selbst und stehen dann mit ihnen meist auf sehr vertraulichem Fuß.

Gelegentlich der Inauguration überreicht der Novize Geschenke und weiße Zeremonienschleier, worauf ihm ein Büschel Haare abgeschnitten wird und er sich nach altem buddhistischen Brauch einer rituellen Waschung an Gesicht, Händen und Füßen unterzieht. Sodann erhält er klösterlichen Geheimnamen, Almosenschale und monastische Gewandung. In feierlichem Gelübde verpflichtet er sich, nie mehr zum irdischen Leben zurückzukehren, um nicht „dem Schmetterlinge zu gleichen, der sich, Glanz und Leben verlierend, ins brennende Licht stürzt". Auch „wer sich in Kenntnis der Sittengesetze ihrer nicht bedient, um seine Begierden zu bekämpfen", sondern „einem Kranken gleicht, der die Heilmittel in der Hand trägt, und sie nicht anzuwenden versteht", wird den Stufenweg der Weisheit nie erklimmen, denn „ein schwacher Wille, der mit hochentwickelten Geistesgaben gepaart ist, läßt nur allzuleicht in Irrtum und Falschheit verfallen und zum gleisnerischen Schönredner werden". Alsdann wird dem jungen Lama anempfohlen, allzeit seine Energie zu stählen und sich auf die Weihen vorzubereiten, die ihm die Kraft verleihen sollen, außergewöhnliche Taten zu vollbringen. Damit ist der Novize als „Trapa" endgültig in die Klostergemeinschaft aufgenommen.

Unfähig, die Philosophie Buddhas zu verstehen, führt der Durchschnittslama jedoch zumeist ein recht untätiges Leben. Wenige nur sind auserwählt, die in jahrelangen Abständen folgenden Prüfungen zu bestehen und über die Stufen des „Getsul" und „Gelong" bis zum Range eines „Gesché" oder „Doktors der Göttlichkeit" hinanzusteigen. Die allermeisten bleiben gewöhnliche Trapas, die nach Erlernung der äußerlichen Religionsformen lediglich die Berechtigung erwerben, geistliche Fürsprache zu halten oder als Astrologen und Medizinmänner in die Wechselfälle des menschlichen Lebens einzugreifen.

Nachdem wir Gunduling passiert haben, führt der Lingkhor in der Nähe der westlichen Ausfallstraße am berühmten „Kesartempel" vorüber, wo die Mißachtung des weiblichen Geschlechtes eine merkwürdige Blüte trieb. Der Hühnerhof des Tempels besteht nämlich aus der stattlichen Anzahl von hundert heiligen Hähnen, deren Aufgabe es ist, den neuen Tag zu künden, sobald die ersten Sonnenstrahlen den Gipfel Merus, des Weltenberges, erreicht haben. Diese exklusiv männliche Gesellschaft eitler, sichelfedriger Schreihälse, die sich obendrein noch paarweise den Hof machen, scheint mir in ihrer ganzen Spaßhaftigkeit eines der bezeichnendsten Sinnbilder der ganzen „verkehrten" Weltordnung des lustigen Lamastaates.

Zu den vielen seltsamen Gestalten, die alltäglich über den Lingkhor schwärmen, zählt ein siebenundvierzigjähriger Rutschlama aus Gyantse, der seit fünfzehn Jahren die Heilige Stadt ununterbrochen umkreist und es im Tschagsalwo zu einer Virtuosität gebracht hat, daß er die sieben bis acht Kilometer lange Strecke in knapp zwei Tagen bewältigt, während seine Amateurkollegen hierzu für gewöhnlich die drei- bis vierfache Zeit benötigen. Er trägt eine heilige „Beule" an der Stirn und glaubt, an seinem seligen Ende direkt ins Nirwana einzugehen.

Auch ein kolossaler, weit über zwei Meter großer, akromegaler Riesenlama, einer der Leibgardisten des letzten Dalai Lamas, ist ständiger Gast auf dem Lingkhor. Dieses turmartige Ungeheuer eines Menschen läßt es sich nicht nehmen, den Potala zweimal täglich mit einer überdimensionalen Gebetsmühle in der Riesenfaust zu umwandeln. Mangels anderer Gaben läßt er sich tagein und tagaus von der staunenden Menge bewundern und trauert auf solche Weise seinem verblichenen Herrn und Gebieter nach.

Der „äußere Ring" läuft nun eine Zeitlang mit einem schon zu Beginn des 18. Jahrhunderts erbauten, im Winter völlig ausgetrockneten Entwässerungsgraben parallel, dessen Zweck es ist, die Stadt vor durch Wolkenbrüche verursachten sommerlichen Überschwemmungen zu schützen. Das sich einige Meter über das Niveau der sterilen Sandebene erhebende, geradezu genial angelegte Aquädukt kommt aus der Richtung des am Nordrande der Lhasaebene liegenden trutzigen Seraklosters, versammelt alle Rinnsale und Bäche in sich, führt in weitgezogenem Halbkreis um die nördliche und westliche Begrenzung der Stadt und vereinigt sich unterhalb des Drepungklosters schließlich mit dem Kyitschu. Westlich des parkumschlossenen Lhaluhauses, wo der Vater des 12. Dalai Lamas residierte, bis in die Nähe Drepungs dehnt sich eine Kiang Tang genannte Sandebene, wo sich früher die zahmen Kiangs der Dalai Lamas in unbehinderter Freiheit bewegen durften und sogar oft genug an die Karawanenstraße kamen, um mit Pferden und Mulis Freundschaft zu schließen.

In den sumpfigen Schwemmlandniederungen, am ganzen nördlichen Stadtrand, wimmelt es von Rost- und Streifengänsen, Gänsesägern, Stock-, Spieß-, Krick-, Reiher-, Pfeiff- und Löffelenten, tibetischen Lachmöven, Einsiedlerbekassinen und schmucken Waldwasserläufern, die in der Nähe des vielbegangenen Lingkhors so vertraut geworden sind, daß wir sie von der Ringstraße aus unschwer fotografieren können. Auch Kraniche, deren stilisierte Gestalten der ganzen Landschaft ein beinahe mythisches Gepräge verleihen, gibt es hier in Mengen.

Bei der Umwandlung des Potalas von Süden über Westen nach Norden ändert das gewaltige Bauwerk seine Gestalt ganz und gar. Aus dem breiten, langgestreckten Palast mit seinen hellen, freundlichen Farben ist nun eine steile Felsenburg von düster-trutzigem Charakter geworden. Direkt unterhalb des felsigen Bauwerks liegt ein hübscher, tschortenumgebener Park mit dem berühmten „Schlangentempel" und einem von Büschen und Bäumen halb verborgenen Weiher, der mit dem mystischen See, auf welchem die Stadt Lhasa zur Zeit des großen Religionskönigs Srong Tsan Gampo erbaut wurde, in geheimnisvoll verborgener Verbindung steht. Ein mächtiger, die beiden Gewässer beherrschender Schlangendämon, von dessen Gnade das Wohl und Wehe der Heiligen Stadt abhängt, wird im nahen Tempel verehrt. Einmal jährlich umwandeln die vier hohen, lotosfüßigen Kabinettsminister in feierlicher Prozession die ganze Stadt, um im Schlangentempel Einkehr zu halten und dem allmächtigen Wassergeiste weiße Seidenschleier zu opfern. Nach Überreichung ihrer Votivgaben besteigen die hohen Würdenträger eine Anzahl festlich geschmückter Korakel und rudern eine Zeitlang andachtsvoll auf dem heiligen Weiher umher.

Weiter nördlich liegt an der zum Kloster Sera und dem Arsenale führenden nördlichen Ausfallstraße Ramosché, der älteste Tempel Lhasas mit einem berühmten, historischen Mausoleum und dem wundertätigen Standbild der vergötterten Prinzessin Wen Cheng, der chinesischen Gemahlin Srong Tsan Gampos, die den großen König zum Buddhismus bekehrte. Neben dem alten Wurukloster und der Möndro Sampa,

einer hübschen Steinbrücke, die nach dem in der Nähe befindlichen Hause
der bekannten Möndro-Familie benannt ist, fällt am Nordrande der
Stadt vor allem die von sträunenden Kötern und hungrigen Kolkraben
wimmelnde, schmutzstarrende Kolonie der Ragyapas auf, jener verachteten Gilde der berufsmäßigen Bettler, Metzger und Totengräber,
die hier mit Kind und Kegel ihr unheimliches Wesen treiben. Da ihre
„Behausungen" im Gefüge der eigentlichen Stadt nicht geduldet werden,
haben sie sich zur Linken der heiligen Straße, auf „profanem" Boden, in
langen Reihen angesiedelt und fallen über die Lebenden wie über die
Toten wie Geier her, um ihren Tribut zu erheischen. Die Ragyapa-
Kolonie besteht aus winzigen, völlig zerlumpten Yakhaarzelten und
schmutzüberkrusteten Wohnhöhlen, die oft genug nur aus stinkenden
Schaf- und Yakhörnern bestehen und von dem faulenden Gebein ge-
töteter Tiere umwallt sind. Als Zunft für sich halten sie das gräßliche
Zerstückeln der Leichen für einen ebenso privilegierten Beruf wie pro-
fessionelles Betteln. Sie erachten es für unter ihrer Würde, irgendeine
wirkliche Arbeit zu verrichten und gehören zum Straßenbilde der
Heiligen Stadt wie die ungezählten Scharen zähnefletschender, schatten-
haft abgemagerter Räudehunde. Hier gewinnt man den Eindruck, als
ob sich alle Bettler, Krüppel, Blinde, Aussätzige und von Syphilis zer-
fressenen Kreaturen Tibets zusammengefunden hätten, um die Wegfahrer auszusaugen und zu erpressen. Ihre Anführer, die sich teilweise
zu wohlhabenden Leuten hinaufgearbeitet haben und sogar den goldenen
Zitronenhut und linksseitigen Türkisenohrring der mittleren Beamten
tragen dürfen, haben es verstanden, den Aberglauben zu verbreiten,
daß ihre Lästerungen alle in Erfüllung gehen. Den Pilgern bleibt nichts
übrig, als ihren Tribut zu entrichten, ansonsten sie von einer Horde
fluchender und brüllender Ragyapas verfolgt werden. Am wirksamsten
soll übrigens der „Speifluch" sein, wodurch der Verwünschte und Be-
spuckte augenblicklich erkranken und erst wieder genesen soll, nachdem
er seinen Obulus entrichtet hat.

Wie überall an den heiligen Stätten haben sich die Frauen dieser
ausgestoßenen Menschenkaste dem religiösen Gewerbe hingegeben. Tagsüber sitzen sie am heiligen Pfade in unratstarrenden Nischen und sind
damit beschäftigt, kleine Lehmbuddhas zu formen und heilige Zeichen
in Steinplatten zu schlagen. Völlig von Kräften, sind viele von ihnen
nur noch imstande, ihre Gebetsmühlen in eintönigem Rhythmus zu
drehen, während andere mit blutig verklebten Augenschlitzen über den
Weg kriechen und ihre durch Krankheit und Unfall zerstümmelten
Glieder zeigen. Sie kotauen vor jedem Fremden, strecken die Zungen
heraus und weisen, um Almosen flehend, mit ihren breitgedrückten
Daumen gen Himmel. So findet man auf diesem kurzen Wege alles,
was die tibetische Menschheit an Abschaum zu bieten vermag, von zu

Skeletten abgemagerten lebenden Leichnamen, lumpenbehangenen Mütterchen mit toten Augen, die ihre säugenden Kinder an schmutzig-welken Brüsten tragen, bis zu den üblichen Drückebergern, die die Religion dazu benutzen, um ihren Lastern zu frönen und von dem zu leben, was der Pilger aus Barmherzigkeit ihnen zukommen läßt. Ein gemeinsames Merkmal aber verbindet alle Ragyapas: Sie sind die Ärmsten der Armen und sie bieten ein hoffnungslos abstoßendes, zugleich aber Mitleid erregendes Bild, das man nicht leicht vergessen kann.

An die monströse, uns völlig unverständliche Welt der Ragyapas, schließt sich das weit größere, ebenfalls auf profanem Boden gelegene Zeltlager der wegen ihrer Wildheit gefürchteten Khampas und der Ngoloknomaden an. Sie, die kühnsten unter den Wildstämmen, die die Drachensaat der Zivilisation noch nicht kennen, kamen nach Lhasa, um für Raub und Totschlag Sühne zu leisten und die Götter mit vergangenen, aber auch mit künftigen Untaten zu versöhnen. Söhne des kalten, zähblütigen Nordostens, über deren buntwimmelndem Zeltlager im Blaudunst schwelender Yakdungfeuer dunkel die Aasvögel kreisen, machen diese straffen, beinahe mythisch umwölkten Gestalten ihrem Rufe, gewerbsmäßige Räuber zu sein, auch in Lhasa höchste Ehre. Obwohl sie sich gegenwärtig in der Ausübung ihrer religiösen Pflichten zu übertreffen bieten und alles daranzusetzen scheinen, die Götter zu versöhnen, sieht man die ungeschlachten, mächtigen Gestalten nach täglicher Umwandlung der heiligen Stätten unternehmungsvollen Geistes, die langen Breitschwerter griffbereit unter dem Gürtel ihrer speckigen Schaftschupas geschoben, in ganzen Horden, gleichsam sprungbereit, umherziehen, um die Bürger in Angst und Schrecken zu versetzen.

In Osttibet gehört das Räuberhandwerk als Haupterwerbsquelle bekanntlich zu den legalisierten Berufen. Stammesrivalitäten, häufig auftretende Viehseuchen, durch Hagelschlag, Unwetterkatastrophen oder Überschwemmungen bedingte Mißernten, die völlige Abgeschlossenheit vieler Stämme von den tiefen Tälern und damit von den eigentlichen Quellen einer gesunden Volksernährung, und nicht zuletzt die Einfachheit, mit der ein Raubüberfall in einem so dünnbesiedelten, fast jeglicher Staatsautorität entbehrenden Lande geplant und durchgeführt werden kann, haben die Angehörigen ganzer Stämme zu berufsmäßigen Räubern werden lassen. Ja, es gibt dort sogar große Klöster, die sich nicht nur zu gefürchteten Zentren mächtiger Räuberbanden entwickelt haben, sondern sogar „Lehrstühle für praktische Besitzvermehrung" unterhalten, um ihren Konventmitgliedern die Ausnutzung der natürlichen Reichtümer des Landes nahezubringen. Das alles mag wie schreiender Hohn klingen, aber es entspricht trotzdem der Wahrheit.

Daher sind die Ngoloks auch auf ihrem Wege nach Lhasa die friedlichsten aller frommen Pilger. Sobald sie aber die heilige Stätte wieder

verlassen haben, um in monatelangen Märschen zu ihren eigenen Weide-
gründen zurückzukehren, pflegen diese Wölfe der Steppe ihre Schafpelze
abzuwerfen, um als wahre Geißel raubend und plündernd durch die
Lande zu ziehen. Wehe den unbekümmert dahinziehenden Karawanen
und den friedfertigen Stämmen, denen sie begegnen! Was sich ihnen
in den Weg stellt, wird niedergemacht, ganze Ortschaften ausgerottet
und alles Vieh, dessen sie habhaft werden können, mit Raubgut beladen und davongetrieben.

Kurz nach Verlassen des Ngoloklagers biegt die heilige Lingkhorstraße
in südlicher Richtung um. Nach Überquerung der rohgepflasterten, von
China kommenden Einfallstraße, geht es an den ebenfalls auf profanem
Boden gelegenen Hütten der Schlächter und Fleischhauer vorüber. Rund
um diese widerwärtigen Institutionen, wo täglich Yaks und Schafe in
barbarischer Weise vom Leben zum Tode gebracht werden, ist der blut-
dunstende Boden mit unzähligen Hörnern, Hufen, Knochen und Fell-
stücken bedeckt, zwischen denen sich Pariahunde, Kolkraben und lang-
schwänzige Elstern herumtreiben. Inmitten der Schlachtplätze und
triefenden Fleischbänke liegt die kleine Moschee der Lhadakis, ein ungepflegtes, vernachlässigtes Gotteshaus, das von einer steinernen Mauer
rings umschlossen ist. Es hat den Anschein, als ob man in der Zentrale
des nördlichen Buddhismus nur wenig für die heiligen Lehren des Propheten übrig habe. Die Lhadakimoslems, welche sich als geschickte
Händler in der tibetischen Hauptstadt einen Namen gemacht haben,
kämpfen seit langer Zeit um die Bewilligung von Sonderrechten, doch
mußten sie sich bisher begnügen, überhaupt bleiben zu dürfen.

Ganz in der Nähe des mohammedanischen Gotteshauses erhebt sich
das Grabmal eines höheren chinesischen Offiziers, der in Begleitung des
Generals Huang-Mu-Sung im Jahre 1934 in Lhasa weilte und infolge
eines Unglücksfalles verstorben war; der gestaffelte Schlankturm einer
echten chinesischen Pagode. Dort entdecke ich auch einen alten, verblichenen Kamelschädel, der, selbst von den Hunden unbeachtet, am
Wegrand liegt. Religiösen Vorurteilen zufolge dürfen die von der Mongolei über das weite Hochland kommenden Kamelkarawanen in der
Regel nicht bis Lhasa vordringen, sondern müssen acht Tagereisen entfernt in Nagtschu verbleiben, dem gleichen Orte übrigens, wo die
meisten Forscher festgehalten und zurückgeschlagen wurden. Als weitere
Seltenheit fallen an diesem obskuren Teil der Stadt einige zweirädrige
Arbeitskarren auf, die von Halbblutyaks gezogen werden. Das sind die
einzigen beräderten Verkehrsmittel, die ich während all der Jahre in
Tibet zu Gesicht bekommen habe. Anscheinend soll das Rad der Lehre
als Symbol der geistigen Fortentwicklung nicht durch seinen materiellen
Gegenpart, der doch nur Unglück bringen würde, entehrt werden.

Nachdem wir in der Südostecke der Stadt noch die unratduftenden
Siedlungen der verachteten Lederarbeiter, Fellbootmacher und Sattler
hinter uns gebracht haben, stoßen wir zu guter Letzt auf zahlreiche
Ruinen der alten Stadtmauer, bis nach eineinhalb- bis zweistündigem
Marsch linker Hand unser geliebtes Tredilingkha wieder in Sicht kommt.

Wenn am Abend die Sonne dann sinkt und hinter den westlichen
Bergen hinabtaucht, wird es kalt — und alle Natur erstarrt in düsterem,
eisigen Schweigen. Hier und da nur ziehen noch keilförmige Geschwader
trompetender Schwarzhalskraniche niedrigen Ruderfluges über die heilige
Stadt... um auf den Sandbänken und Schotterinseln des Flusses zu
nächtigen.

DER TEUFELSTANZ

Pilger, Pilger — — Pilger! Es gibt keine Straße in Lhasa und kein Haus, wo sie nicht wären. Von den üblichen Dreißigtausend hat sich die Zahl der Einwohner der Heiligen Stadt in wenigen Wochen auf das Doppelte vermehrt. Die Hygiene spottet der Beschreibung, aber die Luft ist trocken, es gibt viele Hunde, und das übrige besorgt der Wind.

Dazu die Aufregung, das Planen, die Vorbereitungen! Bedeutende Lamas, hohe Würdenträger, große Offiziere sieht man allenthalben auf eiligen Paßgängern, von ansehnlichen Dienerscharen gefolgt, in unwahrscheinlich prächtigen Zügen durch die Stadt eilen. Das alte Jahr geht zu Ende, und zum erstenmal seit dreihundert Tagen merkt auch Lhasa, daß die Zeit nicht stille steht. Tibeter, die sich beeilen; Lamas, die die Stunde nutzen! Welcher Widerspruch und welche geheimnisvolle Wandlung!

Die Zeit der Gastmähler, die man uns gab, ist nun verklungen. Es gibt Tage, da wir, uns selbst überlassen, mit staunenden Augen den Wandel schauen und mit hoffenden Herzen dem großen Ereignis entgegenfiebern wie Kinder, die vor der Bescherung zittern.

Die goldenen Dächer des Potala glitzern und funkeln uns allmorgendlich entgegen, und die Reihe der zu Boden sinkenden Pilger, die den Felsenthron umwallen, will kein Ende nehmen. Lhasa ist einzigartiger denn je. Kraniche trompeten über den Feldern, und die wilden Streifengänse, denen das weite Talrund um die Heilige Stadt friedliches Winterquartier bot, rüsten sich zur Reise auf die hohen Steppen. Die Milane kamen über Nacht, die Felsentauben gurren, und über den lichten Parks leuchtet der erste, zarte Knospenschimmer im Goldschein der Morgensonne. Manchmal kommen Wolkenschiffe vom Süden und Westen herangesegelt, lagern sich um die hohen, karstigen Kämme, und wenn der Talwind sie vertreibt, glitzern die Berge rundum in weißem Gewande des Neuschnees. Lhasa ist ein Märchen.

Auch die Häuser haben Festtracht angezogen. Seit Wochen waren jung und alt damit beschäftigt, die Fassaden zu kalken und zu weißen, und auf den Dachfirsten wehen Wälder bunter, flockiger Flaggenbäumchen. Tief dröhnen die Trommeln, und tausend Gebete flattern zu jeder Sekunde über die leuchtenden Dächer hinweg. Weihrauchöfen brennen, hauchzarter Duft heiligen Wacholders kringelt an allen Straßenecken empor und bildet einen blauen Schleier, der sich wie wogende Weihrauchschwaden über die erwartungsvolle Stadt legt. Darüber noch kreisen die Geier, die sich von menschlichen Leibern nähren und die Kolkraben, schwarze Wappenvögel Tibets, deren dumpfe Glockentöne so schön zu den hellen Silberschellen der festlichen Reisezüge und der hin und her preschenden Kavalkaden der hohen Würdenträger passen.

In diesen letzten Tagen des alten Jahres werden in den Häusern der Armen und der Reichen alle Vorkehrungen getroffen, um das Böse aus dem Bannkreis der Stadt zu vertreiben. Glück und Frieden sollen ihren Einzug halten im neuen Jahr! Weihehandlungen des Morgens und am Abend, häusliche Opfer und die Pflege zarten, jungen Grüns; keimende Gerste und keimender Weizen vor allen Fenstern, dazu das nicht endenwollende Murmeln heiliger Sprüche und Bannformeln, um die Hausdämonen zu schrecken. Bet- und Bußübungen vor häuslichen Altären, Beschwörungen, magische Riten und unzählige dumpfe, rollende, allgegenwärtige „Om Mani Padme Hum". So sucht sich jeder über Qualm und Dumpfheit des irdischen Daseins zu erheben und strebt mit besten Kräften nach Versöhnung mit allen guten Elementen, um das Herz Buddhas zu erfreuen.

Schwerer, süßherber Duft von würzigen Kräutern mischt sich mit ranzigem Qualm hunderter, mattschimmernder Butterlampen, die vor den güldenen Standbildern der Hauskapellen ein geheimnisvolles Flackerlicht verbreiten. Durch Weihrauchschwaden klingen dumpfe Melodien, geheimnisvolle Hymnen, stundenlange Litaneien, und vor den heiligen Bildwerken, die die Nischen und Alkoven füllen, werden blütenweiße Seidenschleier von Priestern der berühmten Tantrafakultät enthüllt. Geheimnisvolles Treiben spielt sich hinter verschlossenen Türen ab, wo die Familiengeistlichen der großen Häuser in geheiligten Schalen den Teig mischen, aus dem sie die Tormas kneten, die Gebildbrote. Diese teiggeformten, bunten Pyramiden dienen der Geisterbeschwörung. Sie werden in diesen Tagen zu hunderten und tausenden gefertigt. Zwanzig bis dreißig Zentimeter hoch werden sie mit prächtigen Rosetten farbiger oder mit Blattgold belegter Butter beklebt. In halberhabener Ornamentik sind sie mit den heiligen Zeichen, mit Lotosblumen, Spiralen, Zweiggebilden und den mystischen Tiergestalten des Mondjahres verziert. Durch geheimnisvolles Ritual werden die bösen Geister in ihnen gefangen und den Wünschen der Hausbewohner willfährig gemacht, um Krankheit, Seuchen und Armut fernzuhalten. So treibt man während der letzten Tage des alten Jahres unter großem Aufwand alle bösen Geister und Dämonen in die Enge oder weist ihnen eine Art befristeten Zwangsquartiers in den Tormas zu, um auch sie zu zwingen, für das Heil zu wesen und zu wirken. Also werden selbst die schrecklichen Gottheiten zur Versöhnung geneigt und die Feinde des Glaubens gebannt.

Der letzte, der neunundzwanzigste Tag des zwölften tibetischen Monats aber steht im Zeichen des Gütor, des großen Tanzes aller Götter, Geister, Teufel und Dämonen, die sich in der Tempelburg der Dalai Lamas ein letztes Stelldichein geben, um dem alten Jahr das Sterbelied zu singen, den Feinden den Garaus zu machen und dem Volke sichtbarlich kund zu tun, daß alle Schrecken, alles Leid, ja, selbst der Tod nur Spiegelungen unseres Geistes sind — — — hinter denen, unendlich fern, doch jeglichem erreichbar, die Siegestore reinen Daseins winken.

In diesen Mysterienkulten und „Teufelstänzen", die man von den alten Sekten übernahm, um dem einfachen Volk im pantomimischen Spiel die Pforte zum Übersinnlichen und zum Transzendenten zu eröffnen, spiegelt sich das religiöse Leben des Schneelandes mit seinen weit in die Geschichte zurückgreifenden Beziehungen zu Indien, zum Reiche der Mitte und den Kulturkreisen Mittelasiens wieder.

Obwohl es sich wohl ursprünglich um Sonnenwendtänze zu Beginn des neuen Lichtjahres gehandelt haben mag, so besteht der Sinn der vom fünften Dalai Lama eingeführten Neujahrstänze im wesentlichen darin, die Dämonen zu vertreiben und die Schutzgottheiten zu bitten, alles Übel, das sich während des vergangenen Jahres im Bannkreis der heiligen Stadt angesammelt hat, zu vernichten, um das neue Jahr zu einem glücklichen und erfolgverheißenden zu machen.

Auch heute kann man nirgends ein eindrucksvolleres Bild von der bunten Mischung der Kulturelemente des lamaistischen Glaubens gewinnen, als bei den großen Tänzen im Potala. Ja, man könnte Zweifel hegen, ob dem indischen Buddhismus noch die dominierende Rolle im tibetischen Religionsleben zugesprochen werden darf. Wohl strahlte der Glanz der indobuddhistischen Kultur über das ganze tibetische Land und brachte dem Volke die alles durchdringende Religion; doch darf nicht verkannt werden, daß auch die Bönpos mit ihrer autochthonen, aus innerasiatischer Frühzeit entsprungenen Götterwelt das Bild selbst der gelben Staatskirche nachhaltig beeinflußten. Aber die vielen Einzelelemente sind in so harmonischer Weise miteinander verschmolzen und haben eine so arteigene Entwicklung genommen, daß man ihren Ursprung aus weitentfernt liegenden Kulturkreisen oft nur mit Schwierigkeit zu erkennen vermag.

So scheinen die altindischen Sanskritdramen, die mutmaßlich in der Zeitspanne zwischen dem 7. und 10. Jahrhundert nach Tibet gelangten, auf die Ausgestaltung der Tschamtänze einen nur geringen Einfluß geübt zu haben. Abgesehen von den augenfälligen Analogien zu den Schamanentänzen inner- und nordasiatischer Völkerschaften, ist der Tschamtanz etwas urtibetisches und bodenständig Gewachsenes.

Allem Anschein nach hat der Buddhismus an den aus der Bönpozeit überlieferten Tanzzeremonien nur wenig geändert; vielmehr nahm er sie in seinem System auf und scheint nicht einmal bemüht gewesen zu sein, sie von den ärgsten schamanistischen Auswüchsen zu befreien. So wurde der dämonische Tanz in das Ritual der alten Sekten aufgenommen, mit tantrischen Gebräuchen vermischt und schließlich von der gelben Staatskirche übernommen.

Nach seinem mythologischen Gehalt leitet der Tscham in kontinuierlicher Kette über die Zeiträume der Geschichte und stellt eine Häufung verschiedenster, oft schwer deutbarer historischer Begebenheiten dar, die vom Religionsstreit des chinesischen Priesters Hoschang, der Ermordung des glaubensfeindlichen Königs Langdarma bis zur Schamanengottheit des „Weißen Alten", des Ahnherrn der Geschlechterverbände, hinüberführen. Diese in Tibet als „Gampo Karpo" bekannte erdteilumspannende mythische Persönlichkeit läßt sich kulturgeschichtlich über ganz Ost- und Mittelasien bis nach Europa hinein verfolgen. In China wird sie Laotse gleichgesetzt, und in der russisch-orthodoxen Kirche entspricht sie dem heiligen Nikolaus. Zahlreiche Burjäten jedenfalls, die nach Verkündigung des russischen Toleranzediktes in neuerer Zeit wieder zum Lamaismus zurückkehrten, gaben ihren Popen alle Heiligenbilder mit Ausnahme derjenigen von St. Nikolaus zurück, weil sie diesen mit dem „Weißen Alten" der lamaistischen Kirche identifizierten.

Ein strahlender Tag ist angebrochen. Feine, bläuliche Dunstschleier lagern über der breiten Talaue des Kyitschu. Leuchtend liegt die gigantische Götterburg des Potala im Morgensonnenschein. Von der Stadtkathedrale her, dem altehrwürdigen Tsug Lha Khang, klingen Böllerschüsse. Ums heilige Geviert des Parkhor ziehen seit der frühen Dämmerung zu Tausenden schafpelzbekleidete Pilger und Wallfahrer in Bettelgewändern, um die bösen Geister aus ihren Schlupfwinkeln aufzutreiben.

Von einer vornehmen Regierungsabordnung geleitet, wallen wir inmitten eines bunten Stromes festlich gekleideter Zuschauer schon lange vor Beginn des großen Tanzfestes über breite, rohbehauene Treppen zum Hauptportale der festungsartigen Tempelburg empor. Mächtige Mauergewölbe mit riesigen Gebetsrädern, geheimnisvolle Nischen, steile Stufen und lange, finstere Gänge führen zum mauerumfriedeten Tanzhof, wo sich eine wogende Menschenmenge eingefunden hat.

Der etwa fünfzig Meter lange rechteckige Hof wird im Westen von einem sechs Stockwerk hohen mächtigen Tempelbau überragt. Nach oben konisch zulaufend, heben sich seine schneeweißen, am Dache rot abgesetzten und mit mystischen Glückszeichen vergoldeten Gyaltsen und schmiedeeisernen Trisulas geschmückten Mauern prächtig gegen den wolkenlosen, azurblauen Himmel ab. In der breiten, weißen Fläche des Palastes wirken die dreifach untergliederten, reich geschnitzten Fensterreihen wie Fluglöcher eines riesigen Taubenschlags. Zweifach abgesetzt geleitet eine bühnenähnliche Estrade zum hochgelegenen Portal, das in drei Stufenleitern zum Palaste führt. Die mittlere Passage ist versperrt. Sie darf nur vom lebenden Gotte selbst, dem Dalai Lama, betreten werden, während die beiden Seitenstiegen für die Allgemeinheit freigegeben sind.

Hoch droben, unterm Dach, durch weiße Portieren gegen die Sicht des Volkes verblendet, befinden sich die Plätze des Regenten und der Minister. Die Last der hohen Ränge bringt es mit sich, daß die erlauchtesten Würdenträger des Staates mit kleinstem Ausblick vorlieb nehmen müssen. In den tiefer gelegenen Stockwerken sind die nach Rang und Höhe gestaffelten Sitze der Mitglieder von Kabinett und Staatsrat.

Zu beiden Seiten schließen sich tribünenartige Altane an, die im Osten erneut von imposanten monastischen Gebäuden begrenzt werden. Hier nehmen die Regierungsabordnungen Chinas, Nepals, Kaschmirs, Bhutans und Sikkims bereitgehaltene Ehrenplätze ein, während wir uns — ein besonderes Entgegenkommen der Regierung — auf der westlichen Seite des Festplatzes auf hohen Polstersesseln niederlassen dürfen, um uns einen möglichst vollständigen Überblick zu gewähren.

Stilisierte Drachen, mystische Spiralen, heilige Embleme und die grellbunten Köpfe zähnefletschender Ungeheuer schmücken die Zeltüberdachungen an den Längsseiten des Hofes, unter denen mächtige goldene Lamatrommeln zu hohen Stapeln aufgeschichtet sind. Rundum drängen sich die Mauern des Volkes unter den rohen Schlägen mit Ledergeißeln bewaffneter Polizeilamas. Die schweigenden, in Neuschnee schimmernden Berge, bilden einen märchenhaften Hintergrund. Nach Tausenden schon zählen die Zuschauer, und immer strömt noch mehr Volks nach. Es summt im Festhof wie in einem Bienenstock.

Stimmen ertönen, Kommandos werden laut, eine Gasse wird gebildet, und die Köpfe der Umstehenden sinken zur Brust. Alles erstarrt in Ehrfurcht. Die Lhasa-Aristokraten erscheinen. In brokatenen Roben durchschreiten sie die Reihen des gebeugten Volkes und nehmen auf den Polstersitzen Platz. Seidenrauschend folgen die Damen. In wunderbarstem Goldschmuck, angetan mit Amuletten, Dreieckskopfputz und Perlschnüren kokettieren sie minutenlang in ihrer malerischen Schönheit. Es kommen dann die Kinder, die wie Puppen wirken, und Reihen bunter Diener mit dunkelroten Troddelmützen auf den Köpfen.

Nach kurzer Ruhepause zuckt es wieder durch die dichtgedrängten Massen. Urplötzliches Schweigen. Wie auf Kommando erhebt sich alles von den Plätzen, und goldgelbleuchtend, in den Königsfarben, schreiten die Minister, die Silons, Tsassaks, Kalons und die Vertreter des Kaschag unsagbar würdevollen Schrittes durch die Menge. Den Abschluß bilden

Talumas Vasallen

Taluma in Volltrance

Gouverneur

König von Gotsa

Schwärme festlich bunter Offiziere in gelben, grünen, roten, blauen und violetten Uniformen. Dazu der mächtige Schmuck aus Gold, Achaten, Bernstein und Türkisen, die Orden und Behänge aus alter Zeit, halbmondförmig, leuchtend weiß die Königshauben! Es ist ein strahlendes Bild von unwahrscheinlich packender Gewalt. Und wieder geht ein Raunen durch die Menge. Auch der Regent hat, dem Volke unsichtbar, seinen Platz als Schutzpatron der Tänze am höchsten Orte eingenommen. Dann setzt Stille ein.

Verhaltene Trommelwirbel und dröhnende, dumpfe Tubenstöße aus dem Inneren des Potala kündigen den Beginn der Feierlichkeiten an. Die Mitglieder des Lamaorchesters schreiten in goldgelben Raupenhelmen, leuchtend roten Talaren und türkisgeschmückten, bis zum Boden herabhängenden Brokatschleppen über den Festplatz und verschwinden nach feierlichem Rundgang unter den Markisen.

Im ersten Aufwall der Musik erscheinen Knaben und Jünglinge, die weiße Ringe um die Köpfe tragen, als Kinder der Götter. Sie blasen kupferne Trompeten, um die dem Kriegsgott geweihten Helden herbeizurufen, die nun in wilder Schlacht die bösen Gewalten vernichten sollen. Wie auf Kommando drängen von allen Seiten die Gottkrieger herbei, die sich in zwei Abteilungen formieren. Ihre in hundert siegesfrohen Schlachten bewährten Attribute bestehen aus schweren Gabelflinten, an denen schon die Lunten brennen, aus blinkenden Speeren, scharfen Lanzen, schimmernden Dolchen, bambusgeflochtenen Rückenschilden, wuchtigen Kollern, festen Kettenpanzern, metallenen Brustplatten und eisernen, mit Lederkappen versehenen Helmen, die mit langen Büscheln Hahnenfedern, sich überkreuzenden grellroten Wimpeln und riesigen weißen Wollflocken einen wilden, phantastischen Eindruck vermitteln. Das seltsame Gewaff stammt aus den alten Königszeiten und soll von Srong Tsan Gampo selbst entworfen sein. Der Kriegsgott Tschagdor aber segnete die Waffen, die für die Religion so manchen blutigen Kampf entschieden.

Während sich die hünenhaften Anführer mit wehenden Zöpfen ekstatisch schreitend gegenüberstehen, beginnen die Gottkrieger unter aufreizenden Gesängen und lautem Trompetenblasen einen seltsam getragenen Tanz. Die Kriegslust wird entfacht, die Wortgefechte dröhnen, der Tanz wird rasend, die gellende Musik nimmt zu, bis beide Abteilungen sich plötzlich in kämpferischer Haltung gegenüberstehen. Sie fallen aus, und wildes Kriegsgeschrei setzt ein: wirbelnder Aufruhr, tumultarisches Getöse, Blitzen von Lanzen, Schwingen der Gewehre. In rasender Bewegung drehen sich die Tänzer um die eigene Achse. Dann stehen sie im Anschlag, Rücken dicht an Rücken, so daß die Mündungen der Waffen auf die vermeintlichen Gegner gerichtet sind. — — Scharfe Kommandos — leises Zischen auf den Pulverpfannen und unter ohrenschmerzendem Getöse krachen die Salven. Beizender Pulverdampf erfüllt die Luft und hüllt in dichten Schwaden den ganzen Tanzhof ein. Hell jauchzend gellt Triumphgeschrei aus hundert Kehlen. Die Teufel sind besiegt. Dämonen fliehen!

Nur einer, dem durch Unvorsichtigkeit der Daumen abgerissen wurde, bleibt auf der Kampfstatt liegen. Mit höchster Ehrfurcht und Bewunderung wird er betrachtet, weil dieser Unfall für ein ganz besonderes Zeichen gilt.

Während peitschenschwingende Priester dem letzten Gottkrieger durch harte Schläge lange Beine machen, tanzt unter langhallenden Tuben- und Posaunenstößen in grünseidenen Gewändern Hoschang aus dem Potala hervor. Als Kinderfreund und komische Figur trägt die gigantische Gestalt in lächelnder Maske eines Riesen eine gewaltige Gebetsschnur um den ungeschlachten Leib. An seinen Händen führt Hoschang sechs zwergenhafte Begleiter, um deren Wohlfahrt er sich ängstlich sorgt. Es sind drei Paare mythischer Gestalten, die, dem Gespött der Menge preisgegeben, des Riesen Hilfe sichtbarlich erflehen. Die einen sind altindische Gestalten, die Atsaras, mit clownhaft wechselnden Gebärden; die zweiten, rot und weiß gekleidet, erscheinen als Skelette und sollen Renegaten sein; die dritten, als brahmanische Asketen, versinnbildlichen den hohen Einfluß Indiens auf das Schneeland. Der Sinn des Ganzen ist, dem Volk zu zeigen, daß Duldsamkeit die höchste Tugend ist, denn Hoschang und seine sechs mythischen Begleiter genießen das Vorrecht, Zeugen aller nun folgenden Feierlichkeiten zu sein. Unter grotesken Bewegungen tanzen sie bis zur Mitte des Hofes, um sich gegen Westen wendend vor dem unsichtbaren Thron des Regenten zu verneigen und ihre Unterwerfung kundzutun... Sodann wird Hoschang von hohen Offizieren zu einem sesselartigen Ruheplatz geführt, wo er bis zum Abend in schweigender Betrachtung verharrt.

Nun kann der eigentliche „Teufelstanz" beginnen, der Tanz der Gompos und der furchterregenden Gesichte. Während das Lamaorchester tiefe und sonore Klänge über den Tanzplatz schwingt, erscheinen die „schrecklichen Gottheiten". Von bewundernswert realistischen, hauerbewehrten, stirnäugigen, zähnebleckenden Masken übertürmt, wechseln ihre phantastischen Kostüme von strahlend blauen, goldgelben, giftgrünen bis zu leuchtend roten Seiden. Über und über mit kostbaren Brokatschärpen und wehenden Bändern behängt, haben sie lange, flügelerweiterte Ärmel und silbergewirkte Schurze, die die Harmonie malerischer Farbabstufungen vollenden. So stehen sie schrecklich und sonnfunkelnd auf hoher Estrade, um Buddha zu Ehren ein Streuopfer von Reis und Gerste aus silberbeschlagenen Schalen darzubringen. Wie leuchtende Korallenfische gleiten sie alsdann mit weitgebreiteten Armen in den Hof hinab, um ihre feierlichen Runden zu begehen. Gleitende

Tänze, hüpfende Pirouetten, akrobatische Schwünge und wirbelnd schnelle Reigen unter schauerlich dumpfen Tönen der Musik steigern sich zu einer suggestiven Wirkung ohnegleichen. In wildem Taumel schreiend bunter Farben werden die Bilder von Schrecken und Götterfurcht hervorgezaubert; sonnspiegelnde Reflexe und über blutigroten Totenschädeln, jähe Angst.

In aller ihrer Furchtbarkeit jedoch entsprechen diese mythischen Gestalten den Traumgesichten der tantrischen Einsiedler in ihren Höhlen. Sie waren einst entsetzliche Dämonen, die das Schneeland verwüsteten, doch wurden sie von Padma Sambhava schon besiegt und in das Rad der Lehre als Beschützer einbezogen. Die Gompos haben ihre schrecklichen Gesichter und grauenhaften Masken nur äußerlich noch beibehalten, um ganz dem Heil der Menschen sich zu weihen. Ihr Tanz und Spiel jedoch soll auch das Volk dazu bewegen, in geheimnisvoller geistiger Verbindung mit den übersinnlichen Mächten der Vergänglichkeit und Nichtigkeit alles Irdischen inne zu werden, denn die Zeitspanne des menschlichen Lebens zwischen den Geburten fließt in rasender Eile dahin, und keiner kann dem Gespenst des Todes entrinnen.

Indessen leben alle Lamaisten in dem Glauben, daß die Seelen der Dahingeschiedenen noch neunundvierzig Tage lang im Nebelreich des Bardo der schwersten Prüfung unterworfen werden, bevor sie, je nach karmischem Verdienst, auf niedrigerer oder höherer Stufe reinkarniert werden können. Auf labyrinthisch wirren Pfaden irren die körperlosen „Seelen" in einem nebelhaften Lande der Versuchung. Leuchtende Landschaften führen hier unwiderruflich zu Orten des Leidens, rauhe Gefilde geleiten zu dem Reich des Friedens und vermitteln wahres Seelenheil. Neben lockenden Gestalten, denen zu folgen unsägliche Qualen verursacht, werden die Seelen im Bardo auch von „schrecklichen Gottheiten" bedroht, von Dämonen bedrängt, von Höllengeistern in Versuchung geführt, den rechten Pfad zu verlassen. Diese Schreckgestalten aber sind die gleichen Gompos, in Wahrheit gute Geister, die das Volk belehren sollen, das Verführerische zu fliehen und sich vom scheinbar Bösen nicht abschrecken zu lassen.

So macht die lamaistische Kirche im Tscham die Menschen schon zu ihren Lebzeiten mit allen Ereignissen bekannt, die den Verstorbenen im Bardo erwarten, und aus dem gleichen Grund der Heilserlangung werden die „schrecklichen Gottheiten" ebenso verehrt wie die großen Heiligen der buddhistischen Kirche.

Nach den ersten Wechseltänzen der Trabanten tritt unter dumpfem Dröhnen und lauten Beckenschlägen des Orchesters der furchtbare Yama, der Herr des Todes und der Unterwelt, dessen Schrecken ehemals das Schneeland durchtobten, aus dem Potala hervor. Eine riesige Stierkopfmaske tragend, zu der die dunkelblaue Farbe seines seidenrauschenden

Gewandes wie eine grimmige Offenbarung wirkt, tanzt der dämonische Richter der Menschen mit langsamen, majestätischen Schritten. Ihm folgt Yamantaka, der vor undenklichen Zeiten den grauenhaften Yama in den Dienst der Lehre zwang. Unter seinem furchterregenden Äußeren verbirgt sich Manjusri, der gütige Gott der Weisheit und Gelehrsamkeit. Dann kommen Tandim in roter Pferdekopfmaske und Mahakala, der „Große Schwarze", der blutberauschte Dämon der Dämonen, Herrscher über Krankheit und Seuchen mit ihren zähnefletschenden Trabanten, die Yak-, Hirsch-, Affen-, Hund- und Katzenköpfe tragen; schließlich Palden Lhamo, die Unheilbrütende, Rachgierige, Menschenfressende mit ihren löwenköpfigen Begleiterinnen, den Dakinis. Alle diese Götter-dämonen, Mimikri- und Schreckgestalten, die nun den ganzen Tanzhof wirbelnd erfüllen, entsprechen in Wahrheit höchsten mystischen Per-sönlichkeiten, die allesamt den Schutz der Lehre übernommen haben.

Mit einem wüsten grellen Pfeifkonzert wird den „Zizipatis" oder Durtop Dagpos genannten Skelett- und Leichentänzern, den Meistern des Friedhofes, welche alle, die an der Religion zu zweifeln begannen, mit dem Anblick des Todes aus religiöser Dumpfheit aufrütteln sollen, ein gebührender Empfang bereitet. Leicht und beschwingt hüpfen die Todestänzer, Mehl und Tsamba hoch in die Lüfte streuend, die steilen Stufen hinab, um ihre temperamentvollen, an rasenden Wendungen und wirbelnden Luftsprüngen kaum zu überbietenden Reigen zu tanzen. In ihren zahnbewehrten, weißen Totenschädeln und den roten, dicht anliegenden trikotähnlichen Kostümen mit leuchtend aufgestickten Knochengerüsten, machen sie einen unheimlich naturalistischen Eindruck. Ihre Finger sind zu spitzigen Krallen verlängert, mit denen sie klap-pernde Verrenkungen vollführen oder sich mit erhobenen Händen wiegend hin- und herschwingen. Der kurze, hinreißende Tanz endet mit dem symbolischen Zerreißen einer menschlichen Figur, worauf die Tänzer urplötzlich mit geschickten Sprüngen wieder in den düsteren Hallen untertauchen.

Während die Menge in schweigender Ergriffenheit verharrt, erscheint, von lieblicher Musik begleitet, die mystische Persönlichkeit des Gampo Karpo, des weißen Alten. Die Legende erzählt von einer Begegnung Gautama Buddhas mit dem „Weißen Alten", der als Beherrscher der Berge und Seen schon damals Buddhas Lehre unterstützte, indem er die Lebewesen gegen den Zugriff der Dämonen schützte. Beim Auftreten Gampo Karpos im großen Neujahrstanz zu Lhasa handelt es sich um die pantomimische Wiederbelebung einer Vision des 13. Dalai Lamas während seines mongolischen Exils. Der „Weiße Alte" nämlich genießt in der Mongolei unter dem Namen des Tsagan Ebügen als Erdgeist, Beschützer des häuslichen Wohlstandes und Spender reichlicher Feld-ernten göttliche Verehrung. In seiner Verbannung nun träumte Seine

Heiligkeit, der „Weiße Alte" sei nach langer Zeit der Meditation in den Bergen wegen seines hohen Alters vom Volke verspottet worden. Als er sich darauf, bitterlich enttäuscht, von allen Menschen wieder in die Bergeinsamkeit zurückziehen wollte, habe sich ihm ein böser Tiger in den Weg gestellt, den er nach heftigem Kampfe erschlug, worauf Mut und Kraft des Tigers dem kühnen Jäger neue Jugend schenkten. Gampo Karpo, in dem schönen Traum der neuerwachten Jugend, vom Dalai Lama selbst den Tänzen eingefügt, ist in Lhasa darauf Symbol geworden für das alte Jahr, das nun zu Ende geht, und sich im neuen Sonnenlauf verjüngend, der ewigen Natur zum Gleichnis ward.

Beim Anblick des kahlköpfigen, gebrechlichen Greises, in seinem ärmlichen, durch Gürtel gerafften Gewand, an dem chinesische Eßstäbchen und ein leerer Tabaksbeutel hängen, brechen die Massen der Zuschauer in jauchzende Freudenrufe aus. Auf einen drachenkopfverzierten Pilgerstab gestützt, wankt Gampo Karpo mit tiefgefurchtem Antlitz schwankend die Stiegen hinab, läßt schief gehaltenen Kopfes seine müden Blicke schweifen, beginnt zu stöhnen und läßt gebeugten Rückens seinen langwallenden weißen Bart durch zitternde Finger gleiten. Dann stolpert er mühsam über den Hof und wird von einem heftigen Schütteln befallen, das sich lähmend auf seinen ganzen Körper legt. Ganz langsam sinkt er in die Knie und bricht unter heftigen Zuckungen zusammen. Nach vergeblichen Versuchen, sich wieder zu erheben, überreichen ihm einige Lamas eine Platte mit getrockneten Früchten und Süßigkeiten. Andere schleppen ein riesiges Tigerfell herbei, das sie, vom „Weißen Alten" unbemerkt, in der Mitte des Tanzplatzes niederlegen. In tiefer Niedergeschlagenheit am Boden liegend, richten sich die Augen des Alten plötzlich auf die „Bestie" und, seinen Stock ergreifend, pürscht er an, holt zum Schlage aus und führt unter wilden Sprüngen und grotesken Stößen seinen symbolischen Kampf mit dem Tiger, aus dem er verjüngt und strahlend als Sieger hervorgeht. Die erschlagene Bestie achtlos zur Seite werfend, richtet er sich hoheitsvoll auf und beginnt unterm Freudentaumel des jauchzenden Volkes seinen jubelnden Siegestanz, bis er sich wieder in Jugend und Frische in den Potala zurückbegibt.

Auch dem Auftritt der Schanaken oder Schwarzhutzauberer liegt eine historische Begebenheit zugrunde, die auf den gesamten Lamaismus nachhaltigste Wirkung ausgeübt hat. Mit ihm beginnt der Höhepunkt des Tscham.

Im 9. nachchristlichen Jahrhundert, als sich die Religion schon über große Teile Tibets ausgebreitet hatte, erwuchs dem Lamaismus ein unerbittlicher Gegner in jenem Langdarma, Anhänger des alten Bönpoglaubens. Nachdem er seinen königlichen Bruder ermordet, schwang sich Langdarma zum Beherrscher des Schneelandes auf, zerstörte die Klöster, verfolgte die Lamaisten und ließ ihre Bibliotheken verbrennen. So wäre der Buddhismus in Tibet wohl ausgerottet worden, wenn nicht ein gläubiger Lama dem Leben des tyrannischen Usurpators ein gewaltsames Ende bereitet hätte.

Da sich Langdarma zumeist in seinem Schlosse verborgen hielt, verkleidete sich der rächende Lama als Bönpozauberer, färbte seinen Schimmel schwarz und begann zu tanzen. Als ihn der ruchlose König bemerkte, ließ er ihn zu sich kommen, worauf der Lama aus den Falten seines wallenden Gewandes Pfeil und Bogen zog, den König niederschoß und die entstehende Verwirrung zur Flucht benutzen konnte. Rasch schwang er sich aufs Pferd, wendete seine Kleidung und galoppierte durch den Fluß, worauf sein Reittier wieder zum Schimmel ward und es ihm gelang, sich unerkannt in Sicherheit zu bringen. Zur Erinnerung an diese mutige Tat, die zur Folge hatte, daß der Buddhismus im Schneelande wieder neue Wurzeln schlug, treten die Mitglieder der schwarzhütigen Zauber- und Tantrasekte, deren Aufgabe es ist, die Feinde der Religion zu vernichten, noch heute in den Gewändern der alten Bönpopriester auf.

Die magischen Künste und seltsamen Sitten der tibetischen Schwarzhutzauberer sind weit über Tibets Grenzen hinaus berühmt geworden. Wir hören aus Marco Polos Mund, daß sich diese abscheulich schmutzigen, ungekämmten Zauberer des Schneelandes am Hofe des Groß-Khans der Anthropophagie ergaben und Leichenteile hingerichteter Verbrecher auf dem Feuer brieten und verzehrten. So gestärkt, waren sie selbst imstande, mit Wein gefüllte Becher auf magische Weise zum Munde des Groß-Khans fliegen zu lassen.

Das zeremonielle vorbuddhistische Menschenopfer wurde im lamaistischen Kulturkreis durch den Lingakult, der in der Vernichtung einer von Dämonen bewohnten Nachbildung eines menschlichen Körpers besteht, ersetzt. So sollen die Schanaken mit den durch Zauberhandlung in das Linga hineingelockten Feinden der Religion furchtbare Abrechnung halten. Auch heute noch werden den Lingas menschliche Leichenteile beigemischt. Das Menschenfleisch stammt von zum Tode gemarterten und in Gefängnissen gestorbenen Verbrechern und wird sieben Meilen östlich Lhasas in einer Felsenhöhle aufbewahrt.

Trommelwirbel, Hornrufe und Tubenmusik kündigen das Nahen der Zauberpriester an. Während das Volk andächtig lauscht, quellen die Magier in dichten Gruppen aus der düsteren Vorhalle des Potala hervor. Mit blaurot aufgedunsenen Gesichtern und schrecklichen Augen sind sie von Gottheiten besessen. Ihre weiten, glänzenden Seidengewänder mit prächtigen roten und gelben Brokatstickereien reichen bis zum Boden. Darüber hängen, wie feines Spinngewebe, maschenartige Schurze aus geschnitzten Menschenknochen, die die schimmernden Gewänder wie ein Netz bedecken. Ihre Häupter werden von breitrandigen, in der Mitte pyramidenartig sich erhebenden schwarzen Hüten gekrönt, deren Mittelkegel von vergoldeten Flammenzeichen und Drachenmustern umhüllt und mit fein gearbeiteten bunten Totenschädeln und prächtigen Pfauenfedern geschmückt sind. Ihre Bewaffnung besteht aus Bogen, Pfeilen, Schwertern, Zauberdolchen, an denen bunte Schleier hängen.

Nachdem sie sich im Tanzhof versammelt haben beginnt der Führer dieser dämonisch schwarzhütigen Gesellschaft seinen rituellen Tanz, daß sein wunderbares Gewand in fließender Bewegung glänzt. Mit weitgebreiteten Armen schwingt der riesenhafte Lama in der rechten Hand den Zauberdolch der tibetischen Tantriker, während er in der linken einen haarumwallten menschlichen Schädel fest umklammert hält. Nach einigen Runden proklamiert er mit halblauter, zitternder, leicht tremolierender Stimme die Zauberformeln, worauf sich eine Abordnung von Weihepriestern in Raupenhelmen und roten Faltenröcken, die zwischen den Schultern mit glitzernden Edelsteinen verziert sind, vom Portale des Potala löst, um in feierlicher Prozession das Linga tragend, die Stufen zum Tanzhof hinabzusteigen. An langen, dreiteiligen Ketten halten sie goldene Weihrauchgefäße, die einen betäubenden Duft verbreiten. Während die Magier in rhythmischen Bewegungen hin und her zu taumeln beginnen und die unheimliche Musik des Lamaorchesters den ganzen weiten Hof erfüllt, steigern sich die faszinierten Zuschauer in unbeschreibliche Ekstase. Mitten im Kreise seiner seltsam schwankenden Vasallen vollführt der riesenhafte, Donnerkeil und Zauberglocke schwingende Schanakenführer heilige Mudrastellungen, indem er Hände und Finger in seltsamster Weise dreht und wendet. Halblaut murmelnd gerät er in höchste Verzückung, worauf unter heftigem Einsatz der Musik noch einmal all die vielen schrecklichen Gottheiten unter der Führung Mahakalas und Tandims aus den Tempelhallen hervorbrechen, den Kreis noch enger schließen und mit allen Schwarzhutzauberern einen wilden frenetischen Rundtanz vollführen, so daß der gesamte Tanzhof von gräßlichen Masken und wunderbaren Gewändern erfüllt ist, während sich die Lamakapelle an schauerlich dumpfen, hypnotisch wirkenden Melodien zu überbieten scheint.

Dann wird das Linga auf einem tablettähnlichen, mit einem Tigerfell ausgelegten Präsentierbrett unter lauten Posaunenstößen in der Mitte des Kreises niedergesetzt. Die heulenden Tuben verstummen, Grabesstille tritt ein.

Lamas, Schanaken und Schreckgötter schwingen ihre magischen Attribute, Bogen, Pfeile, Donnerkeile, Glocken, Schwerter, Schädeltrommeln, Äxte sowie Trompeten aus menschlichem Gebein, während der Schanakenführer sich im wiegenden Tanzrhythmus um das Linga schwingt, um es durch Zauberspruch zu fesseln und zu bannen. Nun tritt Mahakala hervor und spricht die weihevollen Worte: „Feinde der

Religion, die ihr den Kleinodien Böses zufügtet und den lebenden Wesen unsägliche Qualen verursachtet, zerfallet in Asche und Staub", worauf die Lamas mit sonoren Stimmen zu beten beginnen.

In diesem Augenblick verdunkelt sich die Sonne. Aus westlicher Richtung setzt ein Staubsturm ein und umbraust die festen Mauern des Potala in wirbelnden Schwaden. Nun, da auch die Elemente des Himmels den amtierenden Zauberpriestern zu Hilfe eilen, verstärkt sich der Rhythmus der Musik und schwillt im pfeifenden Sturmeswehen zu donnerähnlichem Getöse an. Von der unheimlichen Stimmung gepackt, bebt das Volk. —

Da tanzt eine zwergenhaft kleine, ganz in Silber gekleidete Figur rasch und behende herbei, um sich mit ausgestreckten Armen über das Linga zu werfen. Es ist Schawa, der heilige geweihtragende Hirschgott, einer der Verbündeten des schrecklichen Yama, der es nun, durch Zauberspruch herbeibefohlen, übernimmt, das Linga mit seinem Geweih zu zerreißen und in die vier Weltgegenden zu schleudern. Dabei dreht er sich rasend schnell im Kreise, während sich die nächsten Zuschauer ihre langen Ärmel vor die Gesichter halten, um nicht von den Ausdünstungen des dämoneninfizierten Linga getroffen zu werden.

Sogleich wird ein großes Dornenfeuer entfacht, über dem ein ölgefüllter Kupferkessel bis zum Siedepunkt erhitzt wird. Darauf ergreift der Führer der Schanaken eine weingefüllte menschliche Schädelkalotte und gießt den Alkohol mit rascher Bewegung auf das kochende Öl. Eine mächtige Stichflamme schießt empor, und der Zaubermeister tanzt mit kühnem Schwung durch den Kranz des lodernden Feuers. Rasch stoßen einige Lamas den Kessel um. Während sich das brennende Öl rauchend und qualmend über den Tanzhof ergießt, wird ein an langen Fäden gehaltenes Papier, in dem sich die letzten Dämonen verborgen halten, den Flammen übergeben. Dabei hüten sich die Lamas, mit dem Teufelspapier in Berührung zu kommen. Es folgt ein Dankgebet, um die Gottheiten zu bitten, dem tibetischen Volk auch im kommenden Jahre Schutz zu gewähren.

Unter dem Jubel des Volkes begeben sich nun sämtliche Tänzer in den Potala zurück, bis die Gottkrieger zum letzten Male in voller Bewaffnung auf der Bildfläche erscheinen, um gemeinsam mit Lamas, Volk und Würdenträgern ihrer Freude über die Vernichtung des Bösen Ausdruck zu verleihen.

Da es schon zu dunkeln beginnt, wird noch ein meterhohes Torma aus dem Potala herausgetragen, um in langer Prozession von aufbrechendem Volk, Staatsbeamten, Würdenträgern und weihrauchschwingenden Mönchen am Fuße des Potalas geopfert zu werden. Laut klatschend schlägt der Zeremonienmeister in die Hände und bittet die Gompos.

ihre Schwerter gegen die Unholde zu schwingen, um alle, die den religiösen Grundsätzen untreu wurden, zu töten.

„Ich verneige mich vor den furchtbaren Gottheiten, den roten Henkern und den todbringenden Schwertträgern." Mit diesen Worten bittet der amtierende Zauberpriester den großen Mahakala, seines gräßlichen Amtes zu walten. Laut ruft er: „Ich werfe den Donnerkeil, dessen schreckliche Kraft den Blitz übertrifft, gegen die hassenden Feinde, die den Sinn der guten Geister verwirrten."

Während das Torma in der Glut der weithin lodernden Flammen versinkt, fährt der Zauberlama fort: „O Pförtner, öffne das Tor und verjage die Feinde von dieser heiligen Stätte."

Hunderte von Trommeln wirbeln in den Abend hinein, und jauchzend beginnt das Volk zu tanzen und zu singen. Die wilden Osttibeter, die Ngoloks und die Khampas greifen zu den Schwertern, und die Gottkrieger feuern im letzten Abendschein ihre dumpf dröhnenden Gabelflinten ab. Damit sind Kälte und Schrecken des Winters symbolisch beendet und reinen Herzens kann der Pfad ins neue Jahr beschritten werden.

VOR BUDDHAS ANGESICHT

Die bösen Geister sind vertrieben, und ganz Lhasa pflegt am letzten Tage des alten Jahres der Ruhe. Wildgänse und Kraniche beleben das friedliche Bild. Die Sonne strahlt mit Macht, die goldenen Dächer glänzen, heilige Wacholder duften, die Raben führen ihre Liebesspiele auf. Und noch immer kriechen Pilgerscharen gleich schwarzen, speckigen Raupen auf der berühmten Lingkhor-Straße, die den heiligen vom profanen Boden trennt, um die erwartungsvolle, heilige Stadt.

Hier und da sind fleißige Bürger noch damit beschäftigt, glückbringende Swastikas und die Symbole von Sonne, Mond und Flammenzeichen an Türen und Portalen anzubringen. Einige räumen sogar Straßenzüge von ausgedorrten Tierkadavern und dem gröbsten Schmutz. Aber die meisten erfreuen sich des stillen, wolkenlosen Tages und geben sich innerer Betrachtung hin.

Wie ein Blumenmeer wirken die flachen Dächer Lhasas über den strahlend weißen Häusern, die blaue, kalte Schatten werfen. Gibt es ein lebensfroheres Bild, als diese Zehntausende von bunten Flaggenbäumchen, die im frischen Winde fünffarbig lustig flattern? Es sind die Farben Tibets, in vielfacher Symbolik immer wiederkehrend: Blau strahlend ist der Himmel und die Macht der Kirche; rot glüht das Land der fernen kahlen Hügel und zeigt die Sanftmut an; gelb sind die Dünen und die Farbe der Glückseligkeit; weiß, rein und unberührt glänzen die Berge und der Ozean der Welt, und grün schimmert schon die Saat, gleichwie die Kräfte der Magie, die das Leben lenken.

Alles nimmt seinen altgewohnten Gang. Am späten Nachmittag ziehen Wolken auf, und langsam steigt die Sonne aus dem Tal. Rundum die kahlen Berge leuchten noch in tiefen Umbras und Pastellen wie eine Mondlandschaft. Lhasa wird kalt, und eine dunkle, sternenklare Nacht sinkt nieder. Frühzeitig legt sich jeder schlafen, denn es gilt als ehrenvoll und heilverbündet, Zeuge der geheimnisvollen, feierlichen Geburtsstunde des neuen Jahres zu sein.

Um Mitternacht dröhnen die Trommeln Tibets vom Potala her über die dunkle Stadt. Das Lhosar hat begonnen: Lama Lhosar, das Fest der Priester, wie der erste Tag genannt wird. Jung und alt tritt vor die Tore hinaus, um die freudige Botschaft laut und schallend in die Nacht zu rufen und den Nachbarn zu verkünden. Die jungen Burschen machen sich eine besondere Freude daraus, die säumigen Schläfer zu wecken und klopfend von Tür zu Tür zu ziehen, bis die ganze Stadt von Freudenschreien widerhallt und man sich zur heiligen Ringstraße des Parkhor im Zentrum der Stadt begibt, um angesichts der heiligsten der Tempel die vorgeschriebenen Runden zu begehen und des allerhöchsten Buddhas in Liebe und Ehrfurcht zu gedenken.

In den Häusern beginnt anschließend der Austausch der Khadaks, der blütenweißen Seidenschleier, die in diesen Tagen als Symbol der Reinheit allerhöchste zeremonielle Bedeutung gewonnen haben. Das Fest beginnt im Familienkreis mit einem Umtrunk von Tschang, dem köstlich moussierenden Neujahrsbier, auf dessen Bereitung die Hausfrauen so besondere Sorgfalt verwenden.

Auch in Tredilingkha beginnen die Feierlichkeiten schon in aller Herrgottsfrühe. Als ich mir gerade den Schlaf aus den Augen reibe, sehe ich mich plötzlich von allen unseren dienstbaren Geistern, Dolmetschern und Dienern umringt. Frisch gewaschen, mit lachenden Gesichtern und in festlicher Kleidung sprechen sie mir alle ihre Glückwünsche aus und bedecken meinen Schlafsack mit schimmernden Khadaks.

Kurze Zeit darauf macht als erster Neujahrsgast mein alter Freund, der Fürst von Gotsa, Inkarnation Padma Sambhavas, seine Aufwartung. Er überreicht mir neben dem weißen Schleier eine silberne Opferschale und einen Donnerkeil. Beim gemeinsamen Frühstück werden wir vom liebenswürdigen Haushofmeister Seiner Heiligkeit überrascht, der mir im vollen Ornat den Glückwunschschleier des tibetischen Staatsoberhauptes huldvollst übermittelt und uns kundtut, daß der Regent zur Mittagsstunde die Würdenträger des Staates, die hohe Geistlichkeit und die Regierungsabordnungen der in Lhasa akkreditierten fremden Mächte zu empfangen gedenke. Da ich mich aus Gründen des Taktes dazu entschlossen habe, den britisch-indischen Regierungsvertretern am ersten Neujahrstag den Vorrang zu lassen, beauftrage ich einen meiner Kameraden, der wegen seines mähnenartigen Bartwuchses und seiner wohlentwickelten Glatze ohnehin als der heiligste Mann unserer kleinen Gemeinschaft angesehen wird, dem Regenten Schleier und Glückwünsche der Expedition zu überbringen. Die bevorzugte Behandlung, die unser Legat bei diesem ersten offiziellen Neujahrsempfang sodann erfährt, gibt Zeugnis, daß man meine Wahl des von Götterhand gezeichneten Glückwunschüberbringers wohl zu schätzen weiß.

In Anwesenheit aller lebenden Buddhas und der hohen Äbte der riesigen, als die „drei Säulen des Staates" bekannten Regierungsklöster Drepung, Sera und Ganden, findet im Potala ein Fruchtbarkeitsgottesdienst statt. Sodann übermitteln die hohen Würdenträger des Kashag und des Staatsrates dem Regenten ihre persönlichen Glückwünsche, indem sie die üblichen sakralen Kotaus ausführen und von Seiner Heiligkeit durch Handauflegen einzeln gesegnet und mit meterlangen, blütenweißen Seidenschleiern beschenkt werden. Anschließend überreicht man den mittleren Regierungsbeamten, die ihre Glückwünsche gemeinsam zum Ausdruck bringen, weitere Khadaks, in denen sich vom Regenten eigenhändig gewirkte Knoten befinden. Nun begeben sich die allerhöchsten Staatsbeamten in Begleitung ihres lebenden Gottes auf das flache Dach der gewaltigen Tempelburg, wo in einer, das Lhasa-Tal weit überragenden Kapelle ein Gottesdienst zu Ehren der drei herrschenden Genien des Samsara abgehalten wird.

In den großen Häusern Lhasas wird das Neujahrsfest gemäß alter Tradition mit sehr sinnvollen Gebräuchen begangen. Die Hausfrauen, die gleich Fürstinnen daherschreiten, haben alle Vorsorge getroffen, um es den Ihren an nichts fehlen zu lassen. Neben traditionellen Neujahrsgerichten wie gezuckerten Homawurzeln (eine Art Fritillaria), Schafrippen, gesottenen Hammelköpfen und anderen tibetischen Spezialitäten gibt es Tschang und köstliches, butteriges Backwerk in Hülle und Fülle. Die großen, halbrohen Fleischstücke werden auf hölzernen Platten aufgetragen, und der Hausherr hat die Aufgabe, sie zu zerschlagen und seinen Gästen mundgerecht vorzusetzen. Zum Essen werden nicht, wie sonst in den großen Häusern üblich, Eßstäbchen benutzt, sondern nach alter Art darf nur mit den Fingern gegessen werden. Hinter jedem Gast steht ein Diener oder eine Dienerin in schweren, goldgestickten Seidengewändern mit Perlenkronen auf dem Haupt. Sie kredenzen die mit Butterklümpchen verzierten schwergoldenen oder silbernen Tschangpokale. Der Sitte gemäß darf man die klare Flüssigkeit erst genießen, nachdem man, mit Daumen und Zeigefinger in die Runde spritzend, den Göttern und Genien das gebührende Opfer dargebracht hat.

Im goldenen Schein der Butterlampen werden im Familienkreise Opferweihen abgehalten. Die Götterbilder auf den prunkvoll geschnitzten Hausaltären werden mit aus farbiger Butter geformten Blumenornamenten und weißen Schleiern reich verziert. Man bittet um Wohlstand, gute Ernten, Hebung des Viehstandes und ein reiches Maß an Milch, Butter und Käse, jenem geheiligten „dreifach weißen Elexier". Getrocknete Früchte, Weizen- und Gerstenkörner, Blumenkästen mit junger, aufsprießender Saat, silberne Schalen mit Tschang und mit Tsambateig gefüllte, goldplattbelegte und ganz aus Butter geformte Widderschädel werden den Göttern feierlich geopfert. Darauf danken alle Familienmitglieder in ehrerbietiger Haltung den häuslichen Weihepriestern auf das herzlichste, und die Bescherung der Dienerschaft kann beginnen.

Königen vergleichbar in ihrer unnahbaren Würde, in steif abstehende Seidenroben gehüllt, nehmen die Hausherren auf thronartigen Sesseln vor den Hausaltären Platz. Auf niedrigeren Plätzen sitzen neben ihnen die Hausfrauen und etwaige Nebenfrauen, während die übrige Verwandtschaft und die Kinder auf kleinen, teppichbelegten Bänken Platz zu nehmen haben. Vor jedem Sessel steht ein hübsch geschnitztes, buntbemaltes Tischchen mit silbernen Tschangpokalen und Tsambaschalen, die sich in Größe und Kostbarkeit ebenfalls nach Familienrang unterscheiden. Erst nachdem die einzelnen Sippenangehörigen ihre Plätze eingenommen haben, dürfen die Diener die Hauskapelle betreten. Entblößten Hauptes und mit weitausgestreckter Zunge verneigen sie sich tief und sprechen der herrschaftlichen Familie ihre Glückwünsche mit den Worten aus: „Möge alles Glück im neuen Jahre um euch sein, möge Freude und Glückseligkeit über unserem Hause walten, möge die tugendhafte Mutter gesegnet werden, daß wir uns, wenn die gute Neujahrszeit abermals herannaht, in Eintracht wiederfinden." Darauf opfern alle Familienangehörigen von dem dargereichten Tschang mit Daumen und Ringfinger, und der Hausherr betupft die Schultern seiner Untergebenen mit ein klein wenig Tsamba. Nach Absingen eines gemeinsamen Liedes ist es als Zeichen inniger Verbundenheit das Vorrecht des Haushofmeisters, seinem Herrn einen weißen Khadak um den Hals zu legen, worauf dieser ihm den Schleier mit dem Ausdruck größten Dankes zurückgibt. Diese Geste wird von jedem einzelnen Familienmitglied wiederholt. Nun werden die vielen kleinen Butterlämpchen auf den Gesimsen des Hausaltars entzündet, und die Dienerschaft nimmt die bereitgehaltenen Geschenke der Herrschaft entgegen.

Beim einfachen Volk steht dieser Tag unter dem Zeichen der wiederauferstandenen Natur. Die glückliche Botschaft des beginnenden Frühlings läuft von Haus zu Haus, und bei gegenseitigen Besuchen tragen Festessen und Umtrunke zum allgemeinen Frohsinn bei. Man wünscht sich Glück, Gesundheit und Reichtum, spendet kleine Gaben, streut Opfer aus, brennt Räucherkerzen ab und nimmt, nach ein paar Runden köstlich frischen Tschangs, unter höflichen Verbeugungen Abschied, um weiter zu ziehen. Ununterbrochen klopfen gebetene und ungebetene Gäste an die Pforten. So geht es reihum, und ehe der Abend niedersinkt, ist die ganze Stadt in einem Zustand seliger Trunkenheit. Ganze Gruppen von Bettlern ziehen tanzend durch die Straßen, stapfen mit den Füßen, werfen ihre Beine und klatschen im Rhythmus in die Hände. Lachend und johlend folgen Burschen und Mädchen Arm in Arm, lassen Feuerwerkskörper explodieren und singen tief und wohltönend ihre schwermütigen Lieder von der Weite der Steppe, den hohen Bergen und dem tiefblauen Wasser, in dem die Fische spielen und Tausende von kleinen, glückbringenden Swastikas schimmern.

Am „Gyalpo Lhosar" oder „Neujahr des Königs" genannten zweiten Tage findet im großen Thronsaal des Potala unter geheimnisvollen Umständen der pomphafte Empfang zu Ehren des tibetischen Staatsoberhauptes statt. Es handelt sich hierbei um die vornehmste und intimste

Zeremonie des ganzen Festmonats. Schon am Morgen des Festtages ließ mich Seine Heiligkeit durch einen hohen Tsassak schonend darauf vorbereiten, daß die feierlichen Handlungen keinesfalls durch Aufstellung fotografischer Apparate gestört werden dürften.

Dichtes Pferde- und Menschengetümmel empfängt uns am Fuße der sonnenüberstrahlten Götterburg. Ein farbig bewegtes Bild. Begleitet von unseren Dolmetschern und tibetischen Freunden in ihren prächtigen Staatsgewändern steigen wir über die breite Freitreppe abermals zum Binnenhof des Potala empor. Hohe Lamas empfangen uns mit herausgestreckten Zungen ehrfurchtsvoll und geleiten uns durch ein Labyrinth schmaler, dunkler Gänge und steiler Treppen sogleich zu dem quer zur Hauptachse des Potala gelegenen düster-feierlichen Thronsaal des Dalai Lamas. Er ist beinahe voll besetzt. Wir haben uns schon von vornherein auf eine lange Wartezeit eingerichtet, da es in Lhasa bei feierlichen Anlässen gute Sitte ist, so zeitig wie möglich zu erscheinen. Weiche Sitzpolster sind für uns bereitgehalten, und wir lassen uns in Buddhastellung darauf nieder.

Nur langsam gewöhnt sich das Auge an das geheimnisvolle Halbdunkel des nur von einem markisenverhangenen Oberlicht schwach erhellten Raumes, aber dann können wir in Muße unsere Beobachtungen anstellen. Die Mitte des rot und golden schimmernden Saales bildet ein als Tanzfläche dienender Lichthof. Reihen mächtiger Säulen mit prächtig geschnitzten, bunt bemalten Konsolen und Kapitälen erheben sich zu beiden Seiten. Eine kleine seitliche Treppe führt zu dem mit Edelsteinen besetzten, goldenen Thron des Dalai Lamas empor, der die ganze nördliche Front beherrscht. Zu Häupten des Thrones, auf dem sich brokatseidene Sitzkissen türmen, leuchtet in altertümlichen chinesischen und tibetischen Schriftzeichen der Wahlspruch der Gottpriester: „Die Macht des Einen, der die Seelen zum Himmel sendet, überstrahlt alle Gebiete der Welt." Zu Füßen des Thrones steht eine meterlange Truhe aus getriebenem Gold mit eingelassenen, mächtigen Korallen, Türkisen und haselnußgroßen Perlen. Kämpfende Drachen mit leuchtenden Rubinaugen bilden das Muster. Zu Lebzeiten der Dalai Lamas diente diese Truhe lediglich als Ablage für die mitraähnliche Kopfbedeckung der Gottkönige. Heute wird in ihrem samtgepolsterten Inneren, unter mächtigen Schlössern, der Ornat des Dalai Lamas aufbewahrt, und ein hoher Würdenträger ist eigens bestellt, für diese Kostbarkeiten in den Schatzkammern des Potala Sorge zu tragen. Etwas entfernt, an der westlichen Breitseite, befindet sich der weniger hohe Thron des Regenten, neben dem der einfache Thronsessel des Premierministers Platz hat. An der mit Buddhagemälden behangenen Wand folgen in Abständen weitere sieben hohe Sitzpolster, die den „lebenden Buddhas" der drei großen Staatsklöster Drepung, Sera und Ganden vorbehalten sind. Zwischen den beiden reich geschnitzten, niedrigen Portalen der südlichen Schmalseite des Raumes sind die Sitze der Mitglieder des Staatsrates einschließlich der vier Kabinettsminister. Je nach Ranghöhe variieren sie zwischen einfachen Sitzteppichen und etwa 40 Zentimeter hohen brokatbestickten Kissen.

Die gesamte östliche Breitseite des Thronsaales steht den Vertretern der fremden Mächte mit den sie begleitenden Offizieren und Beamten zur Verfügung. Wir haben in der vordersten Reihe an sehr ehrenvoller Stelle, dem Thron des Regenten gerade gegenüber, Platz genommen. Unsere Dolmetscher stellen mit Genugtuung fest, daß unsere Sitze genau die gleiche Höhe haben wie diejenigen der vier Kabinettsminister. Der Regent hat diese Anordnung persönlich getroffen, so erfahren wir später. Hinter uns hat der in Lhasa akkreditierte Vertreter des Maharadschas von Nepal mit seinen Ofizieren Aufstellung genommen; um ihn scharen sich die Leibgardisten in ihren leuchtenden Uniformen, und etwas weiter links schließen sich, ebenfalls uniformiert, die Vertreter Chinas, Buthans, Turkestans und die Sendboten des Maharadschas von Kaschmir an. Letztere, in ihren riesenhaften, pelzverbrämten, tiefschwarzen Samtmützen müssen mit den am wenigsten günstigen Plätzen vorlieb nehmen.

Ein Herold in scharlachroter Toga nimmt in der Mitte des Saales Aufstellung und verkündet mit halblauter Stimme, daß die Offizien in der Privatkapelle des Dalai Lama ihren Abschluß gefunden haben. Sie wurden zu Ehren der beiden Schutzgottheiten des heutigen Tages: Yamantaka und Palden Lhamo, abgehalten. — Ein Raunen geht durch den Saal. Phantastisch gekleidete Offiziere sehen noch einmal nach dem Rechten und unterrichten sich, ob die Vertreter der fremden Mächte vollzählig erschienen sind. Die Szenerie der halbdunklen, großen Halle wird durch die sich im Flüsterton unterhalteden Gruppen noch geheimnisvoller. Nun werden Stimmen laut, rollender Trommelwirbel ertönt, alles erhebt sich von den Plätzen und richtet die Blicke in gespanntester Erwartung auf die Portale. In fiebernder Eile glätten der Haushofmeister des Potala und einige hohe Mönche noch verschiedene Polstersitze, um zu Stein zu erstarren. Dann werden alle unsere Sinne von der Pracht des Geschehens gefangen genommen.

Unter hellem Hörnerschall und lautem Trompetengeschmetter drängen sich zauberhaft bunte Uniformen durch die Portale. Geheimnisvolle Lichter blitzen auf und — noch ehe wir die einzelnen Gestalten klar erkennen können, läuft ein hochgewachsener Lama raschen Schrittes voraus, um einen blütenweißen, meterbreiten Seidenschleier vom Portale bis zum Thronsessel des Dalai Lamas auszubreiten. Magisch beleuchtet schreiten nun zwei riesenhafte Leibgardisten, goldene Weihrauchfässer schwingend, durch den Saal. Sie murmeln dumpfe Laute und nehmen sodann rechts und links der goldenen Truhe Aufstellung. Die hauch-

zarten Schwaden moschusähnlichen Weihrauchs durchschwängern den
Raum und haben eine lähmende, fast betäubende Wirkung. Den beiden
Riesenlamas folgen drei der höchsten Würdenträger in den schwer-
seidenen Gewändern der alten Könige Tibets.

Trotz der Farbenfreudigkeit, die diese kostbarsten aller tibetischen
Gewänder selbst im Halbdunkel des Festsaales verraten, erscheinen die
wallenden, schwerfallenden Roben düster und muten fast wie mittelalterliche Rüstungen an. Die drei symbolischen Begleiter des Dalai
Lamas tragen einen wahrhaft prunkvollen Schmuck aus Bernsteinketten
und halbmeterlangen, massiv goldenen, stabähnlichen Ohrgehängen.
Hinzu kommen wundervolle Schmuckketten aus leuchtend roten Korallen und riesenhafte, mitten auf der Brust befestigte goldene Amulette,
die aus mehreren konzentrischen Kreisen bestehen und aus mattschim-
mernden Türkisen zusammengesetzt sind. Die rechten Kopfseiten
schmücken ebenfalls aus Gold und Türkisen hergestellte Ellipsoide, die
heilige Muschelschalen versinnbildlichen sollen. Als Kopfbedeckung
dienen ihnen breitrandige zylindrische, mit goldenen Knöpfen und
wehenden Pfauenfedern geschmückte tiefschwarze Seidenhüte, die
während der folgenden Feierlichkeiten nicht abgenommen werden. Der
mittlere Würdenträger, in dem ich den Stadtkämmerer von Lhasa erkenne, trägt ein in weiße Seidenschleier gehülltes Bündel auf ausgebreiteten Armen, während die beiden anderen anscheinend nur als
Statisten fungieren. Langsamen und unendlich feierlichen Schrittes durchschreiten sie den Lichthof auf der seidenbelegten Passage bis zum Thron
des Gottkönigs. Dort legt der Kämmerer sein weihevolles Bündel unter
tiefer Verbeugung auf der goldenen Truhe nieder. Er löst die Schleier
und enthüllt einen schweren Seidenmantel, den Daghan des Dalai Lama.
Unter graziösem Kniefall plaziert er das kostbare Gewand mit beiden
Händen auf den Thron. Von allen Seiten sichtbar und oben in eine
lange Spitze auslaufend, repräsentiert es die Gegenwart des verstorbenen
Dalai Lamas.

Nachdem die drei altertümlich gekleideten Würdenträger neben den
beiden Riesenlamas Aufstellung genommen haben, wird das dumpfe
Murmeln ihrer Gebete von erneutem Fanfarengeschmetter übertönt. Alles
sinkt in sich zusammen. Die Köpfe werden in sanfter Neigung nach
unten gehalten und die Rücken gekrümmt. Ehrerbietiges Speichel-
schlürfen ist zu vernehmen. Der Regent erscheint. Von den lebenden
Buddhas, Weihrauchschwingern und hünenhaften Leibgardisten begleitet
tritt er in die Halle. Über goldenen Lamagewändern leuchtet seine
gelbe, mitraähnliche Kopfbedeckung, wie sie für die ikonographische
Darstellung Tsongkhapas, des großen lamaistischen Reformators und
Begründers der Gelugpasekte, so bezeichnend ist. Mit starren, weitaufgerissenen Augen, geneigtem Kopf und hin und herschwingenden Armen

Butterfest

Frau mit Kind

Blasender Lama

kommt er in einem tranceähnlichen Zustand leicht schwankend über den weißen Seidenläufer daher. Schlürfenden Schrittes steuert er zwischen den zurückweichenden Reihen der Würdenträger auf den Thron des Dalai Lamas zu. Totenstille herrscht im weiten Saal. Der Atem stockt. Dreimal fällt der Regent vor dem Thron seines allerhöchsten Gebieters, den er gegenwärtig in dieser Welt vertritt, zur Erde nieder, um den Boden mit seiner Stirn zu berühren. Sodann entnimmt er den Falten seines goldglänzenden Gewandes einen wohl 60 Zentimeter breiten und mehrere Meter langen, schimmernden Khadak. Er opfert ihn dem Dalai Lama. Nun begibt er sich zu seinem eigenen Thron, um, von einigen Lamas hinaufgehoben, sogleich in Meditation zu versinken.

Von rotmützigen Begleitern eskortiert folgt der Premierminister. Er wiederholt die gleiche weihevolle Zeremonie vor dem Thron des allmächtigen Gottpriesters und läßt sich ebenfalls in schweigender Betrachtung auf seinem Sessel nieder. Es kommen die vier hohen Kabinettsminister in ihren uralten historischen Uniformen, die aus beigefarbenem, mit Blumen und Drachenmustern gewirktem Brokat bestehen. An Hals, Kragen und Rocksäumen sind sie mit wundervollem Zobelpelz verbrämt. Über die gebauschten Schultern haben sie kurze Zobelcapes geworfen, und ihre Köpfe werden von rot- und goldgewirkten Pelzmützen gekrönt. Den Abschluß des feierlichen Einzuges bildet das malerische Heer der Tsassaks und der buntuniformierten Mitglieder des Staatsrates, die sich allesamt mit untergeschlagenen Beinen auf ihren angewiesenen Plätzen niederlassen, noch einmal ihre prunkvollen Gewänder und kostbaren Kopfbedeckungen zurechtzupfen, steinerne Masken aufsetzen und in Schweigen verfallen.

Es ist das Vorrecht der riesenhaften, knüppelbewaffneten Gepkölamas, für Ruhe und Ordnung zu sorgen. Sie wissen sehr wohl, daß ihre Amtswürden zu den allerhöchsten gehören, die die lamaistische Hierarchie zu vergeben hat und schleichen, hünenhaft kahlköpfige Gesellen, mit finsteren Mienen wie sprungbereite Panther durch den Raum. Bereit, jedweden zurechtzuweisen, der es wagen sollte, die feierliche Stille durch gesprochene Worte zu entweihen, stoßen sie bei der geringsten Störung mit ihren langen Stöcken auf, erteilen scharfe Rügen und schrecken selbst bei den höchsten Ministern vor exemplarischer Bestrafung nicht zurück. Einmal machte der Gesandte eines großen Nachbarstaates anläßlich der gleichen Feierlichkeit mit dem Knüppel eines dieser Gepkös Bekanntschaft, so daß er von seinem Sitzkissen rollte, worauf er von dem Riesen im Genick gepackt und trotz heftigen Protestes im wahrsten Wortsinn zum Tempel hinausbefördert wurde. Furcht und Schrecken verbreitend, walten die Gepkös wie personifizierte Rachegeister ihres Amtes, und jeder atmet auf, wenn wieder einer auf leisen Filzsohlen vorübergeschlichen ist. Der Kommandeur des berühmten

Trapschiregimentes, einer der höchsten Generäle, der seit Jahren die Leibgarde des Dalai Lamas befehligt, erhält eine scharfe Rüge, weil er allzu lässig sitzt. Unter drohend erhobenem Knüppel muß er sittsame Haltung einnehmen, und als es sich einer der unsrigen bequem zu machen beginnt, weil ihm das ungewohnte Sitzen mit untergeschlagenen Beinen Schmerzen verursacht, rast gleich ein Gepköriese auf ihn zu und stiert ihn mit so bösen Augen an, daß wir uns kaum noch zu rühren und zu regen wagen.

Ein nepalesischer Leibgardist in roter Paradeuniform, der sich unvorsichtigerweise gegen eine Säule lehnt, kommt schon weit weniger glimpflich davon. Augenblicklich erhält er einen derben Schlag über den Schädel, daß er zu taumeln beginnt. Der grinsende Gepkö aber ruft ihm zu: „Denkst du, du befindest dich im indischen Dschungel, wo du wie ein Affe turnen kannst?" Allen Gepkös zum Trotz aber suchen wir die Augen des Regenten und der übrigen Machthaber und verneigen uns lächelnd, ganz leise, mit zusammengelegten Handflächen.

Die Portale des Thronsaales werden geschlossen, alles versinkt in tiefes Schweigen. Dreißig Lamas in langwallenden, terrakottafarbenen Roben und grellgelben Kopfbedeckungen versammeln sich im Halbkreis um den Thron des Dalai Lamas, um das große Mandalaopfer darzubringen.

Die „Götterburg" des Mandala gilt als übersinnliche Manifestation und dient dem Zweck, die Götterwelt im kosmischen Schaubild zu locken und den Zustand völliger Weltentrücktheit herbeizuführen. Dabei verwandeln sich die amtierenden Priester selbst in überirdische Wesenheiten und laden die Götter ein, die mystische Burg zu beziehen und alle ihre guten Kräfte wirksam werden zu lassen.

Auf einer goldenen, von einem dämonenscheuchenden Schutzkreis umgebenen Schale, die das Weltall mit dem heiligen Meruberge und den vier großen und acht kleinen Weltteilen vorstellt, werden den Gottheiten im Namen des höchsten Priesters alle Schätze und Reichtümer der Erde in Form von Kupfer- und Silbermünzen symbolisch dargeboten.

Durch diese feierliche Handlung sollen die Gläubigen daran erinnert werden, daß der heilige König Asoka dereinsten sein ganzes Reich an die buddhistischen Priester verschenkte und es zum Heile der Lehre mit riesigen Summen an Gold und Juwelen wieder zurückkaufte.

Zum Abschluß legen zwei Geschés, „Doktoren der Göttlichkeit", noch Opfergaben an Gersten- und Weizenkörnern auf die glitzernde, reichverzierte Schale, formen mystische Diagramme und errichten in der den Meruberg versinnbildlichenden Mitte ein schimmerndes Häuflein Reis.

Umdsats genannte Vorsänger leiten mit sonoren, dumpfmurmelnden Stimmen die heiligen Litaneien und den Chor der sakralen Wechselgesänge ein. Es sind die tiefsten Baßtöne, die ich je menschlichen Kehlen

entspringen hörte. Man sagt, daß diese Umdsats die Fähigkeit, mit kaum
bewegten Lippen solch unglaublich tiefe Bässe hervorzubringen, sich
nur in jahrelangen Übungen anzueignen vermögen. Untermischt von
dumpfen Trommelwirbeln hallen die getragenen Baßstimmen von den
Wänden wieder und klingen uns noch lange in den Ohren.

Sonnenstrahlen, die in langen Bündeln durch die von Weihrauch
erfüllte Halle fallen, verstärken die Wirkung des geheimnisvollen Geschehens. Alle umschlingt ein magisch berauschendes Band. So werden
die Götter, Bodhisattvas und Buddhas gebeten, das Opfer anzunehmen
und den Geschöpfen der sechs Wesensklassen im neuen Jahr Schutz und
Hilfe angedeihen zu lassen, damit sie viele gute Taten vollbrächten und
kein Unrecht den heiligen Pfad der Reinheit besudele.

Nun verlassen die vier Kabinettsminister mit unnachahmlicher Würde
ihre Polstersitze. In langsamem Zuge durchschreiten sie die Halle und
nehmen in einer Reihe vor dem Thronsessel des Dalai Lama Aufstellung.
In sakralem Kotau werfen sie sich dreimal zu Boden und opfern dem
aufgebahrten Daghan ihres allerhöchsten Priesters weiße Schleier. Nochmals verneigen sie sich tief, um den Saum des göttlichen Gewandes mit
ihren Stirnen zu berühren. Mit neuen Schleiern begeben sie sich zum
Thron des Regenten, der ihre Huldigung in halberhobener Stellung entgegennimmt und ihre Häupter segnend mit seinen Fingerspitzen berührt.
Vor dem Premierminister, dem sie keinen Schleier überreichen, verbeugen
sie sich nur. Dann kehren sie zu ihren Plätzen zurück. In langer,
schweigender Prozession folgen die hohen Staatsbeamten und Offiziere,
die alle ihre Kotaus vor dem Thron seiner Heiligkeit verrichten, weiße
Schleier opfern, den Mantel mit ihren Stirnen berühren, dem Regenten
und Premierminister ihre Glückwünsche aussprechen und den Segen
empfangen.

Jetzt gibt mir ein hoher Lama-Offizier das vereinbarte Zeichen. Ganz
langsam erheben wir uns und schreiten feierlich durch die Mitte des
Krönungssaales zum Thron des Dalai Lamas. Die Seidenschleier auf
gebreiteten Armen, verneigen wir uns dreimal tief und begehen die
Zeremonie, so wie wir sie bei den hohen Staatsbeamten sahen, mit
großem Anstand. Als ich dem Regenten meinen Khadak in die Hände
lege, erglänzen seine Augen vor Stolz und Freude. Herzlich drückt er
mir beide Hände und segnet mich mit liebevollem Lächeln.

Die Vertreter Chinas sind im Hinblick auf das frühere Vasallenverhältnis des tibetischen Staates zum Reich der Mitte offensichtlich
darauf bedacht, ihre Verbeugungen nicht zu tief ausfallen zu lassen. Der
Minister Nepals dagegen, in der goldglitzernden Staatsuniform eines
indischen Märchenprinzen, macht eine tiefe Reverenz. Auch seine engsten
Mitarbeiter, in schimmernden Prachtgewändern, mit goldenem Kopf-

schmuck aus gekreuzten Kukris und seidig weißen Reiherbüschen, bekunden höchste Ehrerbietung. Den Abschluß bilden die Sendboten des Maharadschas von Kaschmir, die mit ihren riesigen schwarzen Samthüten wie Vertreter einer okkulten Sekte wirken.

Die Gepkölamas walten ihres Amtes und abermals tritt feierliche Stille ein. Jetzt erhebt sich der Haushofmeister Seiner Heiligkeit des Dalai Lamas. In feierlichem Ritual, die Rangstufen genau innehaltend, spricht er allen Würdenträgern im Namen des Gottpriesters die besten Glück- und Segenswünsche für das neue Jahr aus. Nach alter Sitte holt nun ein jeder aus der Brustfalte seines weiten Gewandes eine einfache hölzerne Tsambaschale hervor. Bei diesem feierlichen Neujahrstrunk, der nun folgt, dürfen silberverzierte Schalen, wie sie in den reichen Häusern üblich sind, nicht verwendet werden, da sie den altbuddhistischen Almosenschalen nach Gautamas Vorschrift nicht entsprechen. Als Anführer des Küchentrupps erscheint ein mächtiger, stolz dreinschauender Dschamapriester. Aus massiv goldener Kanne entbietet er dem Dalai Lama in symbolischer Handlung die erste Schale heißen Buttertees. Zur Vorsicht kostet einer der Klosteräbte den für den Dalai Lama bestimmten Tee und setzt die Schale feierlich auf der goldenen Truhe nieder. Die übrigen Festteilnehmer erhalten ihren Tee aus prächtig ziselierten Silberkannen, die im Dämmerlicht blinken. Damit sich der gesalzene Tee innigst mit der Butter vermische, werden sie von den bedienenden Lamas langsam hin- und hergeschwenkt. In gebeugter Haltung wartet alles, bis der Regent seine Schale mit beiden Händen zum Munde geführt hat. Jetzt erst darf getrunken werden, doch nur in kleinen Schlucken, wie es die Etikette verlangt. Nach dreimaligem Kosten darf die Schale niedergesetzt werden. Lächelnd beobachte ich beim Abschluß der Teezeremonie, wie die hohen Würdenträger eifrigst damit beschäftigt sind, auch die letzten Tröpflein des göttlichen Trankes in sich aufzunehmen. Unter kreiselnden Bewegungen ihrer geübten Zungen schlürfen sie die Tsambaschalen fein säuberlich aus. Schließlich ziehen sie kleine bunte Seidentüchlein hervor, wickeln ihre Schalen wieder ein und lassen sie in ihren faltenreichen Gewändern verschwinden.

Schemengleich tauchen nun dreizehn schlanke Tänzer zwischen den Sitzen der Kabinettsminister aus den wogenden Schwaden des Weihrauchdunstes auf. Es sind dem Gottkönig geweihte Jünglinge aus hocharistokratischen Häusern Lhasas, die Kinder hoher Gottheiten versinnbildlichen und an die großen Siege des Gesetzeskönigs Srong Tsan Gampo gemahnen sollen. Von einer sehr feierlichen, geheimnisvoll rührenden Flötenmusik begleitet, führen die mädchenhaft schlanken Gestalten in goldfarbig-bunten Seidengewändern den altertümlichen „Kar"-Tanz auf. In der magischen Beleuchtung bewegen sie sich mit seltsam akrobatischen Sprüngen im Kreise, tanzen aufeinander zu, um dann plötzlich, wie durch unsichtbare Kräfte gezogen, vor dem Thron des Dalai Lamas niederzufallen und sogleich zu verschwinden.

Eine seltsam lähmende Stimmung liegt nun über dem Raum. Es ist, als ob unsichtbare Geister webten. Man wagt kaum zu atmen und nur die leisen Schritte der Gepkölamas sind zu vernehmen. Da schwebt, wie aus tiefen Gewölben kommend, eine hauchzarte, demütig stimmende Flöten- und Hörnermusik durch den Saal. Sie klingt in Melodie und Rhythmus an europäische Motive an. Leises Rauschen wird vernehmbar und wieder lösen sich dreizehn Gestalten aus dem Rauch. Drei von ihnen, „Dschang Pan Gyalils" oder „Könige der Götter", mit ruhigen, buddhaähnlichen Masken, tragen heilige Glücksschirme oder Gyaltsen und intonieren auf langen, dünnen Flöten. Zwei sind „Trisas", „Götter, die von Gerüchen leben" und deren Gesichtszüge verzerrt sind. Sie blasen Hörner. Zwei heißen „Tschen" oder „Mustergötter", die dem Menschen als Vorbild dienen sollen. Sie schlagen kleine Trommeln. Einer ist „Nyotjing", der Gott des Verderbens, mit zähnefletschender Maske, gutmütigem Ausdruck, der eine schalmeienähnliche Trompete bläst. Ihm der einen Zimbal schlägt. Ein anderer ist „Mi", der Menschengott, mit folgt „Mimajin", der göttliche Nichtmensch in der Larve eines phantastischen Tieres, ebenfalls schalmeienblasend. Ein weiterer ist „Kjung", der Vogelgott, in der befiederten Maske des bekannten Garudas, der Nagas — Erd- oder Schlangengeister — verspeist. Er schwingt einen Cimbal. Schließlich kommen „Tschamo", die göttliche Königin mit friedlich abgeklärtem Antlitz und „Namsraj", der Gott des Reichtums, mit dem aufgedunsenen Gesicht eines fettleibigen Dickbauch-Buddhas. Beide zupfen altindische, saitenbespannte Beharas. Alle Instrumente und Attribute sind von uralter Machart, wie man sie sonst in Tibet nicht mehr sieht. Die seltsamen Larven, die weder Mund- noch Nasenöffnungen haben, türmen sich wie Kopfbedeckungen hoch auf den Häuptern. Sie tragen die Patina hohen Alters. In ihren verblichenen, schweren Brokatgewändern vollführen die Tänzer den „Drabuling" genannten Götterreigen. Dieser sakrale Neujahrstanz wurde, auf eine traumhafte Vision des großen fünften Dalai Lamas zurückgehend, schon um 1650 inauguriert.

Doppelgesichtigen Gottheiten vergleichbar, wiegen sich die Tänzer in schlangenähnlichen Bewegungen hin und her. Beim Schleieropfer versprechen sie den Erdbewohnern im Neuen Jahre Glück und Segen. Die Huldigung der Götter gipfelt in einem Treuegelöbnis für Tschenresig, des Bodhisattvas der Barmherzigkeit, der im Gottpriester Tibets diese Wandelwelt belebt. Das Wechselspiel von Licht und Schatten zwischen den Masken der Götter und den Antlitzen der Menschen hinterläßt einen wahrhaft überwältigenden Eindruck.

Es folgt der „Triga" oder Schwerttanz, aufgeführt von den fünf besten Tänzern, die in voller Rüstung, angetan mit Lederschurz und Kettenpanzern, einen meisterhaften Huldigungsreigen vollführen. In jeder Hand tragen die Tänzer blitzende, gebogene Schwerter, die sie unter wilden Sprüngen mit großer Geschicklichkeit um ihre Handgelenke wirbeln. Abschließend treten die dreizehn Tanzknaben noch einmal auf, verneigen sich vor den Würdenträgern und ziehen sich zurück.

Auf ein Zeichen des riesenhaften Dschamalamas greifen die Festteilnehmer wiederum nach ihren hölzernen Tsambaschalen, die nunmehr mit dem traditionellen Neujahrsreis gefüllt werden. Dieses geheiligte Cereal wurde vom 1933 verstorbenen dreizehnten Dalai Lama noch persönlich gesegnet und aktiviert. Es gilt als besonders wirksames Medikament gegen Krankheiten aller Art. Aus diesem Grunde führen die erlauchten Gäste nur wenige der kostbaren Körner zum Munde; die anderen verstauen sie in ihren weiten Gewändern, um sie mit nach Hause zu nehmen und für besondere Gelegenheiten aufzubewahren. Als weiteres symbolisches Geschenk des Dalai Lamas werden roh gesottene Knochen und talgiges Yakfleisch ausgeteilt. Glücklicherweise können wir uns mit wenigen Bissen zufriedengeben und das übrige unseren glückstrahlenden Dienern heimlich zustecken, denn auch die höchsten Würdenträger lassen diese fettige Ambrosia in ihren Brusttaschen verschwinden, um auch ihre Familienangehörigen an dem geweihten Göttermahle teilhaben zu lassen.

Die weihevollen Handlungen des heutigen Tages finden einen höchst lustigen Abschluß mit einer prahlerischen Disputation, die zwischen zwei wild eifernden Geschés vor dem Thron des Dalai Lamas ausgetragen wird. Die beiden „Doktoren der Göttlichkeit", deren einer dem Staatskloster Sera und der andere dem mächtigen Konvent von Drepung angehört, tragen lange terrakottafarbene Talare mit ausgestopften Schultern. Mächtige graugelbe Raupenhelme halten sie in ihren Händen. Diese dienen nicht als Kopfbedeckungen, sondern werden im Eifer des Wortgefechtes dazu benutzt, die wütenden Gesten zu unterstreichen, indem die beiden hochgelehrten Duellanten mit höchstem Stimmaufwand und größter Heftigkeit aufeinander losschlagen. Anscheinend teilen sich die beiden Lamas abwechselnd in den Sieg. Immer, wenn der eine die Antwort schuldig bleibt, springt der andere in die Luft und klatscht, laute Freudenschreie ausstoßend, in die Hände. So artet die Debatte zu einer Karnevaliade aus. Im übrigen ist der Inhalt der Disputation kaum einem Anwesenden verständlich, da es sich um uralte, aus der klassischen lamaistischen Enzyklopädie (Kandjur) und den dazugehörigen Kommentaren (Tandjur) entnommene Texte handelt. Wie mir jedoch ein Eingeweihter mit bedeutsamer Miene kundtut, disputieren die beiden göttlichen Priester über die Gegenstände des „Drultrim", oder die achthundertundviertausend Regeln des Buddhismus, das „Soljang" oder die

Übungen des Fastens und Meditierens, sowie das „Sothar", den Weg, der zum heiligen buddhistischen Himmel führt. Während des ganzen Rededuells haben zwei Äbte als Schiedsrichter in der Mitte der großen Halle auf roten Sitzpolstern Platz genommen, um den Ablauf des traditionellen Redekampfes zu registrieren und nach Beendigung das Ergebnis dem Regenten zur Entscheidung vorzulegen.

Mit der „himmlischen Speisung der Bettler" spielt sich sodann eine der wildesten Szenen ab, die ich je in meinem Leben sah. Rasch werden durch die geöffneten Portale, vor denen sich das arme Volk in schwarzen Haufen staut, kleine Tischchen mit Neujahrsgebäck, Tabletts mit Zuckersachen, Teller mit getrockneten Früchten, lange brotähnliche Fladen, in Ziegel gepreßter Tee, buttergefüllte Schaf- und Yakmägen und andere Leckerbissen in die Mitte der Halle getragen und zu einer fast drei Meter hohen Pyramide getürmt. Dazu kommen schwere Körbe mit Spezereien, Säcke mit Mehl und Tsamba, große Haufen fettigen Fleisches, ganze Schafe und endlich zwei vollständig getrocknete Yakkadaver, an denen noch die Köpfe mit den Hörnern hängen. Diese werden zu beiden Seiten der den ganzen Lichthof füllenden Pyramide wie lebend aufgestellt. Zu guter Letzt folgt noch ein schleierverziertes, hübsch geschnitztes Holzhäuschen, das den „Himmel der Wohlhabenheit" und den unversiegbaren Reichtum des tibetischen Landes an Nahrungsmitteln versinnbildlichen soll.

Nachdem einige khadakgeschmückte Platten und Körbe mit ausgesuchten Leckereien vor dem Thron des Dalai Lamas feierlichst niedergelegt wurden und jeder Festteilnehmer ebenfalls mit buttrigem Neujahrsgebäck, getrockneten Früchten und etwas Tsamba als sinnbildliches Geschenk des Himmels geehrt wurde, werden die Pforten des Saales geöffnet. — Ein Tumult ohnegleichen bricht los! Drängend, schlagend, rennend, schiebend und sich überstürzend brandet die Woge der Bettler von allen Seiten in den Thronsaal. Wild giftend und schreiend fällt das Bettelvolk in einem seltsamen Gemisch von primitiver Freßgier und religiösem Fanatismus über die nahrhafte Pyramide her. Im Nu ist sie von menschlichen Leibern völlig zugedeckt. Wie Geier, zerrend und reißend, versucht jeder ein Tablett zu erhaschen und die Geschicktesten verschwinden schon frohlockend im Gedränge der Umstehenden, um die Gaben ihren wartenden Verwandten zuzuwerfen und hungrigen Wölfen vergleichbar sofort zurückzustürzen. Es ist ein toller Aufruhr. Wie ein böser Hornissenschwarm, ekstatisch tobend und geifernd, tretend und wild um sich beißend, tobt der Mob. Schon liegt ein großer Teil der Früchte und des Gebäcks im weiten Umkreis am Boden verstreut. Mit Händen, Füßen und Zähnen versuchen bestialisch wilde Kerle Yak- und Schafkadaver zu zerreißen. Andere rasen mit festumklammerter Beute wie hungrige Tiger nach draußen. Wenn sie, zurückkommend, den immer dichter werdenden Ring der Kämpfenden nicht mehr zu durchstoßen vermögen, stürzen sie sich mit mächtigem Anlauf kopfsprungartig in den Knäuel und tauchen, wie Ertrinkende um sich schlagend, im wahnsinnigen Gedränge unter. Manchen gelingt es, auf Rücken oder Köpfe anderer zu springen und ihnen Gebäck und Fleischbrocken entreißend, fliehend zu entkommen. Bald läßt sich, trotz des Zerrens und Schlagens, Beißens und Kratzens, ein wohlgeordnetes System erkennen. Ganze organisierte Bettlerbanden kämpfen gegen andere. Während die kräftigsten Mitglieder der Banden nur raufen und schlagen, rauben und raffen die nächsten, die dritten lassen das Raubgut in großen Säcken verschwinden und die vierten versuchen es hinauszutragen. Sobald die chaotische Schlacht ihren Höhepunkt erreicht hat, springen die riesenhaften Gepkölamas mit geschwungenen Stöcken hinzu und dreschen aus Leibeskräften in den wimmelnden Haufen. Daß keine Toten auf dem Schlachtfeld bleiben, scheint wie ein Wunder. Aber die meisten haben in Voraussicht des Kommenden dicke Wollkappen und Filzhelme übergezogen; dazu tragen sie drei- bis vierfache Kleidung, und ihre Schultern sind mit Stroh und Watte ausgestopft. Zwar gibt es Blutende und Verletzte genug, aber es bleibt nicht ein einziger ohnmächtig am Platze, obwohl die armdicken Stöcke der berserkerhaften Gepkös zerplatzen und zersplittern. Selbst die Minister werden von wirbelnden Fleischteilen, fliegendem Backwerk und splitternden Stöcken getroffen. Hier aber gilt kein Übelnehmen. Brausendes Gelächter und laute Freudenschreie durchtoben den Saal. Plötzlich stehen auch wir auf unseren Polstern und schwingen die Arme, als ob wir mitten in einen Stierkampf hineingeraten wären. Dies scheint den Herren Ministern noch weit mehr Freude zu bereiten als die ganze schon zu langjähriger Gewohnheit gewordene Rauferei. Immer wüster wird das Toben. Dumpf und hohl klingen die klatschenden Schläge der Polizeilamas und ihrer rohen, gefühllosen Gehilfen. Mit sadistischer Befriedigung toben sich hier grausam kämpferische Triebe aus, und nach einer Viertelstunde ist nichts mehr übrig als ein wüster Kehrichthaufen von pulverisierten und zertretenen Eßwaren.

Nach der „himmlischen Speisung" versammeln sich die dreizehn Tänzerknaben noch ein letztes Mal, bringen Jubelrufe für das ewige Leben des Dalai Lama aus und vereinen sich mit hohen geistlichen Würdenträgern zu einem langen Dankgebet.

Darauf wird der Dagan des Gottpriesters in der gleichen Art, wie er zu Beginn der Zeremonie ausgebreitet wurde, in ein seidenes Tuch geschlagen und in feierlicher Prozession hinausgetragen. Nicht ohne mir ein Lächeln zuzuwerfen, verläßt der Regent unter Trommelwirbeln und Fanfarenstößen seinen Thron, um sich in seine Privatgemächer zurückzuziehen. Nach Rang und Graden folgen die geistlichen und weltlichen Würdenträger und in wenigen Minuten ist der dämmerig dumpfe Krönungssaal geleert.

Inzwischen hat sich eine große Lama-Abordnung mit mächtigen silbernen Tuben auf der Dachempore des Potala versammelt, um das Volk zum „Geistertanz" zu locken. Bald haben sich hundert Meter tiefer, am Fuß der großen Freitreppe, Tausende eingefunden. Bürger und Bürgerinnen von Lhasa, einfache Hirtennomaden in speckigen Schafpelzen mit ihren Frauen, rote Lamas, Hunderte von bunt geschmückten Würdenträgern, zahllose Diener, Ladakhis, Nepalis und Chinesen, kurz alles, was Beine hat, drängt sich in dichten Reihen um einen hohen, mit Yakhaar völlig umspannten Pfahl, der auf einer steinernen Platte am Fuß der Haupttreppe eingerammt und mit Seilen nach allen Seiten hin verstrebt ist.

Schon jagt, von Westen kommend, der abendliche Sandsturm das Lhasatal hinauf und verdunkelt die Sicht. Da tritt, von lauten Jubelrufen empfangen, ein hochgewachsener Asket aus der Menge hervor, um, des wehenden Sandes ungeachtet, sein akrobatisches Schaustück zu beginnen. Seine murmelnden Gebete verhallen im Sausen des Sturmes. Jetzt springt er in eines der Spannseile, erhält eine Tasse heiligen Buttertees, die er kopfhängend leert und klettert unter dem jubelnden Zuruf der Massen singend und betend zur Mastspitze empor. Dort befindet sich eine winzige Plattform, die er mit ruckartiger Bewegung erklimmt. Wild schlagend kämpft er gegen den Sturm. Als wir den waghalsigen Turner im Geiste schon abstürzen und auf den Steinplatten zerschellen sehen, entledigt er sich raschen Griffes seiner Filzstiefel und wirft sie mit weitem Schwung mitten in die aufjauchzende Menge. Sodann befestigt er ein eingekerbtes Holzstück an der Taille, streckt Arme und Beine von sich und dreht sich wirbelnd in lebensgefährlicher Weise. Aller Körperlichkeit ledig, gleicht der Tollkühne auf der im Sturme hin- und herschwankenden Stange einem rasenden Propeller. Minutenlang schwingt er um die eigene Achse und springt, ehe wir uns versehen, wieder in eines der Seile, rutscht zu Boden, verneigt sich dreimal tief vor dem Potala und taucht in der Menge unter.

Dieses waghalsige Akrobatenstück ist ein Überbleibsel einer sinnbildlichen Geistervertreibung aus dem Potala. Sie gipfelte darin, daß sich der Akrobat an einem locker gespannten Seil von der höchsten Zinne der Tempelburg pfeilschnell in die grausige Tiefe stürzte. Dabei traten nicht selten tödliche Unfälle ein, weshalb der 13. Dalai Lama die gefährliche Rutschpartie verbot und durch das beschriebene Schaustück ersetzte.

Auch war der eigenartige Neujahrsbrauch als eine Art Buße gedacht, die die Bewohner entfernter Provinzen leisten sollten, um ihre Stammesangehörigen zur pünktlichen Steuerzahlung anzuspornen. Da sich nun namentlich die Bewohner der vom Panchen Lama beherrschten

Tsangprovinz säumig erwiesen, so hat es sich eingebürgert, daß die Geistertänzer aus einem Dorf in der Nähe von Schigatse stammen. Die Tatsache, daß die Familien der Akrobaten auch heute noch von allen Steuerlasten befreit sind, mag als symbolische Versöhnung der beiden größten rivalisierenden Provinzen des Schneelandes aufgefaßt werden. So soll der Geistertanz zum letzten der Versöhnung der tibetischen Stämme dienen und den Bruderkrieg im neuen Jahr verhindern.

Damit ist das Gyalpo Lhosar beendet. Dankerfüllten Herzens nehmen wir von unseren Freunden Abschied und reiten nach Tredilingkha zurück. Unsere Bemühungen, nicht gegen die Etikette zu verstoßen und den althergebrachten Sitten gerecht zu werden, bringt uns noch am späten Abend einen schönen Lohn. Nachdem mich der um unser Wohl ängstlich besorgte Regent und die Minister in langwierigen Verhandlungen mehrfach hatten wissen lassen, daß es für uns mit höchster Gefahr verbunden sei, Zeugen der folgenden Mönlomfeierlichkeiten zu sein, kommt nun doch die Erlaubnis, auch während des Mönloms in Lhasa verweilen zu dürfen. Gleichzeitig kündigt mir Seine Heiligkeit an, daß uns ab morgen eine starke Knüppelgarde zum persönlichen Schutz gegen das Heer der Lamas zur Verfügung stünde.

Daß uns das Vorrecht zuteil wurde, dem Dalai Lama und dem Regenten vor den übrigen Sendboten zu huldigen, geht wie ein Steppenfeuer durch die ganze Stadt und läßt unser Ansehen auch bei der einfachen Bevölkerung in schwindelnde Höhen steigen.

MÖNLOM — DIE MACHT DER PRIESTER

Das „Lhosar-Mönlom-Tschempo", kurz noch „Mönlom" genannte
„Große Gebet" bildet den Höhepunkt und stellt recht eigentlich das
religiöse Kernstück des ganzen Neujahrsfestes zu Lhasa dar. Unter allen
Ereignissen des lamaistischen Kirchenjahres gebührt ihm zweifellos der
erste Rang. Die Zeit des Mönlom füllt volle einundzwanzig Tage. Sie
dauert also vom dritten bis zum vierundzwanzigsten Tag des ersten
tibetischen Monats und schließt die größten und geheimnisvollsten Feierlichkeiten, wie sie später geschildert werden, in sich ein. Vorerst soll
daher nur der Entwicklung, dem Rahmen, dem Aufbau und der treibenden Kräfte Erwähnung getan werden. Sie alle sind seltsam genug und
geben guten Einblick in das Wesen der lamaistischen Hierarchie, wie
sie uns heute als ein kräftiges Gemisch von Hohem und Tiefem, von
Geistlichem und Weltlichem, von Heiligem und Profanem entgegentritt.

Die Mönlomfeierlichkeiten gehen auf den berühmten lamaistischen
Reformator Tsongkhapa zurück. Sie sollten der Besinnung aller
Tugendsamen dienen und den neugegründeten Gelugpaorden festigen
und stärken. Ursprünglich, im fünfzehnten und sechzehnten Jahrhundert,
bestanden sie in zu bestimmten Zeiten abgehaltenen Gottesdiensten und
Offizien, bei denen klassische buddhistische Schriften vorgelesen und Gebete rezitiert wurden. Ihr Zweck bestand darin, die religiösen Verdienste
zu vervielfältigen und den sechs Klassen der Lebewesen die Erlangung
des buddhistischen Heiles zu erleichtern. Auch gipfelten die Mönlom-
gebete in dem Wunsch, Maitreya, den sieghaften Buddha der kommenden Zeiten mit seinen Vasallen herbeizusehnen, damit seine vollendete
Macht über allen Reichen erstrahle und alle Wesen vom Joche der Sünde
befreit würden.

Erst dem großen fünften Dalai Lama, dem eigentlichen Begründer
der allumfassenden lamaistischen Hierarchie, war es vorbehalten, das
„Große Gebet" zum „Lhasa Mönlom Tschempo" und damit zur groß-
artigen, alljährlich wiederkehrenden Neujahrsfeierlichkeit zu erheben.
Nachdem es diesem genialsten tibetischen Staatsmann und Gottpriester
der modernen Zeit um 1650 gelungen war, die geistliche und weltliche
Macht über das ganze Tibet in seinen Händen zu vereinigen, fügte er
das „Große Gebet" den alten Neujahrsfeierlichkeiten sinnvoll ein und
verschmolz beide zu einer unteilbaren Einheit. Da das eine von dem
anderen nicht mehr getrennt werden kann, gipfeln beide in dem Wunsch,

den Bestand der tibetischen Kirche bis in die fernste Zukunft zu sichern. Deshalb wird das „Große Gebet" zu Lhasa heute in niemals endender Hingebung für den Sieg der lamaistischen Lehre begangen. Seit der Zeit des großen Fünften haben die Priester der gelben Kirche alle Bemühungen darein gesetzt, das Lhasa Mönlom gänzlich unter ihren Einfluß zu bringen, was schließlich die seltsamsten und ungeistlichsten Praktiken zur Folge hatte.

Um den mächtigsten Klöstern seines Landes, aus deren größtem er selbst entsprungen war, nach Schaffung einer zentralen Regierungsgewalt ein Äquivalent für die Einbuße an politischer Macht zu bieten und die Priesterschaft für den Ausschluß von den eigentlichen Regierungsgeschäften zu versöhnen, schuf der fünfte Dalai Lama für die einundzwanzig Mönlomtage ein seltsames Regierungssystem. Während der Zeit des „Großen Gebetes" nämlich enthob er alle Regierungsmitglieder und Würdenträger, einschließlich des Premierministers und der vier hohen Kabinettsminister, ihrer Ämter und legte alle Autorität und ausübende Gewalt in die Hände der Lamas. Zum Zwecke solcher, zwar kurzbefristeter, doch absoluten Machtausübung durch den Stand der Priester, ernannte er zwei Äbte seines Stammklosters Drepung zu „Jasös", unumschränkten Herrschern über Lhasa und stellte sie rangmäßig den Kabinettsministern gleich. Auch legte er die offiziellen Regierungsangelegenheiten, die bürgerliche und die klerikale Rechtsprechung, sowie die gesamte Zivilverwaltung, in die Hände der beiden Jasös und bestimmte für die Zeit der Priesterherrschaft die Schließung sämtlicher öffentlicher Institutionen.

Alljährlich wurden diese beiden priesterlichen Herrscherstellen neu besetzt, um möglichst vielen jungen Lamas Gelegenheit zu geben, ihre staatsmännischen Fähigkeiten unter Beweis zu stellen, damit sie später verantwortliche Posten und hohe Staatsstellungen bekleiden könnten. Die den Jasös während ihrer kurzbefristeten Amtszeit anvertraute Führung galt somit als Prüfstein für die schwierige Kunst der Beherrschung des öffentlichen Lebens. Solcherart verpflichtete sich der große fünfte Dalai Lama seine Priesterschaft, zumal er in Zeiten der Not und des Krieges auf die zwanzigtausend Lamas der „Drei Säulen des Staates" in mehr als einer Hinsicht angewiesen war. Als Tibet schließlich nach dem Tod des Fünften in starke chinesische Abhängigkeit geriet, nahmen die Söhne des Han einen zweckbewußten Einfluß auf die Mönlomfeierlichkeiten in der tibetischen Hauptstadt, in der Absicht, das Ansehen des Reiches der Mitte zu stärken und das Vasallenverhältnis Tibets zum Drachenthron zu Peking deutlich zu machen. Vergeblich suchten die Chinesen bei der tibetischen Bevölkerung den Glauben zu erwecken, daß die Mönlomfeierlichkeiten lediglich der Ehrung und Huldigung des jeweils regierenden chinesischen Souveräns dienten, damit dem Himmelssohn zu Peking ein langes Leben beschert werde. Obwohl es bis zum Sturz der Mandschudynastie in Lhasa Kreise gab, die mit der chinesischen Sache sympathisierten, so haben derartige Vorstellungen doch niemals im Herzen der tibetischen Bevölkerung Eingang gefunden. Die einmal angeregte Entwicklung nahm ihren eigenen Gang.

Wie so vieles, das der Mensch zum Guten schuf, sich unter seinen Händen ins Gegenteil verkehrte, erwuchs auch aus dem wohlgemeinten Werke des großen Fünften in der Folgezeit eine beispiellose Gewaltherrschaft. Die Jasös nutzten ihre unumschränkte Gewalt in skrupelloser Weise aus und errichteten während der heiligen Mönlomzeit ein Schreckensregiment, das ohnegleichen war. Krasser Egoismus, Habgier, Erpressung, Willkür und Verfolgung triumphierten. Im Schatten der Tempel feierten niedrigste Triebe billige Triumphe. Die Ernennung zum Jasö wurde käuflich. Riesige Summen von Bestechungsgeldern flossen in die Taschen der weltlichen Machthaber. Um sich schadlos zu halten, trieben die Jasös ein von unsäglicher Geldgier bestimmtes grausames Spiel, das Diebstahl und gemeinen Raub zu wahren Kinderspielen degradierte. Mit aller Tücke legten sie es darauf an, dem geplagten Volk in der kurzen Spanne der einundzwanzig Tage soviel Geld und Gut zu entwenden, um für ihr ganzes Leben gesichert zu sein. So wuchs sich die Herrschaft der priesterlichen Staatsparasiten während der Mönlomzeit zu einer wahren Landplage aus. Und niemand stand auf, um dem verbrecherischen Treiben Einhalt zu gebieten. Geringste Gesetzesübertretungen und kleinste Vergehen wurden mit Folterqualen und höchsten Freiheitsstrafen belegt, die jedoch gegen Abgabe hoher Geldbeträge annulliert werden konnten. Alle Bürger, die die Grußpflicht verletzten, die im Streite angetroffen wurden, die Heiligtümer zu umwandeln vergaßen oder sich andere bedeutungslose Delikte zuschulden kommen ließen, wurden ebenfalls zu hohen Geldbußen verurteilt. Schuldnern gar, die sich in Zahlungsschwierigkeiten befanden, wurde das gesamte Eigentum in Bausch und Bogen konfisziert. Auf solche Weise verstanden es die Jasös, sich in Besitz von Häusern und Grundstücken zu bringen, die sie zu Wucherzinsen wieder verkauften.

Um ihren im einsamen Klosterleben aufgespeicherten Groll zu entladen, bedienten sich die Jasös bei der Durchführung ihrer grausamen Maßnahmen im Namen von Ordnung und Gerechtigkeit ganzer Hundertschaften rangmäßig gegliederter Mönchspolizisten, der „Geiks" und der „Dobdobs", deren alleinige Beschäftigung darin bestand, die Stadt zu patrouillieren, Geld zu erpressen und das Volk mit Geißeln, Peitschen und Stöcken zu foltern und zu züchtigen. Kein Wunder, daß es bei den verängstigten Bürgern von Lhasa aus Furcht vor dem Priestermob zu einer regelrechten Stadtflucht kam. Statt den Tag zu loben und sich des großen Festes zu erfreuen, verscharrten und vergruben die Aristokraten der heiligen Stadt ihre Wertgegenstände, überantworteten die Häuser der Obhut ihrer Dienerschaft und hielten sich bis zum Abzug der fanatischen Lamahorden auf dem Lande verborgen. Unterdessen randalierten die priesterlichen Drohnen die verlassenen Häuser, stahlen, was nicht niet- und nagelfest war und schleppten die Möbel davon. Dabei kam es häufig zu regelrechten Schlachten zwischen den marodierenden Schwärmen der einzelnen Klöster und Konvente, die alle das Beste zu ergattern versuchten. Die Unbotmäßigkeiten waren beispiellos. Erst der fortschrittlich gesinnte dreizehnte Dalai Lama war es, der nach seiner Rückkehr aus dem chinesischen Exil alles daran setzte, die Priesterherrschaft während des Mönlom von ihren ärgsten Auswüchsen zu befreien und der maßlosen Erpressung Einhalt zu gebieten.

Und wieder dienten die Mönlomfeierlichkeiten wie in alter Zeit der Gemeinschaftserziehung der mehr als zwanzigtausend in Lhasa versammelten Priester. In täglichen Zusammenkünften wurden sie erneut über den Zweck und die hohen Aufgaben ihres geistlichen Berufes aufgeklärt. Zu unzählbar vielen Seelen vereint, verschmolzen ihre Herzen im Gebet für die Wohlfahrt aller Völker unter dem Himmel. So, von den Gelübden der Lamas getragen, soll die Lehre Buddhas dereinsten, in allen Sprachen verbreitet, Glück und Frieden über den ganzen Erdkreis bringen. Und alle lebenden Geschöpfe werden unter dem Schutz der buddhistischen Geistlichkeit Erlösung finden, durch gute Taten bis in alle Ewigkeit versöhnt. Auf dem heiligen achtteiligen Pfad werden die Menschen dann den Taten der großen Buddhas nachstreben und in makelloser Vollkommenheit zum Nirvana streben.

Dreimal täglich werden am dritten, fünften, achten, zehnten, dreizehnten und fünfzehnten Tage des ersten Monats im „Großen Haus der Götter", schon um 5 Uhr am Morgen beginnend, Gottesdienste, religiöse Belehrungen und Vorlesungen über lamaistische Philosophie vor vielen Tausenden von Lamas abgehalten. Alle Buddhas und Gottheiten des lamaistischen Pantheons werden in diesen heiligen Mönlomtagen geehrt, und alles gipfelt in dem Wunsche, die gegenwärtige Epoche Gautama Buddhas, die ihren Höhepunkt längst überschritten haben soll, zu verkürzen und das Erscheinen des noch im Tusitahimmel weilenden Messias Maitreya, des Gottes der Liebe, zu beschleunigen.

Am Morgen des dritten Neujahrstages ist unsere Leibgarde pünktlich zur Stelle. Hart gesottene Kerle sind es mit dicken, langen Knüppeln und entschlossenen Gesichtern. Mit ihnen könnte man dem Teufel zu Leibe rücken. Uns ist nicht bange vor dem Lamamob, desen Einzug für den Vormittag angesagt ist. Die gesamte Bevölkerung Lhasas scheint jedoch von Hysterie befallen. Allerorten sieht man eilfertige Bürger Hab und Gut in Sicherheit bringen. Adelige auf schönen Pferden rasen durch die Stadt. Es ist die letzte Gelegenheit, sich frei zu bewegen. Schon seit Mitternacht sind die Quartiermacher der großen Staatskonvente Drepung, Sera und Ganden tätig. Und alles lebt in Furcht. Sechs Jahre sind es erst her, seit der dreizehnte Dalai Lama seine Augen schloß — und schon wieder lassen die Priestertyrannen ihren habsüchtigen Trieben freien Lauf. Der „göttliche Lama" gilt alles und der Bürger nichts.

Gleich nach dem Frühstück begeben wir uns unter dem Schutz unserer Diener und Leibgardisten auf die Lingkhor-Straße, um den Einfall der Zwanzigtausend zu erleben. Lawinenartig setzt der Überfall vom Westen, Osten und Norden fast gleichzeitig ein. Es ist fürwahr ein überwältigendes Bild, die kilometerlangen Schlangen wie hungrige Heuschreckenschwärme heranrücken zu sehen. In dichte Staubwolken gehüllt, rollen die Priesterhorden vorüber und werfen uns haßerfüllte Blicke zu. Übler aussehende Menschen kann man sich in der Tat kaum vorstellen, als diese von allen Seiten, auf allen Wegen, zu Fuß und zu Pferde, dicht an dicht herandrängenden Massen fanatischer, hochmütiger, undisziplinierter und von roher Habgier besessener Priester. Schon der erste Anblick der dunkelroten Massen ungewaschener Staatsparasiten erfüllt uns mit Abscheu und bestärkt den Verdacht, daß der eigentliche Beweggrund ihrer Reise nach Lhasa die Frömmigkeit nicht ist. Gier, Machtrausch und Weltlustbarkeit schauen ihnen aus den Augen. Sie muten an, wie in Käfigen übel zerfetzte Raubtiere, denen man für kurze Zeit Gelegenheit bietet, sich in Freiheit auszutoben. Von kleinen, achtbis zehnjährigen Novizen, die noch von ihren Müttern Huckepack getragen werden, bis zu humpelnden Lamagreisen, von bresthaft zerlumpten Kranken bis zum halbnackten, am Straßenrand dahinkriechenden Schwachsinnigen, drängen die freudlosen Massen im wilden Durcheinander heran und ziehen in nicht endenwollenden Reihen in die heilige Stadt hinein. Schwarz bemalte, teuflisch abschreckende Rowdys, die noch auf dem Marsche damit beschäftigt sind, ihre schweißglänzenden Gesichter mit Ruß zu beschmieren, schieben und drängen ohne Takt und Gehorsam die höchsten Staatsbeamten zur Seite und zwingen sie, weite Umwege zu machen. Riesige Stöcke, wehende Gebetsfahnen und ganze buntgeschmückte Flaggenbäumchen in den Händen schwingend, sind sie mit religiösen Insignien, Schlafdecken, Butterfässern, Kisten und Kästen schwer bepackt.

Als wir filmen wollen und zu diesem Zweck einen Schutzkreis um die Kameras bilden, versuchen unsere Diener, zitternd vor Angst, die Pflicht zu verweigern. Athletisch gebaute, tierische Kerle mit schwarzen Gesichtern und bösen Augen greifen an. Steinhagel prasseln auf uns nieder, und die Knüppelgarde tritt zum ersten Male in Aktion.

Inmitten dieses wirren, wilden Trubels halten die „Herren des Gesetzes", die allmächtigen Jasös, von schwarzgesichtigen Trabanten, vertierten Leibgardisten, Geïks und Dobdobs begleitet, ihren Einzug, um

nach alter Sitte mit königlichen Ehren empfangen und von Weihrauchschwingern zur Stadtkathedrale geleitet zu werden. Als Insignien ihrer
unumschränkten Macht führen sie vierkantig meterlange, mit prächtigen
Schmuckleisten verzierte metallene Züchtigungsstäbe und tragen über
brokatbestickten, ärmellosen Westen panzerähnliche Togen mit mächtig
ausgestopften Schultern und gelbe Raupenhelme.

Mit ihrem Erscheinen in Lhasa wird die Regierung automatisch außer
Kraft gesetzt — und das Lamaregiment beginnt. Mitrengeschmückt
folgen Geschés, hohe Äbte und lebende Buddhas. Auf stolzen Paßgängern gleiten sie dahin, strecken die Hände aus und segnen das Volk,
das sich durch die Ameisenschwärme der Lamas zu ihnen herandrängt.

Unabhängig von den großen Staatsfeierlichkeiten, die während der
Mönlomzeit ihren Lauf nehmen, kulminiert das monastische Leben im
zentral gelegenen Tsug Lha Khang. Dort haben die Jasös ihren Sitz,
und als Leihgabe des Klosters Sera ist dort der heiligste Donnerkeil
Tibets zur Schau gestellt. Lamas und Pilger stauen sich tagein und tagaus in dichten schwarzen Scharen. Barhäuptig und barfüßig leiern sie
in dauerndem Niederfall ihre Gebetsschnüre ab und drücken tausende
von Malen ihre zerschundenen Stirnen auf die glattgeschliffenen Steinplatten der Portale, ehe sie das große Gotteshaus betreten, um im
schwelenden Qualm unzähliger Butterlampen unterzutauchen. Im geheimnisvollen Düster wandeln sie, eine unaufhörliche Schlange von
Menschen, in der Richtung des Sonnenlaufs von Nische zu Nische und
opfern allen Buddhas, Bodhisattvas, Göttern und Heiligen ihre weißen
Schleier. Über steile, finstere Stiegen führt der Pilgerzug zu den goldenen
Dächern und Altanen, die einen grandiosen Überblick auf die Stadt
und das Meer der wehenden Flaggenbäumchen gewähren. Über allem
aber funkelt, wie eine Gralsburg in den Himmel stoßend, der Potala.

Vom Morgengrauen bis tief in die Nacht hinein summt und rauscht
der ganze Tempel wie ein Meer. Entferntem Donnerrollen gleich klingt
dumpf das ununterbrochene Gemurmel der Gebete, und es ist, als ob das
ganze riesige Gebäude wie das Gehäuse einer Geige in Schwingung sei.

Erdrückte Lamas werden hinausgetragen. Draußen vor den Toren
der Stadt, unweit des Klosters Sera, werden ihre Leiber auf geheiligtem
Fels wie ehedem zerstückelt und den Geiern zum schauerlichen Mahle
hingeworfen. Während des Mönloms im großen Haus der Götter versammelt zu werden, ist der schönste Tod. Man glaubt, daß die heiligen
Geier auch die irdischen Überreste zum Himmel trügen, so daß die
nächsten Wiedergeburten auf höherer Stufe beschleunigt werden.

Wahrhaft unheimlich ist das Bild, wenn die Lamas nach ihren mor-
gendlichen Gottesdiensten aus der pulsenden Herzkammer ihrer Religion
ins Freie strömen. Lawinenartig ergießen sie sich, ein blutigrotes Meer,
und sammeln sich zur Massenfütterung um riesenhafte Kupferkessel, die,

Reiterwettkämpfe

Volkstänze

Neujahrparade.

unterirdisch geheizt, auf der Parkhorstraße stehen. So, unter freiem Himmel, stürzen sich die roten Horden wie wilde Tiere, schlagend und sich drängend, über Buttertee und gräulich faden Tsambabrei. Abseits der Tempelportale haben sich auf hohen Steinsockeln die klösterlichen Schatzmeister postiert und drücken den herandrängenden Lamas die vom Volke erpreßten Münzen ihrer Festtagslöhnung in die Hand. Perlenbehängte Damen der besten Familien streuen Almosen in das rote Meer. Durch die freiwillige Entrichtung solcher Obuli hofft die friedfertige Bürgerschaft gegen weitere Erpressungen geschützt zu sein.

Nichtswürdige und zerlumpte Drohnen, benutzen die Lamas den größten Teil ihrer Freizeit dazu, sich weidlich zu vergnügen. Weltlicher sich gebärdend als die satten Bürger, lieben sie den Schmelz des Alltags mehr als alle Verheißungen des Himmels. Wohl zu keiner Zeit wird in der heiligen Stadt gegen die Regeln des Buddhismus ärger verstoßen als jetzt. Die frivolen Ausschweifungen dieser Tage stehen in unvorstellbarem Kontrast gegen das Dogma der Kirche. Hemmungsloser Unzucht wird Vorschub geleistet. Wüstes Treiben überall. Täglich sieht man Lamas trinken, rauchen, spielen. Höchste priesterliche Würdenträger feiern Orgien mit Straßenmädchen. Bar aller Scham, laden sie uns zu ihren nächtlichen Bacchanalen ein. Es scheint, als ob die Sitten- und Moralgesetze, die in Tibet ohnehin nicht sonderlich beachtet werden, während des Mönloms jedwede Gültigkeit verloren haben, und aller Streben gipfelt in dem Wunsch, zu feiern und zu leben.

Barbarisch aussehende Dobdobs und Geïks, jene unvorstellbar schmutzigen Kampflamas, halten die Bevölkerung in Furcht und Schrecken. Nur das Weiße der Teufelsaugen sticht aus ihren rußbeschmierten Gesichtern hervor. Ihre zerlumpte Lamakleidung haben sie mit ganzen Klumpen ranziger Butter beschmiert, daß die fettstarrenden Gewebe eine düster glänzende Patina zeigen. Je grausiger ihr Anblick, desto stolzer scheinen sie zu sein. Es klingt wie Ironie, daß ausgerechnet diesen Kreaturen die Sorge für „Sauberkeit" und „sittlichen Hochstand" anvertraut ist. Ihr Tun besteht darin, mit rohen Hieben die Menge zu schlagen und Geld zu erpressen. Glücklicherweise beschränken sie sich größtenteils auf die Kontrolle der Hauptstraßen, wo sich naturgemäß die beste Gelegenheit für ihre raubgierige Beschäftigung bietet. Ihre unbeherrschte Willkür geht so weit, daß jedweder, der ihren Anordnungen nicht in strikter Weise Folge leistet, darauf gefaßt sein muß, auf offener Straße gesteinigt und verprügelt zu werden. Dabei halten meist mehrere Dobdobs die bedauernswerten Opfer, während andere ihre Stöcke und Ledergeißeln unbarmherzig niedersausen lassen. Eine besondere Vorliebe jedoch bekunden sie für Freudenmädchen, die sie mit meisterhaftem Geschick aus ihren Schlupfwinkeln aufzustöbern verstehen. Auch wir werden des öfteren von ganzen Trupps teufelsgesichtiger Dobdobs angesprungen und sind gezwungen, uns unserer Haut zu wehren, während unsere Leibgardisten von ihren langen Stöcken tapfer Gebrauch machen.

Lhasa ist überfüllt. Trotz nächtlicher Kältegrade und starker Stürme müssen unzählige Menschen auf freien Plätzen und in Höfen der öffentlichen Gebäude nächtigen. So ist es kaum verwunderlich, daß die Stadt schon kurze Zeit nach Beginn der Priesterherrschaft in einen geradezu unbeschreiblichen Zustand gerät. Obwohl es Pflicht der Lamapolizei sein sollte, den Unrat beseitigen und bestimmte Gräben ausheben zu lassen, sind die Straßen, mit Ausnahme des heiligen Parkhors, schon nach wenigen Tagen unratüberhäuft. Entsetzliche „Düfte" verbreiten sich. Die Gassen sind ein Pfuhl menschlichen Auswurfs, den die Staubstürme pulverisieren und in Schwaden durch die Luft wirbeln. Bald kann man sich nur noch mit angehaltenem Atem, vor den Mund gepreßtem Taschentuch und zu Pferde durch Lhasa bewegen. Die Rudel streunender Pariahunde, die zu normalen Zeiten die Aufgabe der „Straßenreinigung" besorgen, sind überfüttert. Doch es werden keinerlei Anstalten getroffen, die jeder Beschreibung spottenden Verhältnisse zu ändern.

Des wilden Trubels ungeachtet lassen sich die Pilger in der Befolgung ihrer religiösen Pflichten wenig beirren. Indem sie aus der Not eine Tugend machen, feiern sie ihr Mönlom inmitten der brodelnden Atmosphäre fanatischer Priesterhorden. Tagein und tagaus werden Gebete gesprochen, Lobeshymnen gesungen, Weihrauchkerzen verbrannt, Gebetsmühlen geschwungen, die heiligen Obos durch das Hinzufügen neuer Opfersteinchen vermehrt und die ehrwürdigen Kultstätten umwandelt, um religiösen Verdienst zu erwerben und die Götter zu versöhnen. Selbst der Handel mit heiligen Schriften wird zur Mönlomzeit als verdienstvoller Akt gewertet, wenngleich die rüden Polizeilamas mit rohen Schlägen oft dazwischenfahren und manche kleine Schlacht geliefert wird. Gesellschaften von Würdenträgern haben in den Regierungsparks ihre Zelte aufgeschlagen, um diese Tage ganz der Religion zu weihen. Schauspielertrupps und Bettler ziehen von Park zu Park und Haus zu Haus. In bärtigen Masken, farbenfreudigen Jacken und weiten Pumphosen, an denen weiße, bis zum Boden herabhängende Wollquasten befestigt sind, führen sie wilde, wirbelnde Tänze auf. Es gilt als besonders heilverbündet, diese Gaukler zu bewirten und es ihnen an nichts fehlen zu lassen.

Vielerorts sieht man die Pilger damit beschäftigt, aus feuchtem Lehm winzige Buddhas zu formen, die sie an den heiligen Umwandlungsstraßen in feierlichem Kotau niederlegen. Auch an den Bächlein, die die Lingkhor-Straße begleiten, bringen bigotte Wallfahrer horngeschnitzte Formen kleiner Buddhabilder mit der Wasseroberfläche in Berührung, um auch das feuchte Element mit Tausenden von Buddhas zu bedecken, die ihr spiegelndes Antlitz zum Himmel kehren.

Frühmorgens wallen Frauen in unaufhörlicher Reihenfolge mit kleinen Kiepen, tschanggefüllten Opferkannen und gedruckten Gebetsfähnchen hinaus, um die Götter zu ehren. Hunderte von kleinen Feuern werden angezündet, nach allen Winden Streuopfer dargebracht und Mehl und Tschang unter Aufsagen von Beschwörungsformeln in die lodernden Flammen geworfen. Senkrecht steigen die Rauchfahnen in den blauen Himmel empor. Drunten am Fluß schmückt man die heiligen Drehweiden mehr denn je mit Gebetsfahnen und kleinen, tongeformten Tschorten.

Selbst jener hohläugige Fanatiker, der sich im Gezweige einer überhängenden Weide aus Lumpen ein luftiges Baumnest gebaut hat, um den Wassergeist zu ehren und den Palast der Dalai Lamas Tag und Nacht vor Augen zu haben, ist zu äußerster Aktivität erwacht. Abends, wenn die Stürme sich gelegt haben, die hellschimmernden Häuser Lhasas von den letzten Strahlenbündeln übergossen werden und die langen Schatten der sonnvergoldeten Berge in die Ebene fallen, ist es ein ergreifendes Bild zu sehen, wie dieser Gottesmann in dauerndem Niederfall zu Boden sinkt. Auch die anderen Pilger bleiben dann in Ehrfurcht stehen, ehe sie in andachtsvoller Ruhe über den geheiligten Boden weiterwandeln.

Aber den tiefsten Eindruck geschäftiger Religiosität gewinnt man auf der heiligen Lingkhor-Straße, die in Richtung der Sonnenbahn täglich vom frühen Morgen bis zum späten Abend von tausenden von Wallfahrern begangen und umkrochen wird. Die Massen der gebetsmühlenschwingenden Wallfahrer sind ohne Zahl.

Es ist ein unbeschreiblich ergreifendes Bild, die Horden der „Bauchrutscher" in langer Kette ihre Stirnen mit dem Boden in Berührung bringen zu sehen. Auch höchste Würdenträger sind darunter. In staubige Büßergewänder gehüllt, haben sie ihre Gesichter bis zur Unkenntlichkeit schwarz bemalt und lassen sich von ihren Dienern bei eintretender Erschöpfung von Zeit zu Zeit Tee reichen oder Tschang. Viele sind vom dauernden Niederfall gezeichnet. Sie haben schon dicke Geschwülste und eitrige Beulen. Einige „Berufsmäßige", wie wir sie nennen, unterbrechen die Serien ihrer Niederfälle von Zeit zu Zeit, um herbeiströmendes Volk durch Handauflegen zu segnen. Der Fanatischste unter ihnen, jener Rutschlama aus Gyantse, der Stadt und Potala wie ein Planet umkreist und als Zeichen höchster Göttergunst ein regelrechtes Hauthorn auf der Stirne trägt, verdoppelt in diesen Tagen seinen Eifer. Mit staunenerregender Geschwindigkeit, ständig sich niederwerfend und wieder aufspringend, kreist er seine vorgeschriebene Bahn. Sein ganzes

Eigentum besteht aus einer Tsambaschale und den Lederlumpen, Stiefeln und Fäustlingen, die er an seinem windgedörrten Körper trägt. Mit vor Verzückung bebender Stimme und glasigen Augen teilt dieser sonderbare Heilige den Segen aus, denn das Nirwana ist ihm nahe. Wochenlang noch sah ich diesen Menschen tagtäglich durch den Staub kriechen. Manchmal hielt er für kurze Sekunden inne, wenn ich ihn mit nach oben gekehrten Handflächen, so wie es die Sitte des Landes erheischt, begrüßte.... und dann lächelte er zuweilen, als ob er Mitleid empfinde mit mir und meiner Welt, von der er nichts wußte und nichts wissen wollte.... und die er trotzdem verachtete.

Irgendwie aber zwang er seiner Umgebung etwas Magisches auf und seine tiefen, hohlen weltabgewandten Augen, die wie inwendiges Feuer erglühten, stehen auch heute noch, da ich diese Zeilen schreibe, wie eine sanfte Mahnung vor meinen geistigen Augen.

Das seltsamste an dieser Begegnung mit dem Meister der Lingkhor-runden aber war, daß ich mich menschlich angezogen fühlte. Obwohl sein Leben um eine andere Achse kreiste als das meinige und nach Regeln und Gesetzen verlief, die ihm durch jahrtausendalte mystische Inschau übermittelt war, fühlte ich mich angezogen.

Ohnmächtig stehen die meisten von uns der Macht solchen Glaubens gegenüber.

Der diskursiv denkende, der nüchterne Wissenschaftler zwar, mag sich vermessen, solche Einheit zu zergliedern, sie zu zerstückeln, um ihr Glanz und Zauber zu nehmen. Die wirklichen Tiefen aber können wir nicht ergründen, solange wir Weiße sind und keine Tibeter. Nur der Künstler mag auf seine Art versuchen, Schatten und Abglanz dieser Welten festzuhalten, wirklich verstehen aber können wir die tausend magischen Gesichter des Tibeter nicht.

Denn der Mensch kann nur erfassen, was ihm genehm ist.

DER DÄMONENKÖNIG SPRICHT AUS TALUMA

Der Glaube der Tibeter an die Macht der Geister ist unerschütterlich. Medien, Mystagogen, Somnambule, Geisterseher und Auguren haben im Schneeland von jeher eine bedeutende Rolle gespielt. Als Mittel der Staatsführung stehen sie noch heute in hohem Ansehen.

Während das Leben des Abendlandes fast völlig rationale Formen angenommen hat, steht das tibetische Volk in lebendigem Kontakt mit geheimnisvollen Naturkräften und Geistererscheinungen und gestaltet seine Geschicke aus ihnen heraus.

Was uns verlorenging, was die entseelende Zivilisation bei uns zerbrach, hier also lebt es fort und bestimmt die Geschicke der Gemeinschaft im hohen Grade. Hier schießen Mächtigkeiten mit der Gewalt von Zauberkräften durch die Linsen der Seele und bilden eine Atmosphäre, die mit den Mitteln des nüchternen Verstandes nicht zu durchdringen ist.

Obwohl die meisten Tibeter vom geheimnisvollen Treiben ihrer Mystiker und Zauberlamas nur sehr oberflächliche Kenntnisse besitzen, so herrscht in den breiten Volksschichten doch in allen Fragen der Magie ein blinder, schrankenloser Glaube. Uns Europäern ist der Mystizismus, wie er in Tibet das ganze Volk beherrscht, ein rätselhaftes Buch mit sieben Siegeln. Nicht nur das Verständnis mangelt uns, sondern auch die Erklärungsmöglichkeiten, da das Außersinnliche mit den Mitteln des nüchternen Verstandes nicht zu fassen ist. Die tibetischen Magier bedienen sich bei der Versenkung in das Geheimnis alles Beseelten, bei der Vereinigung mit dem urewigen Sein der seltsamsten Mittel, und ihr Glaube an die rätselhaften Verkettungen von Menschenschicksal und kosmischem Geschehen ist so alt wie die Menschheit selbst.

In den Sphären des tibetischen Okkultismus handelt es sich um höchst komplexe Phänomene, bei deren Betrachtung wir uns wohl oder übel mit der Feststellung bescheiden müssen, daß jede erlebte Wirklichkeit von einer engumgrenzten Bewußtseinslage abhängig ist. Eigene, ganz persönliche und meist sehr intime Erlebnisse, zu denen nur wenige Menschen des Westens fähig sind, machen es deutlich, daß anderen Bewußtseinszuständen auch andere Erfahrungsmöglichkeiten entsprechen, und daß Täuschungen der Sinne für den Erlebenden ebenso wahr sein können wie die gewöhnlichen Sinneswahrnehmungen für die Masse der Normalen. Der Drang des Menschen, über seine eigene Beschränkung hinauszugelangen und sein Hang, im Sinne vorgefaßter Glaubenssätze

immer noch blinder gläubig zu werden, verhinderten bis zum heutigen
Tag die sachlich kritische Beurteilung, zumal die meisten Abendländer
derlei Erfahrungen einfach in Abrede stellen. Überhaupt ist es wohl
für den komplizierten, hochdomestizierten Europäer viel schwieriger, zu
sich selbst und seinem tiefsten Wesen zu finden, als für die naiveren,
naturnahen Tibeter.

Wie dem auch sei, die tibetischen Magier haben es verstanden, sich
das schillernde Lichtdunkel der tiefenseelischen Welt zu bewahren und
es sich in Versenkung, Hypnose und Besessenheit nutzbar zu machen.
Unter Ausschaltung der Sinnesempfindungen glauben sie sich in der
Lage, die Seeleninhalte fremder Menschen zu erforschen, mit unter-
bewußt seelischen Vorgängen zu experimentieren, körperliche Funktionen
unter die Herrschaft des Willens zu zwingen und die lebendigen Verbindungen zwischen Unter- und Oberbewußtsein nach Belieben nutzen
zu können. Sie glauben an die Existenz von Geistwesen und selbst
kreierten Doppelgängern, an die Aufhebung der Schwerkraft, an echtes
Hellsehen und was dergleichen „okkulte" Erscheinungen mehr sind.
Mögen wir dies alles in den Bereich des Nichtmehrnormalen verweisen
und die auftretenden Geister als „abgespaltene Persönlichkeiten" inter-
pretieren, die seltsame Tatsache bleibt bestehen, daß sich diese Erscheinungen auf bewiesene biologische oder physikalische Gesetzmäßig-
keiten nicht ohne weiteres zurückführen lassen.

Die tibetischen Geheimkulte leiten in ihrem philosophischen Wesens-
gehalt zum Identitätsdenken, zur Alleinheitsidee, der Erkenntnis und
der Verschmelzung des individuellen Ich mit dem Absoluten, zur Unio
Mystica. Sie sollen den Erlösungsweg erleichtern mit dem Ziele endlicher
Selbstauflösung; denn die Lehre ist „einem Schiffe vergleichbar, dessen
man nicht mehr bedarf, sobald der sichere Hafen erreicht ist".

Das Fundament der Geheimlehren ist die Allgeistwirklichkeit. Alle
Esoterik gipfelt im „direkten Weg", der es dem Mystiker erlaubt, im
Blitzzug eines Gedankens zur Buddhaschaft zu gelangen und im Ablauf
einer einzigen Existenz einen Sprung zu vollführen, zu welchem selbst
die höchsten Wesen sonst ungezählte Generationen und Wiedergeburten
benötigen. Aller Ritus und alle Formeln sind Symbole geistiger Vor-
gänge, Mittel, die Einbildungskraft zu steigern, autosuggestive Wirkun-
gen hervorzurufen und in die übersinnliche Geheimnisfülle einzudringen.
Also stehen auch alle Gedanken, Worte und Werke im Dienste des
Erleuchtungsstrebens, und alles Diesseitige steht mit dem Jenseitigen in
geheimnisvoller Verbindung, hat seine geistige Entsprechung und ist mit
übersinnlichen Wesenheiten eng verbunden. Alles Stoffliche ist Manifestation des Geistigen, und beide sind durch tiefinnere Übereinstimmung metaphysisch verwoben.

Alle magischen Kräfte dienen dazu, sich mit Hilfe der „Tantras" ins Absolute zu versenken. Diese Tantras aber sind nichts anderes als feinste geistige „Gewebe", die das Irdische mit dem Weltengrunde verbinden, und jene „Mantras", die magischen Silben, Sprüche und Bannformeln, stellen den Schutz gegen die dämonischen Gewalten dar, geheiligt durch das Symbol des Absoluten, des Vajra, des Dorjé, des Unveränderlichen, Undurchdringlichen, Unzerstörbaren, des Donnerkeiles, wie er uns aus dem Wappen der Gottpriester von Tibet entgegenleuchtet.

Auch Votivgaben, Wasserspenden, Weihrauchdüfte, Blumen und Lichter sind Sinnbilder, mit deren Hilfe sich der Gläubige seiner Identität mit der Gottheit bewußt wird. Diesem völligen Ineinander geht das Erlöschen des Denkprozesses und der Individualität voraus: Entzücken, Gleichmut, Empfindungslosigkeit, Erhabenheit über Raum und Zeit, Sicht der verborgenen Wirklichkeit, Wahrnehmungsunendlichkeit und Leerheit sind die Stufen der Enthebung. Jenseits von Lust und Leid schwebt jenes Höchste, der letzte Begriff, die Überwindung des Weltentruges, die Ruhe reiner Geistigkeit: die große, leuchtende Leere. —

Das ganze Leben steht im Dienst des Glaubens. Die Zahlenmystik spielt eine bedeutende Rolle, und ein ausgedehnter Kultkalender, die Verehrung unzähliger Wesenheiten regelnd, hält die Gläubigen in Bann. Selbst die Einteilung des Tages ist nach Sonnenstand und Sternenzeichen streng geregelt. Schon vor Sonnenaufgang werden Sprüche der Verehrung gemurmelt und wird des Heiles aller Wesen durch das Rezitieren von hundertundacht mystischen Silben gedacht. Hunderundacht Perlen aber reihen sich auch in der lamaistischen Gebetschnur, und die Frauen flechten ihre Haare in hundertundacht winzige Zöpfchen, so, wie der Bodhisattva Padmapani hundertundacht heilige Namen führt.

Die berühmteste, seit dem dreizehnten Jahrhundert in Tibet bekannte Mantra und mystische Bannformel ist das allverbreitete, dem Lotosgeborenen gewidmete „Om mani padme hum", Heil dir, o Juwel in der Lotosblüte. Sie umfaßt den letzten Sinn der Welt, von ihrem geistigen Gehalt wird der Betende ergriffen, denn Om versinnbildlicht den Buddha, die Lehre und Gemeinde, mani den Wunschedelstein, padme die Welt und hum vertreibt die Dämonen. Eine andere Sinndeutung setzt die sechs Silben mit den sechs Wesensklassen gleich, so daß Om die Götter, ma die Titanen, ni die Menschen, pad die Tiere, me die Gespenster und hum die Höllenwesen bedeuten.

Die millionenfache Wiederholung der Formel bedeutet jedoch keineswegs eine Mechanisierung religiöser Gefühle, wie man in westlichen Landen zu glauben geneigt ist, sondern verfolgt lediglich das Ziel, das Tagesbewußtsein einzuschläfern und das Tiefe, das Dauerhafte, das Unterbewußte zu wecken. Und wenn der gebrechliche Greis, der fromme

Pilger oder der einsame Asket mit kaum bewegten Lippen Stunden und
Stunden die heiligen Bannformeln sprechen, so bezwecken sie nichts, als
das eigene Innere dem Göttlichen zu erschließen, denn kein Geringerer
als Padmapani selbst, der allgütige Welterbarmer, wird dereinsten durch
die magische Kraft der sechs Silben alle Wesen zur Erleuchtung und
das Leben auf dieser Erde zum Stillstand bringen.

Auch die Wirkung der allbekannten hand-, wasser- und windgedrehten
Gebetsräder, der riesenhaften klösterlichen Gebetstrommeln, in deren
Inneren sich Tausende und Abertausende von bedruckten Gebetsstreifen
und mystischen Formeln befinden, beruht auf der magischen Kraft,
welche dauernde Wiederholung bewirkt. Nichts hat sie mit mechanistischer
Entweihung zu tun, für die das tibetische Identitätsdenken keinen Raum
hat. Nach tibetischer Vorstellung aber reichen die menschlichen Tugenden
alleine nicht aus, um für das Heil aller Wesen zu wirken. Deshalb bedient
man sich des heiligen urbuddhistischen Radsymboles, das auf den ältesten
Darstellungen sogar das Bildnis des Erleuchteten selbst vertritt. So sind
es hier die Elemente selbst, die das Rad des Gesetzes drehen, das Rad,
das die Welt bedeutet, deren Erlösung durch die sechs heiligen Silben
bewirkt werden soll.

Religiösen Sinngehalt haben aber auch die Buchstaben, die gefügten
Worte und die Farben, mit denen sie auf Felsen und Steinmauern angebracht sind, die wehenden Gebetsfahnen, die sturmumbrausten Opfer-
pyramiden auf den hohen Pässen und selbst die mit einfachen Wollfäden umkränzten weißen Quarzitsteine an den Rändern der Wege.
Aus allen diesen, zu feinster Geisteshierarchie gestaffelten Naturdingen,
strahlt der Seelenstoff. Unberechenbares west hinter allen Sichtbarkeiten.
Wunderkräfte, den unendlichen Raum mit Wirksamkeiten ohne Zahl
füllend, harren überall der Entfaltung. Diese magische Geisteshaltung
läßt den Menschen die Naturdinge als Verzauberung einer höheren
Wirklichkeit erscheinen. „Lhas" und „Lhus", Götter und Geister, sind
demzufolge nichts als personifizierte Naturkräfte, die den Gesetzen des
Karma in unlösbarem Zusammenhang von Welt und Überwelt ebenso
unterliegen, wie die Menschen und Tiere. Auch Wasser, Wolken, Winde
und Wetter sind nichts als Ausfluß göttlicher Gewalten.

Bei der Weihwasserzubereitung, beim Benetzen des Hauptes, einer
Sitte, die auf die Thronfolgerweihe Gautamas zurückgeht, aber auch
bei der Segnung und Aktivierung der Amulette, die jeder Tibeter an
seinem Körper trägt, spielen derlei Vorstellungen eine gewichtige Rolle.
Der Vorgang gilt als Kräftesammlung, als eine Speicherung, ein Auf-
laden geistiger Energien zum Schutze des Trägers und in Abwehr gegen
böse Gewalten.

Hohe geistige Bedeutung kommt auch den bildlichen Darstellungen
zu, die sämtlich der sakralen Weihe bedürfen, um zu Trägern über-

irdischer Mächtigkeiten zwecks lebendigen Kräfteaustausches zwischen Priestern und Gottheit zu werden.

Auch die Tschorten Tibets, jene häufigsten religiösen Baudenkmäler und getreuen Abbilder der ältesten buddhistischen Stupas, in denen der irdische Nachlaß Gautamas aufbewahrt wurde, dienen nicht nur als Reliquienschreine für die Gebeine heiliger Lamas, sondern versinnbildlichen in ihrer charakteristischen Pyramidengestalt die vier Urelemente: Erde, Wasser, Luft, Feuer. Als konischer, hoch in die Lüfte ragender Abschluß, erheben sich die, von Sonne, Mond und der Flamme der Erkenntnis gekrönten, Symbole der dreizehn buddhistischen Himmel, so daß die Tschorten nicht anderes als magische Sinnbilder des Weltganzen darstellen.

„Herrlich ist es, ein Ding zu schauen, furchtbar, es zu sein." Dies tief bedeutungsvolle Buddhawort wird hier zur höchsten Wirklichkeit erhoben. Vom Leibe gelöst, von der Sinnenwelt geschieden, frei und ungebunden west der Geist wie ein Lichtstrahl. Hellsicht und Weissagungen werden aus reinem Schauen echte Divination. Dieses Vermögen der tibetischen Orakelpriester, der Quelle allen Lebens sich zu nähern, Feinde zu vertreiben, die kosmischen Gewalten zu beeinflussen, die Seelen Dahingeschiedener anzurufen, prophetisch in die Ferne zu sehen, sprengt die Hülle unserer objektiven Welt. Die Schranken des Raumes und der Zeit entfallen, und die Geisterwelt greift handelnd ein.

Die Weissagungen der tibetischen Orakelpriester, die fast alle dem alten Bönpoglauben nahestehen, gelten als unantastbar und nehmen im Glauben der Tibeter seit altersher einen breiten Raum ein. Der vorbuddhistische Orakelkult wurde von den Äbten der großen Klöster schon in früher Zeit mit dem Buddhismus so innig verbunden, daß er heute aus dem Gefüge der lamaistischen Religion nicht fortzudenken ist. So unantastbar wie der Glaube, daß der Lauf der Planeten die Geschicke der Menschen lenke, ist die Macht der Zauberpriester, und die Klostergemeinden nutzen die Fähigkeiten ihrer Orakel-Lamas wie kraftvolle Magneten.

Auch das berühmte Staatsorakel von Netschung geht auf vorbuddhistischen Geisterglauben zurück. Unter den furchtbaren Dämonen des Schneelandes, die Padma Sambhava bezwang und als Beschützer der Lehre einsetzte, befand sich auch der Dämonenkönig Pekhar, der „Wächter über die Taten", wie er später genannt wurde. Pekhar wurde, so berichtet die tibetische Überlieferung, Schutzgeist Samyehs, des ersten und ältesten tibetischen Klosters. Treulich wachte er über die heiligen Schriften, ohne sich jedoch der Lehre Buddhas zu verbinden. Von Zeit zu Zeit aber wurde ein Zauberlama, aus dessen Munde er den Lebenden prophetische Weisheiten verkündete, von ihm besessen, und bald war

Samyeh das bedeutendste Orakelkloster der alten Zeit. Zahlreiche, mit magischen Kräften begabte Priester zogen von hier aus, und Pekhars Prophezeiungen erfüllten das Schneeland von einem Ende zum anderen. Bald schwebte Pekhars Geist wie ehedem über allen Bergen des Schneelandes, und selbst in der fernen Mongolei tauchte er auf, um aus den verzückten Reden heiliger Lamas die Wahrheit zu sprechen und kommende Dinge vorauszusagen.

Noch gab es keine Dalai Lamas, da inkarnierte er sich im Kyitschutale dicht bei Lhasa und weissagte dem König, worauf die Lamas Klage führten, daß ein nichtswürdiger, dem Kloster Samyeh entlaufener Zauberpriester den König und das Volk verwirre. Auf allseitigen Wunsch der Priesterschaft erklärte sich der König bereit, den Zauberpriester zu verbannen, doch drang der Geist Pekhars augenblicklich in einen gewöhnlichen Bauern ein. Hierauf beschloß man im Staatsrat, den besessenen Bauern zu fesseln und ihn in einer hölzernen Kiste in den Fluten des Kyitschu zu ertränken. Der Abt des Drepungklosters aber hatte nicht nur alle Ereignisse, die sich am Königshofe zugetragen hatten, im Zustande geistiger Verinnerlichung gesehen, sondern Pekhar selbst war ihm erschienen. So faßte er den Entschluß, den großen Geist für sein Kloster zu gewinnen und ihm in Drepung eine bleibende Heimstatt zu gewähren. Daher befahl er einem Lama, am Ufer des Kyitschu nach einer treibenden Kiste Ausschau zu halten und sie uneröffnet zum Kloster zu bringen. Der Lama tat, wie der Abt ihm befohlen, setzte sich am Flußufer nieder und fischte die geheimnisvolle Kiste aus der Strömung. Bei dem Versuch jedoch, die Last zum Kloster hinaufzutragen, übermannte ihn die Neugier und er erlag der Versuchung, den Deckel zu öffnen. Da schlug ihm eine violette Flamme entgegen, die blitzartig in eine riesige Pappel fuhr, ohne jedoch das zarte Blattwerk zu verletzen. Gleichzeitig flog eine perlgraue Turteltaube aus der geöffneten Kiste, kreiste einige Male in der Runde und ließ sich ebenfalls auf einer Pappel nieder, ohne daß es dem Lama möglich gewesen wäre, den Vogel wieder einzufangen. In großer Bestürzung eilte der Lama mit der leeren Kiste zu seinem Abt, gestand seine Sünde und warf sich reumütig zu Boden. Der würdige Abt aber sagte: „Zwar hast du eine schwere Schuld auf dich geladen, nun aber, da die Flamme entwichen und der Vogel entflohen ist, wollen wir hoffen, daß die Taube bei uns nistet und der erhabene Geist in der Nähe unseres Klosters seine Ruhstatt findet. So wollen wir an dieser Stelle einen Tempel bauen und den Ort „Netschung" nennen oder „Das Kleine Haus".

Der Geist des Dämonenkönigs aber, der sich selbst in einen Blitz und sein Medium in eine Taube verwandelt hatte, ließ sich in dem Stamm der mächtigen Pappel häuslich nieder, wo er im Glauben des Volkes auch heute noch in unmittelbarer Nachbarschaft des kleinen

Klosters sein verborgenes Wesen treibt. Und wenn die Turteltauben sommers leise gurren, webt der geheimnisvolle Pekhar durchs Gezweig.

Obwohl die Medien, deren sich Pekhar hinfort bediente, der lamaistischen Glaubensgemeinschaft nicht angehören und daher auch von einem großen Teil der orthodoxen Priesterschaft bekämpft wurden, so ist es doch eine Tatsache, daß die mächtigen Orakelpriester Netschungs schon lange vor der Konsolidierung der lamaistischen Hierarchie durch den großen fünften Dalai Lama ein riesiges Ansehen genossen.

Wer anders sollte es gewesen sein, als eben dieser große „Fünfte", der den Netschungpriester in den gelben Mönchsorden aufnahm und sein Wiedererscheinen auf Erden durch Inkarnationsfolge festlegte? Also wurden die Zauberer von Netschung etwa um 1660 in ihre eigentliche Funktion als Staatsorakel eingesetzt. Folglich lag es auch im Machtbereich des Dalai Lamas, die jeweilige Wiedergeburt des Staatsorakels zu bestimmen und seinen Einfluß auf die Weissagungen geltend zu machen. Auf solche Art brachte der große Einiger des Kirchenstaates auch das machtvolle Instrument des berühmten Orakels unter seine direkte Kontrolle, machte es der gelben Staatskirche dienstbar und zog seine politischen Vorteile daraus, indem er die übersinnlichen Fähigkeiten des als Ratgeber fungierenden Zauberlamas geschickterweise dazu benutzte, seinen eigenen Wirkungskreis zu erweitern. Nach dem Ableben des fünften Dalai Lamas war die Machtstellung des Staatsorakels derart gewachsen, daß es selbst bei der Ernennung neuer Dalai Lamas eine ausschlaggebende Rolle spielte. Das chinesische Kaiserhaus hatte die entstandenen Wirren genutzt und keine Mittel gescheut, um Tibet zum Vasallenstaat des Reiches der Mitte zu machen. So wurde der unfähige sechste Priesterkönig auf Betreiben des Mandschukaisers Kangsi durch ein Lamakonzil für unwürdig befunden. Man behauptete, daß der Geist Tschenresigs den Körper des sechsten Dalai Lamas verlassen habe und ließ ihn 1705 durch eine in Lhasa einbrechende Armee gefangennehmen und beseitigen. Ein von der chinesisch-mongolischen Streitmacht provisorisch ernannter Dalai Lama wurde jedoch von der tibetischen Geistlichkeit nicht anerkannt, worauf das Netschungorakel die Wiedergeburt des siebenten Dalai Lamas in Osttibet prophezeite und somit entscheidend zur Stabilisierung der innertibetischen Verhältnisse beitrug. Die Mandschukaiser versuchten nun ihrerseits die Kräfte des Orakelpriesters für sich zu nutzen und verliehen ihm den Titel „Kung", eine Auszeichnung, wie sie selbst tibetischen Fürsten und Kabinettsministern nur selten zuteil wurde. Auch wurde das Netschungkloster durch den chinesischen Kaiser offiziell bestätigt und mit den goldenen Insignien und auf schönen Tafeln angebrachten Segenswünschen des Himmelssohnes von Peking ausgestattet. Dem in Begleitung des dritten Panchen Lama in güldener Sänfte nach

Peking reisenden Netschungpriester gestattete der Mandschukaiser sogar den Gebrauch eines goldenen Ehrenschirmes, wie er sonst nur über den Palanquinen gekrönter Häupter leuchten durfte.

Im Verlaufe des achtzehnten und neunzehnten Jahrhunderts trat das Netschungorakel zu wiederholten Malen in den Dienst der hohen Staatsführung und sagte auch die Auffindung des dreizehnten Dalai Lamas voraus. In göttlicher Verzückung erteilte der von Pekhar besessene Orakelpriester den versammelten Würdenträgern den Rat, sich in Begleitung eines sittenstrengen Mönches des Gandenklosters unverzüglich zu den Ufern des sieben Tagereisen von Lhasa entfernten Mulidingsees zu begeben, wo eine wunderbare Offenbarung ihrer harre. Als sich der Staatsrat an den verschneiten Ufern des einsamen Bergsees zusammengefunden und man vergebliche Versuche unternommen hatte, das Eis zu brechen, erhob sich augenblicklich ein heftiger Windstoß, der den Schnee hinwegfegte. Gleichzeitig begann das Eis vor den Augen der hohen Staatsbeamten zu tauen. Ganz wie der Netschungpriester geweissagt hatte, erstrahlte der See, berichtet die Legende weiter, von innen erleuchtet in allen Farben des Regenbogens, und man erkannte auf dem Grunde des blauen Wassers die Gestalt eines kleinen Kindes, das in den Armen seiner Eltern ruhte. In höchster Erwartung begab sich der Staatsrat in feierlicher Prozession wieder zum Netschungkloster zurück, und der Zauberlama gab in erneuter Trance zu verstehen, daß man eine Kongregation heiliger Lamas weit nach Osten, bis an die Grenze des chinesischen Landes, entsenden möge. Dort, am Fuße eines hohen Berges, dem die Gestalt eines indischen Elefanten zu eigen sei, würde man in einer Hütte ein armes Ehepaar finden, dessen soeben geborenes Knäblein der gesuchte neue Dalai Lama sei. Die Prophezeiung traf wortwörtlich zu und der dreizehnte Gottkönig bestieg den Thron.

Als um die Wende des neunzehnten und zwanzigsten Jahrhunderts die Spannung zwischen britisch-indischer und tibetischer Regierung ihren Höhepunkt erreicht hatte und die Engländer sich unter dem Vizekönig Lord Curzon entschlossen, die von Rußland beeinflußte tibetische Regierung auf ihren Platz zu verweisen, ließen sich die Tibeter wiederum durch die Weissagung ihres Staatsorakels leiten. Wie vom Netschung-Gotte vorausgesagt, zog sich die 1903 vor Khampa Dzong stehende britische Mission unter dem Obersten Younghusband wieder zurück und organisierte sich in Sikkim neu. Im Sommer 1904 drangen die Briten dann nach Lhasa vor, wo sie ihre Bedingungen diktierten.

Das ist der Grund, weshalb die tibetische Regierung fester denn je an die geheimen Kräfte des Orakelpriesters glaubt und keine großen Schritte unternimmt, ohne den Geist Pekhars vorher zu befragen. Als der dreizehnte Dalai Lama jedoch unter geheimnisvollen Umständen das Zeitliche gesegnet hatte, schwanden auch die magischen Kräfte des

Orakelpriesters zu Netschung dahin. Im Jahre 1935 sah sich die tibetische
Regierung daher gezwungen, nach einem neuen Orakellama Umschau
zu halten. Die Minister traten im Potala zusammen, um geheimen Rat
über die Auffindung einer neuen Wiederverkörperung des Netschung-
Gottes zu halten. Während dieser Sitzung wurde einer der anwesenden
Zauberlamas ganz plötzlich vom Geiste Pekhars besessen. Er gebärdete
sich wie rasend und veranlaßte die Kabinettsminister, einen bisher völlig
unbekannten Lama, der irgendwo ein kleiner Schreiber war, unverzüglich
zum Potala zu berufen. Als der verblüffte junge Lama eintrat, sprang
das verzückte Medium von seinem Sitz, überreichte dem Neuankömmling
einen weißen Seidenschleier, ergriff eine Handvoll geheiligter Reiskörner
und streute sie unter Ausstoßung magischer Formeln über den Kopf des
Lamas. Auf der Stelle begann der Neuerwählte am ganzen Körper zu
zittern und war seinerseits vom Geiste Pekhars besessen. Nach dieser
wunderbaren Kräfteübertragung beriefen die Kabinettsminister den jungen
Lama sofort nach Netschung, wo er noch heute das verantwortungsvolle
Amt des Staatsorakels innehat. Mit dem Titel des Taluma Rimpoché
geehrt, gehört er zu den höchsten Mönchsoffizieren des Schneelandes und
wird zu allen politischen Entscheidungen hinzugezogen. Alljährlich am
vierten Neujahrstage sagt er die Schicksale des Landes voraus.

Mit Spannung erwarte ich, ob Pekhar unsere Expedition der Erwähnung für würdig erachtet.

Schon lange vor Beginn des Neujahrsfestes habe ich Taluma Rimpoché meine Aufwartung gemacht. Gegenseitiges Vertrauen verbindet
uns. Während der vielstündigen Unterhaltungen, die ich mit ihm führen
kann, gewinne ich den Eindruck eines gütigen, vornehmen und sehr
intelligenten Tibeters. Mit den Insignien eines Abtes der Gelugpasekte,
rotem togaähnlichem Umhang und einer goldenen, lotosgeschmückten
Mitra, unterscheidet er sich in nichts von anderen hohen kirchlichen
Würdenträgern. Im persönlichen Verkehr zeigt der etwas untersetzte,
wuchtig gebaute Mann keinerlei Anzeichen, die auch nur im entferntesten
auf übernatürliche und außersinnliche Kräfte schließen lassen. Seine
vollendete Höflichkeit, verbunden mit einem ausgesprochenen Charme,
lassen ihn sogar beinahe weltmännisch erscheinen. Bereitwilligst erzählt
er mir aus seinem Leben.

In der Nähe des Klosters Drepung, wo sein Vater Laiendiener war,
wuchs er auf und ahnte bis zu seiner magischen Berufung, die vor vier
Jahren erst erfolgte, nicht das geringste von den ihm innewohnenden
„göttlichen“ Kräften. Auch hatte er während der Ausübung seines
früheren Schreiberberufes niemals unter Anfällen oder dergleichen gelitten.

Bevor er sich in Trance versetzen kann, so berichtet mir der liebens-
würdige Taluma, muß er in völliger Abgeschlossenheit erst einige Tage
fasten. So vorbereitet, wird seine Seele frei und kann durch Pekhars

ungestümen Geist aus ihrer Hülle vertrieben werden. In völliger Bewußtlosigkeit bedient sich der große Dämonenkönig seines Körpers. Taluma kann sich auch nachträglich nicht an irgendeinen seiner Orakelsprüche erinnern. Seine leibliche Hülle ist im Zustand der Besessenheit nur Instrument der Gottheit. Im Augenblick aber, da der Geist wieder aus ihm weicht, bricht er auch physisch zusammen und liegt wie tot. Nach Wiedererlangung des Bewußtseins leidet er noch viele Stunden unter fürchterlichen Schmerzen, und tagelang noch fühlt er sich außerstande, einen eigenen Gedanken zu fassen. Da er während der Trance nicht fähig ist, seine Worte zu kontrollieren, befindet er sich in ständiger Gefahr, in Intrigen verwickelt und seines Amtes verwiesen zu werden. Zwar führen die Verwaltungsbehörden über seine Weissagungen genaues Protokoll, doch kann er nie wissen, wie sie interpretiert werden. Allmonatlich muß er sich einem hohen Würdenträger für eine Befragung zur Verfügung stellen, und bei schlechten Auskünften wird er fast regelmäßig aufs heftigste befeindet und bedroht. In seiner Funktion als Schützer und Verteidiger des lamaistischen Glaubens wird er auch von zahlreichen Vertretern der Geistlichkeit interpelliert, die ihre Wünsche jedoch schriftlich niederlegen müssen. Wenn genügend solcher Orakelgesuche eingelaufen sind, versetzt er sich in Trance. Die Weissagungen werden von seinen Helfern zu Papier gebracht und den Fragestellern in versiegelten Briefen übergeben.

Taluma ist nicht glücklich. Wahrscheinlich würde er bald sterben, sagt er mir. Seine Gesundheit sei zerrüttet, und jede Sitzung bedeute eine große Anstrengung für ihn. Auch seine Vorgänger seien stets nur sehr kurzlebig gewesen.

Nach bitterkalter Nacht ein jubelnd sonnenklarer Morgen. Die westliche Ausfallstraße, die nach Netschung führt, ist schwarz von Menschen. Wir haben uns in der Nähe des Norbhulingkha genannten Sommerpalastes des Dalai Lamas in Erwartung des großen Festzuges postiert. Herolde reiten in scharfem Paßgang voraus, um dem „Wächter der Taten", dem „Großen Meister der Wahrsagekunst" zu künden, daß die hohe Regierung sich rüste, den Orakelspruch entgegenzunehmen.

Schon ist die Sonne hoch über die schneebedeckten Bergeskuppen emporgestiegen. Kein Lufthauch regt sich. Kristallklar, braun und öde liegt das kilometerbreite Tal. Lhasa ist weit entfernt, und nur das Meer der Menschen, die sich entlang der Straße zu kleinen Picknick-Gesellschaften zusammengefunden und buntbemalte, mit Tschangkannen und Teebehältern reich bedeckte Tischchen aufgebaut haben, läßt das Ereignis ahnen. Weit in der Runde leuchten einsam Eremitenklöster wie weiße Schwalbennester von den kahlen Felsen. Die Natur ist so ge-

waltig, daß alles Menschenwerk wie wesenlos entschwindet. Nur Tsogpuri und Potala, die mitten in der Ebene sich erhebenden Zwillings-
zeugenberge, leuchten im Weiß und Rot trutziger Mauern und gold-
strahlender Dächer. Aus den Parks von Norbhulingkha klingt der
Balzruf der Raben, und ein goldgehämmerter Lämmergeier gleitet so
dicht über unsere Köpfe hinweg, daß wir das helle Surren der im Auf-
wind vibrierenden Schwungfedern deutlich vernehmen können. An einer
kleinen Brücke, die über einen breiten Bewässerungsgraben führt und
nicht umgangen werden kann, haben wir uns niedergelassen. Wir sind
ganz ruhig. Der Zwangpaß ist besetzt. Hier müssen sie kommen. Wir
strecken unsere Glieder der wärmenden Sonne entgegen, rauchen und
sinnen.

Hufschlag ertönt. Scharf trabend prescht ein mitrageschmückter Lama
mit einigen Regierungsdienern vorüber. Das ist das Zeichen. Von fernher werden Tubenstöße laut. Das Volk steht auf und säumt die Straße.
Rasch greifen unsere Leibgardisten ein. Sie schaffen Ordnung und Richt-
feld für die Kameras.

Und dann — ein Bild, so wunderbar und farbenprächtig, inmitten
dieser einzigartigen Natur, daß ich es nie vergessen werde! Wie eine
Vision aus alter Zeit, glitzernd und funkelnd, branden sie heran. Vierhundert seidenrauschende Reiter in dieser Landschaft; welch ein Schau-
spiel. Sonnübergossen, ein Traum aus längst vergangenen Märchen-
tagen, die hohe Generalität in beigefarbenen Gelutay-Uniformen, mit
allem Schmuck und schimmernd weißen Königshauben an der Spitze. —
Was für Pferde! Brokatne Satteldecken, edelsteinbesetztes Zaumzeug,
türkisgefaßter Stirnschmuck, Pfauenfedern, feuerrote Quasten und lange
Seidenschärpen in den zopfgeflochtenen Schweifen!

In kraftvoll edlem Paßgang folgt das Heer der Würdenträger und
Beamten in vollem Glanz. Und dann — goldstrahlend, von acht stämmigen Dienern getragen, die Königssänfte Seiner Heiligkeit. Wohl
fünfzig hohe Offiziere und Mönchsgardisten in wallenden Faltenröcken
umschwärmen sie.

Ich vermeine ein ganz leises Lächeln auf dem Gesicht des Regenten
zu bemerken, als er mich sieht. Mit zum Himmel gekehrten Handflächen verneige ich mich tief. Das Volk erstarrt und Seine Heiligkeit
schlägt die durchsichtigen Schleier zurück und faltet im Gruß die Hände.
Leicht schwankt das goldene Gestühl und bildet einen zauberhaften
Gegensatz zum Blau des wolkenlosen Himmels und dem Ockerbraun der
kahlen Berge.

Dicht hinter dem Regenten reiten die Minister, die Mitglieder des
Staatsrates, die Äbte der drei Regierungsklöster Sera, Ganden und Drepung und die höchsten, in Lhasa anwesenden lebenden Buddhas. In
gold- und silberglitzernden Talaren, leuchtenden Togen, hohen Zobel-

fellmützen und goldstrahlenden Mitren scheinen sie ganz mit Juwelen bedeckt. Bei unserem Anblick heben sie sich wie mittelalterliche Feldherren in den Sätteln, verneigen sich und defilieren, eine golddurchwirkte Schlange, auf ihren prächtigen Tieren langsam vorüber. Den Abschluß bilden wieder mittlere Beamte und ein langer Schwarm von Dienern.

Auf der Hälfte des Weges gerät die farbenprächtige Kavalkade ins Stocken. Die Träger der Königssänfte wechseln einander ab. Weiter geht es wiegenden Schrittes, Drepung entgegen, über wüstenhafte Ödflächen und sumpfige Quelltälchen, bis sich der prächtige Reiterzug in Höhe der verwahrlosten Metzger- und Leichenzerschneiderkolonie des gewaltigen Klosters in einzelne Abteilungen auflöst. Angesichts der festungsartigen, sich dem Berghang dicht anschmiegenden Klosterstadt von Drepung steigen die Regierungsmitglieder nun den schmalen, vielfach gewundenen Pfad nach Netschung empor, das, von einem wundervollen Pappelhain überschattet, von Drepung durch eine tiefe Schlucht getrennt ist.

Der Komplex des Staatsorakels besteht aus mehreren tiefroten, goldbedachten Gebäuden, die sich im Geviert um einen sauberen, steinplattenbelegten Hof gruppieren. Rings von Blumengärten, Weiden, Juniperusbuschkagen und zierlichen Bambushecken umsäumt, hat Netschung einen friedlichen, beinahe idyllischen Charakter. Nur von wenigen Schülern umgeben, führt der große Zauberlama ein von der Welt völlig abgeschlossenes Dasein. Dicht neben seinen mit schönen, alten Möbeln und kostbaren Teppichen ausgestatteten Wohngemächern hat sich Taluma einen kleinen zoologischen Garten angelegt, wo mehrere Makakenaffen und ein großer handzahmer Steppenbär bei guter Pflege ein beschauliches Leben führen. Auch besitzt der tierliebende Orakelpriester einen kleinen Hühnerhof, der sich jedoch, den Vorschriften der Gelugpasekte entsprechend, nur aus männlichen Individuen zusammensetzt. Bei der Ankunft der hohen Gäste stolzieren die langschwänzigen Ritter frei, zahm und ungeniert zwischen den geistlichen und weltlichen Würdenträgern umher.

Inmitten des Tempelhofes wird ein schöner, vierteiliger Tschorten zu beiden Seiten von zwei massiven Weihrauchöfen flankiert. Ein reichgeschnitzter, gebetswimpelumflatterter Altan geleitet zwischen zwei chinesischen Porzellanlöwen über eine weitausladende Treppenflucht zum Vestibül des Haupttempels empor. Statt der üblichen Fresken von Lebensrad und Richtungsgöttern zeigt die Vorhalle des Netschungtempels an tuchbespannten roten Säulen glitzernde Metallspiegel, Pfeile, Bogen, Schwerter, Kettenpanzer und anderes seltsames Gewaff, das aus der Zeit des Königs Ti Srong Detsen stammt und Pekhar diente, die Feinde der Religion zu schlagen. Die Wände sind mit vergilbten Seidenbannern

160

Ombulhakang, das „älteste Haus"

Potala, frontal

bedeckt, auf denen Szenen aus dem Leben des großen Zauberpriesters zu sehen sind.

Furchterregend aber ist das Innere des Tempels. Dort könnte man das Gruseln lernen. Nach welcher Seite man auch immer blicken mag, überall zähnefletschende, menschenleiberzermalmende Dämonen, grauenhafte Darstellungen der heißen und der kalten Höllen und aus düsteren Nischen hervorgrinsende halbverrottete Menschenschädel zwischen alten Schwertern und Vorderladern. In einem gesonderten, von stickigem Butterqualm und dicken Weihrauchschwaden erfüllten Gemach hängen ausgestopfte Mastiffhunde, halbenthaarte Tigerfelle und dickwanstige Yaks von der Decke, um die heilige Reliquie der kleinen Turteltaube, die einst den Anlaß zum Bau des Netschungklosters gab, zu bewachen.

Durch ein geschnitztes, niedriges Portal gelangt man in ein nur vom gelben Schein der Butterlampen schwach erleuchtetes Verlies, wo nach alter Sitte die Vorbereitungen getroffen werden, den Geist Pekhars zu locken und den Zauberlama in Trance zu versetzen. Von mittelalterlichem Requisitenwerk, magischen Attributen, silbernen Brustplatten, edelsteinbesetzten Schwertern und dicken Fesselseilen umgeben, wird hier der massivgoldene, mit Fahnen und Wollknäuel verzierte Orakelhelm des großen Zauberers auf prunkvollem, mit Seidenkissen belegtem Thronsessel aufbewahrt. Darüber hängt, fratzenhaft und unheimlich, Pekhar selbst, ein Gemälde des Dämonenkönigs, ein tobendes Ungeheuer mit drei Köpfen und sechs Händen in einem züngelnden Meer von Flammen. Auf einem Berglöwen durch die Wolken reitend, trägt der Fürchterliche Schwert und Zauberdolch in seinen Händen. Seine Trabanten sind wilde, von Hirschen und Yaks getragene Dämonen, zu denen sich auch der in Kettenpanzer gehüllte Kriegsgott Begtse gesellt. Neben dem Folterwerk jedoch soll auch ein kleines Bild Tsongkhapas daran gemahnen, daß aller Geisterspuk, der hier geschieht, dem Heil der gelben Kirche dienen möge.

Inzwischen ist der Regent seiner Sänfte entstiegen und hat auf dem bereit gehaltenen Thronsessel Platz genommen. Alle übrigen Würdenträger und Regierungsmitglieder gruppieren sich auf dem Altan und versinken in schweigende Betrachtung. Tee wird gereicht.

Da erklingt aus dem Innern des Zaubertempels dumpfe Musik und Lamas in dunkelroten Faltenröcken und breitrandigen Lackhüten erscheinen, goldene Trommeln schlagend. Sie stellen ein trisulagekröntes Siegesbanner vor dem Portale auf. Nun quellen Schwarzhutzauberer und blutrot gekleidete Skeletttänzer, die in der Art tibetischer Horoskopdarstellungen rote, gelbe, grüne und blaue Karos tragen, aus dem Tempelinnern hervor, um mit einem mystischen Tanz den Geist des Dämonenkönigs herbeizurufen.

Während aus mächtigen, wundervoll ziselierten Silberkannen nochmals Tee geboten wird, gehen im innersten Verlies des Tempels geheime Dinge vor. Tiefe tremolierende Signale schwingen aus Muschelhörnern und meterlangen silbernen Trompeten durch aufdampfende Weihrauchnebel. Rhythmische Gebetstöße aus hundert Kehlen wechseln mit dem Gemurmel heiliger Silben und magischer Formeln.

Taluma, der inzwischen mit totenbleichem Antlitz auf seinem Throne Platz genommen hat, sitzt in Versenkung. Plötzlich quellen seine großen Augen scharf hervor. Ganz leise treten Lamawärter an ihn heran, glätten sein phantastisches glöckchenbehangenes Gewand und stützen ihn.

In diesen entscheidenden Minuten, da sich der Gott Taluma nähert, um in seinen Körper einzudringen, wechselt der Gesichtsausdruck des Mediums in einem fort. Als wenn zuckende Blitze seinen Körper durchrasten, richtet er sich in gespannter Konzentration auf und wird mit schmerzverzerrten Zügen plötzlich von heftigen Anfällen geschüttelt. In gefolterter Überanstrengung laufen ihm Schweißperlen wie funkelnde Diamanten über die gemarterte Stirn. Dann rast er los. Rasch zuspringend halten Scharen bärenstarker Wärter den von Schmerz gepeinigten und wild um sich schlagenden Zaubermeister auf seinem Throne nieder. Entsetzliches Stöhnen entringt sich seinem peinverzerrten Munde, bis er unter allen Anzeichen eines heftigen Kampfes die Besinnung verliert.

Nach dieser schwierigen Handlung sitzt Taluma Rimpoché noch immer ohne Kopfbedeckung, aber in vollem phantastisch glitzernden Amtsornat mit einem kreisrunden, goldenen Zauberspiegel auf der Brust. Seine Augen sind nun geschlossen und bleiben es. Die Lider hängen schwer herab. Der Mund ist halb geöffnet. Die Hautfarbe wechselt von tiefem Rot zu pergamentnem Gelb. Konvulsivische Zuckungen schütteln den Körper. Schaum tritt ihm vor den Mund, sein Kopf scheint sich zu weiten. Unförmige Dimensionen nimmt er an. Das Kinn vibriert und die Falten, die von der Nase zu den Mundwinkeln ziehen, treten scharf hervor. Während sich Pekhar des zuckenden Körpers vollends bemächtigt, halten ihn vier starke Lamagardisten noch immer mit aller Gewalt auf seinem Throne fest. Rasch schleppen zwei weitere Lamas den gewaltigen, mit unzähligen Juwelen besetzten Helm aus massivem Gold heran, legen das Medium leicht zurück und befestigen den Kopfputz mit Riemen und mit Schnallen. Wie mir glaubhaft berichtet wird, soll der riesige Helm an sechzig englische Pfunde wiegen und einen Wert von Millionen repräsentieren.

Im gleichen Augenblick klingeln alle Silberglöckchen, die das Kostüm verzieren und — seine Wächter und Trabanten mit sich reißend, verfällt Taluma unter hellem Trompetengeschmetter in einen medialen Tanz von großer Schönheit. In fast poetischer Haltung ist sein Gesicht nun verklärt. Wonne, Lust und Seligkeit sprechen aus den Zügen. Als ob er das Schöne schaue, als ob die Pforten des Himmels sich ihm öffneten, verklärt hoher Friede das Antlitz des Entrückten. Mit sprechender Mimik erschließt sich seine ganze Seele der Geisterwelt. So dringt er zum verborgenen Ratschluß vor und wird zur Sternenwelt entführt, so belauscht er das Leben und den Gang der Geschichte, vom Geiste Pekhars entführt, vom Körper gelöst verbindet sich seine Seele dem Alleinen und versinkt in die strahlende Leere. Alle Disharmonien von Erkennen, Wollen und Handeln scheinen ihm gelöst. Wie kein Verstandeswesen die letzten Gründe aufzudecken vermag, so quillt das Leben hier aus sich selbst, dem Zentrum, das mit Geistesmacht die Welt beherrscht und dessen Wesen niemals die Wissenschaft, nur große Dichtung manchmal fassen kann.

Von unaufhörlichem Klang der Silberglöckchen, monotonen Trommelwirbeln und dem Tönen der Zimbals, Hörner und Tschinellen begleitet, schwingt sich Taluma nun in seinen wunderbaren Goldgewändern zum Thronsessel des Regenten, erhebt seine Hände zum Himmel und beugt sich vor dem König des Schneelandes zitternd zu Boden. In diesem feierlichen Augenblicke erheben sich alle Anwesenden von ihren Sitzen, um Pekhar ihre Ehrfurcht zu bezeugen.

Inzwischen hat das Gesicht Talumas blutrote Färbung angenommen. Mit ausgebreiteten Armen beginnt er einen wilden frenetischen Tanz. Er kann von seinen Begleitern, die bestrebt sind, dem eisernen Griff seiner Klammerfäuste zu entgehen, kaum gebändigt werden. Heftige Anfälle, in denen er fähig ist, furchtbare Wunden zu schlagen, wechseln mit ruhigen Tanzschritten, wo nur die Fahnen und Pompons des gewaltigen Kopfschmuckes zitternd hin und her schwanken.

Nun tritt ein hoher, juwelengeschmückter Würdenträger hervor, um den Regierungsbrief mit allen Fragen über Glück und Unglück, die Möglichkeit kriegerischer Verwicklung, ausbrechende Seuchen und die Zukunft des tibetischen Landes vorzulesen.

Wieder verwandelt sich das Gesicht Talumas ganz und gar. Zwar ist die Form die gleiche geblieben wie im Zustande der ersten Verzückung, aber der halbgeöffnete Mund beginnt nun zu vibrieren, und die Augenlider senken sich noch mehr. Die breiten Jochbögen und das energische Kinn treten unter der gespannten Haut schärfer und markanter hervor. Die ganze Gestalt jedoch erscheint nach innen gekehrt, als ob der goldene Spiegel auf ihrer Brust alle Schwingungen der Welt wie ein Brennglas eingesogen habe. Der Ausdruck des Gesichtes ist jetzt der einer sprechenden Maske der Weisheit, aber auch der Trauer.

In diesen Augenblicken, da Taluma sich dem Ohre des Regenten neigt, um seine so unendlich bedeutungsvollen Wahrsprüche zu sagen, beugen sich die hohen Staatsbeamten in gespanntester Erwartung nach

vorn, um aus dem Munde des gottbesessenen Zauberpriesters etwas von
der Prophetie zu erhaschen.

Folgendes verkündet Pekhar aus dem Munde des Taluma der versammelten Regierung im Neujahrsspruch 1939:

„Die Buddhas des Himmels und der Erden entbieten ihren Gruß
den lotosfüßigen Beherrschern des Schneelandes — Habet acht auf die
Berge, die an den Grenzen stehen — Fliegende Menschen werden sich
durch die Wolken dem Schneeland nähern — Sie kommen mit schönen
Gaben, und ihre Rede wird so süß sein, wie das Gurren der Tauben —
Aber sie bringen falsche Kunde, die nicht vom Himmel stammt — Der
Friede wird vergehen über dem Schneeland, wenn der neue Dalai Lama
nicht in diesem Jahre seinen Einzug hält in der heiligen Stadt — Dann
wird das Glück wieder einkehren — Beschützet die Lehre, bringet Opfer,
seid freundlich zu den Fremden, aber weist ihre Gaben zurück, denn sie
werden den lebenden Wesen nicht helfen. Ein Drache beherrscht ihre
Welt, der in der Höhle zwischen ihren Hälften lebt."

Auch die Bedeutung unserer Expedition gehört zu den Gegenständen
dieses seltsamen Frage- und Antwortspiels:

„Die Fremden, die übers Meer von weit her kamen, behandeln euch
nicht wie Kinder, sie lieben unsere Lehre, aber sie tragen auch anderes
— Seid duldsam mit ihnen, denn sie freuen sich am großen Gebet."

Einige Tage später, um es an dieser Stelle schon vorwegzunehmen,
teilt mir Exzellenz Tsarong, der frühere Premierminister und Vertraute
des dreizehnten Dalai Lamas, dem ich auch diese Übersetzungen verdanke, mit, Taluma habe dem Regenten noch viel mehr ins Ohr ge-
flüstert. Er könne es mir aber nicht sagen, doch bete er nun täglich, daß
es zwischen den „Ingli" und den „Tschärmän" nicht zum Kriege komme,
denn das würde den Untergang bedeuten und auch für das Schneeland unabsehbare Folgen haben. Die „Tschärmän" und die „Ingli"
müßten sich verstehen. „Alle guten Menschen müssen beten", sagt
Exzellenz Tsarong zum Schluß.

Während der nur wenige Minuten dauernden Weissagungen verhält
sich der Orakel-Lama auffallend ruhig, verfällt jedoch nach Abschluß
der Prophezeiungen sofort wieder in einen wilden, grotesken Tanz und
überschüttet alle anwesenden Regierungsmitglieder, einschließlich des
Regenten, mit geheiligten Reiskörnern. Von krampfartig ekstatischem
Zittern durchbebt, bricht Taluma wie ein gefällter Baum vor dem
Regenten zusammen. Der Geist Pekhars hat den zuckenden Haufen
Fleisches wieder verlassen. Sich in Schmerzen windend, zerrinnt die
Verzückung unter wilden Eruptionen wie mit einem Schlag. Nieder-
gestreckt und bewegungslos liegt Taluma. Furchtbar verdreht er die
Augen, die sich nun wieder für wenige Sekunden öffnen und ganz weiß
erscheinen. Dann tritt ein tiefes Koma ein. In solchem Zustand tragen

vier Wärter den leblos erscheinenden Körper wieder in das Innere des Tempels, und alle Lamas verschwinden mit wildem schauerlichem Geheul. Damit ist der große Staatsakt beendet. —

Sind es Wahngebilde oder Täuschungen? Ein Rest besteht, um dessentwillen sich das Forschen oder Glauben lohnt. Gar manches dieser dämmerigen Phänomene existiert nach vernunftgemäßem Denken nur im subjektiven Sinn; aber haben wir hier nicht einen Hinweis erhalten, daß sich das Übersinnliche erst dann entschleiert, wenn die Bereitschaft der Seelen die Bedingungen hierfür schafft? Hat sich das tibetische Volk nicht auf dem archaischen Boden vorbuddhistischen Bönpoglaubens, dessen alte Götter im Lamaismus zu „Dämonen“ wurden, einen Zugang zur Welt bewahrt, der für uns Menschen des Abendlandes heute verschlossen zu sein scheint? Alle Erscheinungen, die wir als Spuk bezeichnen, die gefährlich sind, die wir schon allzuoft als nicht zur Religion gehörig verdammten, die aber trotz der hellen Mittagssonne der Vernunft ihr schummeriges Dasein weiterführen — sie alle sind hier noch vereint in einem Glauben — einem Menschen.

IM GLANZ DER BUTTERLAMPEN

Das äußere Mönlomgetriebe nimmt seinen Fortgang. Die breite
Masse des Volkes vergnügt sich in der Zeitspanne zwischen dem vierten
und dem fünfzehnten Neujahrstage mit Empfängen und Festlichkeiten.
Dem Klerus allein bleibt es vorbehalten, die geistlichen Vorbereitungen
für das „große Butterfest" am fünfzehnten Neujahrstag zu treffen.

Tagtäglich quillt das Heer der Priester in langem Strom durch die
Portale des Tsug Lha Khang. Die Überfüllung in der Stadt ist so groß,
daß die priesterliche Ordnungspolizei tagtäglich die Peitschen in den
Straßen knallen läßt, und unbarmherzig sausen ihre Stöcke auf die
Rücken der Unfolgsamen nieder, um den Betrieb in der Stadt einiger-
maßen in Gang zu halten. Und immer noch nützt die hohe Geistlichkeit
jedwede Gelegenheit, sich Vorteile zu verschaffen und mit allen Mitteln
gegen das Laienvolk zu Felde zu ziehen. Hinter den mächtigen Fassaden
des heiligsten Tempels aber spielen sich dreimal am Tage die Offizien
zu Ehren der Buddhas und der großen Schutzgottheiten des tausendfach
verzweigten Pantheons ab.

Unter dem geistlichen Vorsitz Thé-Rimpochés, des gelehrten Abtes des
Gandenklosters, werden im zentral gelegenen Lichthofe der Stadtkathedrale zu Füßen des großen Maitreya-Standbildes hohe Priesterweihen
abgehalten und geistliche Ehrentitel verliehen. Im Frage- und Antwort-
spiel müssen die priesterlichen Kandidaten Verstandesschärfe und Rede-
gewandtheit über Themen der lamaistischen Philosophie unter Beweis
stellen. Unter dem Heer der Tausende dürfen auch in diesem Jahr
nur sechzehn außergewöhnlich begabte und tugendsam lebende Priester
die Hoffnung nähren, von der Prüfungskommission mit dem hohen
Titel eines „Lharamba" oder „göttlichen Priesters" geehrt zu werden.

Daneben erfordert das im „Aufstieg" begriffene Jahr umfangreiche
Weihehandlungen, die den übersinnlichen Ursprung der buddhistischen
Lehre beweisen und den glücklichen Verlauf des neuen Jahres bestimmen
sollen. So wird am vierten Neujahrstag den Ortsgottheiten, am fünften
den Genien, am sechsten und siebenten dem lamaistischen Reformator
Tsongkhapa und am achten Manjusri, dem Gotte der Weisheit gehuldigt;
am neunten Tage werden die Kleidungsstücke des dreizehnten Dalai
Lamas zwecks göttlicher Verehrung zur Schau gestellt, und vom zehnten
bis zum dreizehnten Tage werden im Beisein des Regenten besondere
Offizien zu Ehren Gautamas, des Begründers der buddhistischen Lehre,

abgehalten. Gleichzeitig beten alle im Stadttempel versammelten Lamas für das Glück der Priesterschaft. An den Abenden werden feierliche Wunschgebete zu Ehren der göttlichen Dolma verlesen und viele Säcke mit Tee und Tsamba an die bettelnde Bevölkerung der Hauptstadt ausgegeben.

Der vierzehnte Neujahrstag aber gilt als Ruhetag und soll der innerlichen Vorbereitung auf das große Vollmondfest des nächsten Tages dienen. Die geistlichen Bemühungen gipfeln vorzüglich in dem Wunsch, all die Legenden, die sich um das Leben Sakyamunis gewoben haben, in die Erinnerung der Lamas zurückzurufen und neu zu beleben. Der alten Überlieferung gemäß werden sie im großen Butteropfer des fünfzehnten Tages eine besondere Weihe erhalten.

Den eigentlichen Ursprung dieses höchsten geistlichen Opferfestes führt die lamaistische Kanonik auf Wundertaten Gautama Buddhas zurück, die er um die Zeit der Jahreswende zum „männlichen Feuerdrachenjahr" gewirkt haben soll, um die Unantastbarkeit seiner Lehre und ihre göttliche Urheberschaft vor aller Welt zu beurkunden.

Am ersten Tage des genannten Jahres stieß der Buddha während des Gastmahles eines großen Königs seinen Pilgerstab in die Erde, und sogleich entfaltete sich ein mächtiger Baum, der wunderbare Früchte trug. Dieser Wunderbaum war ein Abbild der sieben heiligen Kostbarkeiten, und sein Glanz stellte Sonne und Mond in den Schatten, und der Hauch des Windes verbreitete süße Düfte über das ganze Land, während aus dem Blätterrauschen murmelnde Gebete zu vernehmen waren.

Am zweiten Tage des „männlichen Feuerdrachenjahres" ließ Sakyamuni hohe Berge aus der Erde wachsen, auf deren grünen Triften das Vieh weidete, während sich die Menschen an den Früchten herrlicher Bäume labten.

Am dritten Tage spie der Buddha auf den Boden und aus seinem Mundwasser entstand ein großer See, dessen Oberfläche von wunderbaren Lotosblumen bedeckt war, und ihr Glanz verbreitete sich über alle Länder der Erde.

Am vierten Tage erhob sich aus den Tiefen des Sees eine raunende Stimme, die den achtteiligen Pfad der heiligen Lehre verkündete.

Am fünften Tage entsprang aus dem Lächeln des großen Buddha ein weithin leuchtender Schein, der sich über die Welten ausdehnte und allenthalben Glückseligkeit verbreitete.

Am sechsten Tage geschah es, daß alle Freunde und Anhänger des Buddha ihre eigenen Gedanken lesen und ihre sündigen Handlungen im geistigen Spiegel zu erkennen vermochten. So vermehrten sich die Tugenden und alles huldigte dem großen Sakyamuni.

Am siebenten Tage kam das Volk von Sakya, um sich einmütig zur Lehre des Erleuchteten zu bekennen. Die sechs verderbenbringenden Irrlehrer aber, die bisher kein Mittel gescheut hatten, die Religion in Verruf zu bringen und die Massen des Volkes gegen den Meister einzunehmen, wurden als Ketzer gebrandmarkt, da sie nicht imstande waren, Wunder zu wirken. Also schrumpften ihre Geister vor der Allmacht des großen Heiligen, dem Könige, Götter und Göttinnen Huldigungen darbrachten und ihm Dank sagten für den Sieg des reinen Glaubens über die dunklen Mächte.

Am achten Tage des neuen Jahres berührte Sakyamuni den Thron des Indra mit dem Zeigefinger seiner rechten Hand, worauf fünf dämonische Gestalten erschienen, die die Sessel der sechs Irrlehrer zerschmetterten. Darauf wandten sich alle Anhänger der falschen Propheten dem Glauben des Buddha zu und wurden Priester.

Am neunten Tage verweilte Buddha am heiligen Meruberge, und sein Glaube durchdrang alle Reiche der Erde.

Am zehnten Tage nahm die Gestalt des Buddha riesenhafte Größe an und seine Stimme verkündete allen Lebewesen die Religion.

Am elften Tage erstrahlte Buddhas Körper und erfüllte die dreitausend Welten mit seinem Glanze.

Am zwölften Tage des neuen Jahres entsprang aus Buddhas Körper ein goldener Strahl, und alle, die er traf, wurden von gegenseitiger Verehrung, Verbrüderung und seliger Ruhe ergriffen.

Am dreizehnten Tage schossen aus dem Nabel des großen Buddha zwei Strahlen hervor, die in Lotosblumen gipfelten, aus deren Blütenboden wieder neue Buddhas entsprossen, die wiederum je zwei magische Strahlen aussandten und gleichfalls Lotosblumen erstehen ließen, bis die ganze Welt von der duftenden Fülle der heiligen Blüten erfüllt war.

Am vierzehnten Tage erstrahlte der Glanz vom Haupte Buddhas, und er zauberte einen herrlichen Wagen hervor, aus dem noch hundert weitere Gefährte entstanden, deren Insassen verschiedenste Verwandlungsformen seiner selbst waren.

Am fünfzehnten Tage aber bot der Buddha allen Lebewesen köstliche Speisen, und wer sie genoß, empfand weder Wünsche noch Begierden. Sakyamuni aber legte seine rechte Hand auf die Erde, worauf die zahlreichen Folterqualen sichtbar wurden, die die menschlichen Seelen in der achtzehnteiligen Hölle erwarteten. Da begann der Buddha seine große Predigt, und man sah, wie viele der Gefolterten fromm wurden und in den Himmel kamen.

Also berichtet die Legende der gelben Kirche, die das religiöse Denken, Handeln und die Kunst in phantasievoller Weise bereichert hat.

Wenn nun am Abend des fünfzehnten Neujahrstages die heilige Parkhorstraße, die im Geviert um das „Große Haus der Götter" herumführt, im zauberhaften Licht der Butterlampen erstrahlt und unzählige, in Butter geformte Blumen und Standbilder den magischen Himmel der Nacht erhellen, glauben die frommen Bewohner des Schneelandes, daß die gleichen Wunder, die Sakyamuni einstmals zur Neujahrszeit bewirkte, zu neuem Leben erwachen und zum Seelenheile Aller wirken. Es ist das Fest der Empfängnis der heiligen Lehre und der Verehrung der gegenwärtigen Buddhaherrschaft. Aller göttlicher Segen, der am großen Opfer des Fünfzehnten erbeten wird, kommt auf die Erde nieder. So ist der fünfzehnte Neujahrstag in Lhasa der größte, mit unbeschreiblicher Pracht begangene Glanztag des ganzen Jahres.

Es ist das Wunder einer einzigen Nacht: denn erst in der Dämmerung des fünfzehnten Tages werden die Butterstandbilder von Tausenden von Händen errichtet, und noch ehe der Morgen des sechzehnten graut, müssen alle die vielen Blumen aus Butter wieder spurlos verschwunden sein.

Die Opferung von „Tschödpas" zur Ehre Sakyamunis war in Tibet schon im vierzehnten Jahrhundert, als Tsongkhapa den machtvollen Orden der „Tugendhaften" schuf, in Gebrauch. Aber der Große Fünfte erst setzte an Stelle der Blumen, die man im tropischen Indien zu Buddhas Empfängnis zu opfern pflegte, und die zur Neujahrszeit im kalten tibetischen Hochlande nicht zu erlangen waren, die kunstvollen Nachbildungen aus Butter und gestaltete die Vollmondnacht zu jenem magischen Wunderwerk der Seelen und der Geister.

Jahr für Jahr kommen die leitenden Lamas der großen Klöster zusammen, um einen regelrechten Plan für die immer wechselnde Ausgestaltung der Butteropfer zu entwerfen.

Hunderte von geschulten Lamas haben Monate darauf verwendet, die aus vielen Tonnen von Butter gefertigten Ornamente unter Ausschluß der Öffentlichkeit herzustellen.

In mühevoller Feinarbeit wird die handgeknetete Yak- und Schafbutter auf gehärtetes Leder aufgetragen und zu wunderbaren Figuren und Ornamenten gestaltet. Da die Arbeiten mitten im strengen tibetischen Winter in fast ungeheizten Räumen durchgeführt werden müssen, kann man sich vorstellen, welch hingebungsvolle Liebe dazu gehört, die Meisterplastiken aus Butter unter solch ungünstigen Bedingungen herzustellen. In der Regel wird die Butter zuerst gewässert und gereinigt, später geknetet und durchgewalkt, zuweilen auch kunstvoll gefärbt und mit Weihrauch und Medikamenten vermischt, bis die Materie so weit vorbereitet ist, daß die Lamas an die Ausführung der Plastiken herangehen können. Dabei bedienen sie sich als technischer Hilfsmittel lediglich hölzerner Drehscheiben und Stäbe, die jedoch nur der rohesten Formgebung dienen. Alle weiteren Arbeiten, vor allem aber die Modellierung der feinsten Ornamentik, wird mit den Fingern bewerkstelligt, wozu sich die Künstler meist lange Nägel wachsen lassen. Gewöhnlich sind die einzelnen Lamas Spezialisten für ganz bestimmte Formen und Strukturen, die erst später von den Leitern der klösterlichen Kunstschulen zu vollständigem Ganzen zusammengesetzt, verklebt, bunt bemalt, oder gar vergoldet werden. Ohne je von einem Sonnenstrahl getroffen zu sein, werden sie in den Tempeln Lhasas aufbewahrt, bis der große Tag ihrer Opferung herannaht.

Am Spätnachmittag des fünfzehnten Neujahrstages ist endlich die Stunde der Ausschmückung gekommen. Tausende von fleißigen Händen machen sich auf der Parkhorstraße zu schaffen, um das kunstvolle Werk noch vor Einbruch der Dunkelheit erstehen zu lassen. Wie ein summender Bienenschwarm lärmen die arbeitenden Massen roter Lamas durcheinander, so daß es scheint, als ob die ganze brodelnde Stadt damit beschäftigt sei, an den weißgekalkten Häuserfronten der heiligen Straße die etwa einhundertzwanzig großen, wohl zwanzig Meter hohen und beinahe doppelt so vielen kleineren Holzgerüste anzubringen. Auf der kilometerlangen Strecke werden in Abständen von etwa zehn Metern mächtige Pfähle in den Boden gerammt, durch Querbalken, Lederschnüre und Seilverstrebungen verbunden und mit roh behauenen Steinen rundum befestigt. So entsteht innerhalb kürzester Zeit eine kontinuierliche Reihe von um den Parkhor führenden Holzbauten. Davor werden nach oben abgestufte Opferaltäre so dicht nebeneinander gesetzt, daß der Eindruck entsteht, als ob der ganze riesige Stadttempel von einem einzigen Altarband umgürtet sei. Nach Fertigstellung des Rohbaues der Tschötpapyramiden schleppen Hunderte von Lamas in geschäftiger Eile die oft zentnerschweren, auf Lederplatten schon fertiggestellten Buttergebilde herbei, um sie mittels Leitern auf den mit schwarzen Yakhaartüchern drapierten Gerüsten zu befestigen und in vollendeter Harmonie aneinander zu reihen. Gleichzeitig werden Tausende von buttergeformten Tormas, heiligen Figuren und Sinnbildern der lamaistischen Kirche, sowie Zehntausende von Butterlampen auf den langen Altarreihen aufgebaut.

Zum Abschluß der Vorbereitungen für die große Weihenacht werden an den vier Ecken der Stadtkathedrale noch wallende Gebetsfahnen, sogenannte Dartsogs, an mächtigen Stangen angebracht, und alles murmelt in stiller Versenkung die mystische Sechssilbenformel, um die Dämonen des nächtlichen Festes fernzuhalten.

Als die Dämmerung hereinbricht, ist das Werk vollendet.

Die kostenlose Anbringung der Buttertschötpas gilt als Pflichtsteuer, die nicht nur den einzelnen geistlichen Schulen und Sektionen der drei großen Regierungsklöster auferlegt wird, sondern auch vom Dalai Lama, dem Regenten, dem Premier-, den vier Kabinettsministern und den Häuptern der angesehensten Adelsfamilien entrichtet werden muß.

Daher arbeiten die Künstler im Namen und Auftrage der verschiedenen Konvente und Persönlichkeiten, die sich je nach Einfluß, Amt und Würden jährlich abzuwechseln pflegen. Der Preis der einzelnen Butterkunstwerke schwankt zwischen einigen hundert und mehreren tausend indischen Rupien, die an die Kunstschulen der Klöster entrichtet werden müssen.

In alten Zeiten eröffnete der Gottpriester selbst bei Einbruch völliger Dunkelheit das große Götteropfer im festlichen Zuge. Ihm folgte der chinesische Amban in prunkvoller, laternengeschmückter Sänfte mit einer Kavalkade hoher chinesischer Offiziere und berittener Soldaten der kaiserlich-chinesischen Armee. Erst hinter den Vertretern des Kaiserhauses zu Peking schlossen sich die Minister Tibets und die hohe lamaistische Geistlichkeit an. Nach dem feierlichen Rundgang wurde die Parkhorstraße den Lamas und dem gewöhnlichen Volk freigegeben. Trotz der „ordnenden Kontrolle" der beiden Jasös und ihrer zahlreichen, knüppelbewaffneten Lamapolizisten kam es im chaotischen Gedränge regelmäßig zu wüsten Schlägereien, bei denen nicht selten Todesopfer zu beklagen waren, bis der 13. Dalai Lama nur noch einer beschränkten Gläubigenzahl den Zutritt zur Parkhorstraße erlaubte. So wurden in der Folgezeit wenigstens die ärgsten Ausschreitungen der sich drängenden Menschenwoge verhindert. Seither wird es von jedermann als besonderes Vorrecht und große Ehre angesehen, die Pracht der nächtlichen Butterschau besuchen zu dürfen.

Auch zur Jetztzeit fehlt es nicht an aufregenden Zwischenfällen.

Nachdem die Nacht hereingebrochen ist und die runde Scheibe des vollen Mondes sich über den geisterhaft beleuchteten Fassaden der Stadt erhoben hat, stoßen wir, von einer zehn Mann starken Knüppelgarde begleitet, durch die von Menschenmassen vollgepfropften Zugangsstraßen vor und schieben uns vorsichtig an den Stadttempel heran.

Seine Heiligkeit der Regent, der schon den ganzen Tag in den Hallen des Tsug Lha Khang meditierte, um alle Götter und Göttinnen einzuladen, das Wunderwerk der heiligen Nacht zu schauen, leitet den feierlichen Umzug in althergebrachter Weise ein. Eine unwirklich geisterhafte Stimmung umfängt uns. Rufe erschallen, Feuerwerkskörper krachen, Gewehrschüsse dröhnen. Dumpf, schwer und unheimlich setzt die lamaistische Musik ein, Trommeln und Zimbeln, Tschinellen und Posaunen, Tuben und Hörner, Muscheln und Becken erklingen, und die vom heiligsten Manne Tibets geführte Menschenwoge beginnt in schweigender Betrachtung das magisch erleuchtete Geviert des allerheiligsten Tempels in Richtung des Sonnenlaufes zu umwallen. Voran schreiten riesenhafte Leibwächter, Weihrauchschwinger in kostbaren Seidengewändern und die beiden Jasös mit ihren mächtigen Züchtigungsstäben. Von einer hellgelben, mitraähnlichen Kopfbedeckung gekrönt, folgt in gold- und

silberbordierter Lamagewandung der Regent. Des Laufens völlig un-
gewohnt, wankt der lebende Gott, leicht vornübergebeugt, watschelnden
Schrittes dahin. Dahinter schreiten in kostbarsten Seidengewändern und
aufrechter Haltung der Premierminister, die vier Kabinettsminister, die
Äbte der großen Staatsklöster und ein Heer von schweigenden Staatsbeamten. Zu beiden Seiten des Parkhors erstarrt die Menge in Ehrfurcht.
Alles steht in stiller Ergebenheit mit geneigten Köpfen, gekrümmten
Rücken, gefalteten Händen und herausgestreckten Zungen. Soweit noch
freie Fleckchen Bodens vorhanden sind, werfen sich viele in respektvollem
Kotau zu Boden. Unendlich langsam bewegt sich der feierliche Zug
an den feenhaft strahlenden Butterpyramiden vorbei. Es ist eine zauber-
hafte, völlig unirdische Pracht, wie ich sie noch vor wenigen Stunden
nicht für möglich gehalten hätte. Dazu erklingt die gleiche, uralte
Sphärenmusik, wie wir sie schon einmal beim großen Regierungsempfang
im Potala gehört haben. Diese weichen, lieblichen, unendlich melodiösen
Flötenklänge, die nur ab und zu vom Takt schwerer Trommeln und
dem Dröhnen der Tuben unterbrochen werden, üben eine geradezu ver-
zaubernde Wirkung aus — und als das Trapschi-Regiment des Dalai
Lamas, das den hohen Staatsdienern folgt, seinen Rundgang beendet
hat, bemächtigt sich aller eine hingebungsvolle Andacht. Jetzt können
wir die Einzelheiten sehen und bewundern. Zu beiden Seiten des Haupt-
portals des Tsug Lha Khang befinden sich die beiden besonders reichen
Tschödpas des Regenten. Ihnen folgen je ein Tschödpa der Familie des
Premierministers, des neu ernannten Fürstministers und des „Kalon-
lama“ genannten geistlichen Kabinettsministers. Daran schließen sich
die herrlichen Butterbauten der „drei Säulen des Staates“ Drepung, Sera
und Ganden und neben unzähligen anderen Tschödpas, deren Stifter
wir nicht ermitteln können, diejenigen der königlichen Großfamilien
von Yapschi, Phalla und Doring an, die sich alle durch besondere Schönheit auszeichnen.

Man kann wohl verstehen, daß die Entfaltung dieser nächtlichen
Pracht für die große Masse der im gläubigen Mystizismus dämmernden
tibetischen Menschen nichts weniger als der Inbegriff alles Erhabenen
und Schönen auf dieser Erde ist. Deshalb setzt die in Sprichworten so
reiche tibetische Sprache auch alles Große, Wunderbare und Ergreifende
im menschlichen Leben mit den Butterwundern des fünfzehnten Neujahrstages in Vergleich.

Über geheimnisvoll wogenden Rauchschleiern wirft die riesige Laterne
der vollen Mondscheibe vom sternenfunkelnden Himmel gespenstisches
Licht über das phantastische Geschehnis auf der heiligen Straße. Es ist
wie ein seltsamer Traum. Die Luft ist so kristallen klar, daß die haus-
hohen Butterpyramiden von innen zu leuchten scheinen. Die Stifter der
feenhaften Kunstwerke sitzen oder stehen vor der langen Reihe der

ineinander übergehenden Altäre, und viele Lamas in ihren roten, faltigen Gewändern sind damit beschäftigt, die Butterlampen zu speisen oder Dochte, die ein Luftzug verbog, wieder aufzurichten. Die Augen der Tibeter spiegeln die erhoffte Wirkung des Wunders wieder. Buddhas segensreiche Hände haben sie in einen lebenden Garten voll der schönsten Blumen versetzt, wo Götter und Heilige in stoischer Ruhe und unendlicher Gelassenheit die Wache halten. Überall die bunten Tormas, die türkisgeschmückten, im Glanze fein aufgetragenen Goldes leuchtenden Figuren, die stufenartig angebrachten Opfergaben, die glimmenden Weihrauchgefäße, die silbernen Schalen, die Tabletts mit Neujahrsgebäck, getrockneten Früchten und anderen Süßigkeiten, die goldenen Fische, das Rad der Lehre, die heiligen Schirme, kostbare Vasen, siegreiche Banner, Lotosblumen, Muschelschalen, das glückliche Diagramm des unlösbaren Knotens, Zähne heiliger Elefanten, blühende Bäume und viele andere buddhistische Kostbarkeiten, die alle in Butter geformt und von Butterlampen beleuchtet die allergrößte Vollkommenheit und die Reinheit des Gebetes zum Ausdruck bringen sollen. Die schöpferische Phantasie der Künstler aber hat ihre schönsten Blüten in den buttergeformten Tempeln und Standbildern lamaistischer Gottheiten und Heiliger entfaltet. Da stehen die Beschützer der Lehre, die Gompos, die von Baldachinen und heiligen Glücksschirmen überdachten Dhyanibuddhas mit ihren fünfzackigen Kronen neben unzähligen Darstellungen von Manjusri, des Bodhisattvas der Weisheit und Gelehrsamkeit, dem an diesem Tage die allerschönsten Butteropfer dargebracht werden. Der lamaistischen Mythologie zufolge nämlich war er der Führer der acht geistlichen Söhne Gautamas.

Auch die im Tusitahimmel, dem Land der Freude, thronenden Götter, sollen durch dieses große Opferwerk eingeladen werden, zur Erde hinabzusteigen, um den lebenden Geschöpfen in ihren weltlichen Nöten beizustehen. Im Opfer des Fünfzehnten wird ihnen Gelegenheit geboten, den Wundern und Predigten des großen Meisters zu lauschen und sich an der Allmacht des buddhistischen Glaubens zu erbauen, um den Rest des Pfades bis zur Buddhawürde und endgültigen Erleuchtung im Heile zu wandeln.

Unter der kaleidoskopartigen Vielgestalt der butternen Skulpturen sind Szenen aus den großen lamaistischen Klöstern, dem täglichen Leben der Tibeter, dem Daseinskampf der nördlichen Nomaden und der kriegerischen Vergangenheit des tibetischen Volkes. Dann gibt es neben immer wiederkehrenden Symbolen heiliger Lotosblumen, kämpfender Drachen, grauenhafter, das Rad des Lebens in ihren Klauen haltender Ungeheuer und heiliger Spiralen, ganze kreisförmig angeordnete Darstellungen von Himmel und Hölle mit wunderbar bemalten Buddhas und Bodhisattvas in ihren Palästen, Zaubergärten und buttergeformten

Landschaften. Auch legendäre Begebenheiten aus dem Leben der lamaistischen Kirchenoberhäupter und anderer mystischer Persönlichkeiten, die, in herrliche Gewänder und prächtige Pelze gehüllt, auf bunten Butterteppichen sitzen, sind mit feiner Einfühlungsgabe in völlig natürlicher Haltung zur Darstellung gebracht. Gleichgültig, ob es sich um Landschaften, mythische Gestalten oder Pferde, Elefanten, sagenhafte Garudavögel, glückbringende Schildkröten, geheiligte Casarkagänse, stolze Kraniche oder andere Bilder aus dem Tierreich handelt, immer sind die charakteristischen Einzelheiten, Attribute und individuellen Merkmale in zarter Modellierung so fein geprägt, daß uns die Einordnung der Einzelfiguren in das mosaikartige Gesamtbild des riesenhaften Pantheons sofort gelingt. Meist sind die Gruppen so angeordnet, daß sich eine Anzahl kleinerer Trabanten, Vasallen und Gefolgsleute um die Hauptfigur der sinnbildlich dargestellten Handlung schart. Selbst lebhaft voranschreitende Prozessionen in prächtig bunter Anordnung, mit allen den vielen lamaistischen Insignien und Attributen, aber auch Geschenkkarawanen mit Pferden, Yaks und Elefanten sind vorhanden. Die größte Anziehungskraft für das staunende Volk der Priester und der Laien übt jedoch ein wirkliches Marionetten-Theater aus Butter aus. Es besteht aus einem nach chinesischem Muster erbauten, halb überdachten Tempel, wo durch Glockengeläute in regelmäßigen Zeitabständen eine Teufelsaustreibung oder ein Orakelspiel von kleinen, in Butter geformten Figuren angekündigt wird. Auf der Miniaturbühne erscheinen sodann hohe Lamas, die Becken und Tschinellen schlagen, Hörner blasen, Gebete rezitieren, bis vom Klange der Musik gelockt, ein ebenfalls in Butter geformter Orakelpriester auftritt, um, sich wie ein Wilder gebärdend, einigen hohen Staatsbeamten die Zukunft vorauszusagen, worauf die Gaukelfigürchen, die trotz ihrer Kleinheit alle ihre winzigen Zauberstäbe, Donnerkeile und Glöckchen bei sich tragen, mit den ruckartigen Bewegungen wirklicher Marionetten wieder verschwinden. An einer anderen Stelle sehen wir auf Vogelfedern angebrachte butterne Nippfigürchen und Puppen, die im Nachtwind leise hin und her schwanken.

Oft laufen wir auf unseren Rundgängen Gefahr, von der strömenden Menge erdrückt zu werden, aber den tapferen Leibgardisten gelingt es, unter Zuhilfenahme ihrer derben Knüppel uns immer wieder freizuschlagen. Auf diese zwar nicht gerade liebevolle, aber nach tibetischen Begriffen durchaus rechtschaffene Weise schafft uns die Knüppelgarde auch Platz, um die Kameras aufzubauen und Blitzlichtaufnahmen zu machen. Das grelle Aufblitzen der Magnesiumbirnen versetzt die Massen in den Glauben, daß wir den Göttern auf unsere Weise ein ganz besonderes Opfer darbringen. Auch werden wir von einem hohen tibetischen Offizier, den ich in meinem Leben noch nie gesehen habe, zu einem Umtrunk eingeladen, und schließlich gelingt es uns, vom Dache des gastfreien Hauses mit Belichtungszeiten bis zu einer halben Stunde Totalaufnahmen von dem geisterhaften Fest dieser Nacht zu machen.

Zur mitternächtlichen Stunde, da sich die Massen des Volkes schon zu verlaufen beginnen, aber das Meer der Butterlampen noch immer seinen gespenstischen Schein verbreitet, entfachen die hünenhaften Khampas, die wilden Ngoloks und die Pilger aus den nördlichen Steppen, die das nächtliche Wunder wohl zum ersten Male in ihrem Leben schauen, mitten auf der heiligen Straße ein mächtiges Feuer. Johlend und brüllend vollführen sie einen wilden Tanz. Viele haben sich freundschaftlich umschlungen und springen Arm in Arm durch die Flammen, andere beginnen zu raufen, und die wachhabenden Lamas haben Mühe, die zarten Buttergebilde vor dem Ungestüm der wilden Steppenbewohner zu beschützen. Als sie uns entdecken, beginnt sofort der Sturm, und ich erhalte einen schweren Stein gegen die Schläfe, daß die Funken sprühen. Schlagartig greifen unsere Knüppelgardisten und Diener in bester Pflichterfüllung ein. Ein paar Stecken zersplittern. Wilde Gesellen ergreifen heulend das Hasenpanier. Nun können wir uns unbehelligt nach Tredilingkha zurückbegeben.

Schon kurz nach Mitternacht werden die Tschödpas von den Lamas wieder abgerissen, und die Hunderte von Altären verschwinden noch in der gleichen Nacht in den dunklen Verließen der Tempel. Nicht die geringste Spur des großen Zauberwerks der Nacht ist am kommenden Morgen zu sehen. Kein Strahl der Sonne hat die mit nächtlichen Wunderkräften angespeicherte Butter entweiht. Also kann sie eingeschmolzen und von den klösterlichen Institutionen als Medizin vertrieben werden.

Am Morgen des Sechzehnten begibt sich der Regent, der die heilige Opfernacht in der großen Stadtkathedrale verbrachte, wieder zum Potala zurück. Die Einwohner Lhasas aber schleppen die unbehauenen Steinquader, mit denen die Stützbäume der Tschödpas verankert waren, unter Absingen heiliger Lieder zum Uferdamm des Kyitschu zurück, um die heilige Stadt vor Überschwemmungen zu schützen. Dabei verlangen die geschäftstüchtigen Lamas für jeden Stein, den ein Bürger zum Flusse zu tragen wünscht, eine gewisse Summe Geldes. Vertreter wohlhabender Familien beauftragen ihre Diener oder werben eigens Träger, um die Steinlasten zu schleppen, doch lassen sie es sich nicht nehmen, mit zum Flußufer zu pilgern, da es als höchst verdienstvolle Handlung gilt, den Flußdamm verstärken zu helfen.

Also wird in der Hochburg des lamaistischen Glaubens schon zur Neujahrszeit dafür Sorge getragen, daß die Stadt während der Sommermonate vor überraschenden Hochwassern geschützt wird.

IN MAITREYAS ZAUBERBANN

Inzwischen ist es frühlingshaft geworden in der großen Ebene von Lhasa. Ab und zu krönt blendender Neuschnee die hohen, wie zackige Diamantenkronen strahlenden Berge. Unten im Tal aber brennt schon die Sonne, und allmorgendlich, wenn die Wolkenbänke zerreißen und die weichenden Nebelschwaden in alle Winde verwehen, strahlt die Landschaft einen märchenhaften Zauber aus. Abziehende Schwarzhalskraniche schmettern ihre gellenden Freudenfanfaren in den strahlenden Morgen hinaus, eben zurückgekehrte Milane lassen ihre melodischen Balztriller erschallen, und die grellbunten Rotschwänzchen sitzen wie leuchtendrote Federbällchen auf den höchsten Sanddornspitzen und lassen ihre zwitschernden Stimmchen ertönen.

Die großen Wappenvögel Tibets gar, die Kolkraben, haben schon Junge. „Sie brüten noch im Winter, weil ihre Eier in der Hitze verfaulen", sagen die Leute von Lhasa.

Überall in den Parks und Lingkhas schwellen die Knospen von Pappeln und Weiden. Ein geradezu feenhafter Glanz beginnt sich über die liebliche Gartenoase Lhasas auszubreiten.

Immer wieder erlebe ich das gleiche magische Bild flutender Lichtbänder, die allmorgendlich nach heftigem Ringen und Kämpfen durch bleischweres Gewölk brechen und den kleinen Feldlerchen jubelnde Lieder entlocken.

Reine Sonnentage sind jedoch noch selten. Je wärmer es wird, desto wilder wüten die Stürme. Meist schon ziehen gegen Mittag die grauen Vorhänge in rasender Eile vom Westen heran, und an den Nachmittagen weht es, daß man meinen möchte, ganz Lhasa habe sich in Staub und Asche verwandelt. Oft erleben wir es, daß der Potala wie eine Geisterburg über einem See dicht über der Erde dahintreibenden Sandes emporleuchtet, und einmal blitzen sogar nur noch die goldenen Dächer gespenstisch im Sonnenlicht auf, während der riesige Bau selbst in wirbelnden Sandhosen wie ausgelöscht erscheint. — — —

Aber abends spiegeln sich dann doch wieder die langen Reihen der Pferde im silbernen Kyitschu, und ihre schönen Leiber heben sich markant gegen die goldenen Schotterbänke und die violetten Bergschatten ab. Wenn die sinkende Sonne die zackigen Zinnen ringsum nur noch mit einem Goldreif überzieht, traben die Tiere wieder zur Stadt, und ihre Treiber singen schwermütige Weisen dazu. Herrlich sind diese Abende,

Lhasaaristokrat in Gelutay-Uniform und weißer Königshaube

Lamas beim Gottesdienst

wenn die Muschelhörner von fernher ertönen und tiefer, heiliger Friede über allem liegt. Alle Stimmen scheinen gedämpft, und die alten Tempel flüstern sich ganz leise ihre großen Erinnerungen zu.

Aber das brausende Neujahrsfest geht weiter. Die Stadt brodelt in einem Meer roter Gewänder, einem Hexenkessel von Priestern, Wallfahrern, Nomaden, wahrsagenden Bettelmönchen und schwarzbemalten Lamapolizisten mit ihren Geißeln und Stöcken.

Wir sind täglich von schreienden Horden umringt; Flüche und häßliche Verwünschungen wechseln mit Dankesbezeugungen und Lobeshymnen. An jeder Ecke stehen Khampas aus den entlegensten Provinzen, das städtische Treiben voller Neugierde bestaunend. Durch alle Straßen ziehen Lamas und spornen den Eifer der Gläubigen an mit dem dumpfen Klang der Gebetstrommeln.

Ganz Lhasa scheint ein einziger, riesiger Tempel, von den Glaubensübungen der Massen erfüllt, die von Heiligtum zu Heiligtum wandeln in unermüdlicher, nichtendenwollender Befolgung der vorgeschriebenen Riten. Für die meisten ist es die Erfüllung ihres Lebens, einmal den Beginn des neuen Jahres an den heiligen Stätten zu erleben. Mit ehrfürchtigem Staunen sehen sie die gewaltig aufragenden Mauern, zur Ehre der Götter errichtet und als sichtbares Zeichen einer geistlichen und weltlichen Macht. Geblendet, voll religiösen Schauers, stehen sie vor der schweren, goldenen Pracht der Dächer, vor der Vielfalt des symbolischen Schmuckes, berauscht von der Üppigkeit, der sinnbetörenden Phantasie ihres Geister- und Götterglaubens!

Aber jetzt, da die religiösen Feiern sich ihrem Ende nähern und das Mönlom langsam zu verebben beginnt, bricht alter Nomadeninstinkt wieder durch. Alles, was Beine hat, verläßt die festen, burgenartigen Häuser, um vor den Toren der Stadt in farbigbunten Zeltlagern zu feiern und zu festen. So nimmt das große Volksfest seinen Anfang.

Als erstes wird auf der Festwiese Jangyap, in der Nähe des großen Landhauses der berühmten Lhalufamilie, ein Schützenwettkampf ausgetragen.*) Dort befindet sich, um einen großen, mit Steinplatten ausgelegten Hof, eine einstöckige Säulengalerie, wo sich Hunderte festlich geschmückter Reiter und eine riesige Menschenmenge zusammenfinden. Dienstbeflissene Regierungsdiener mit roten Troddelmützen sind damit beschäftigt, lange Reihen von Swastikas**) zur Markierung der Schützenstände mit Kreide auf die Steinplatten zu zeichnen, während eine Anzahl junger, „Thunpas" genannter Trompetenbläser ihren Instrumenten seltsame Töne entlocken, um die bösen Geister zu vertreiben. Unter

---

*) Diese erste Zeremonie findet schon am dritten Tage statt; hier, der Übersicht wegen zusammengefaßt.

**) Dieses Zeichen ist in der indo-buddhistischen Kultur seit altersher weit verbreitet.

Führung eines „Trungkhor" genannten hohen Offiziers, der nur für die Zeit des Festes ernannt wurde und dessen Titel nach Beendigung des heiligen Monats wieder erlischt, haben mit Kettenpanzern, Schwertern und Bambusschilden gerüstete „Gottkrieger" rund um den Festplatz Aufstellung genommen, um die herandrängenden Volksmassen in Schach zu halten.

Bald erscheinen die hohen Kabinettsminister und weitere Spitzen des Staates. Sie schreiten hoheitsvoll durch die Mauer des Volkes und nehmen auf thronartigen Ehrensesseln Platz, während wir uns zu ihrer Rechten auf angenehm weichen, mit schönen Teppichen belegten Sitzpolstern niederlassen dürfen. Dienstbare Geister bauen kleine, prächtig geschnitzte Tischchen mit Süßigkeiten und getrockneten Früchten sowie Tschangschalen und feinste, durchscheinende Jadetassen vor uns auf.

Die Minister, in schweren, goldgelben Seidenroben, starren eine geraume Weile in völliger Bewegungslosigkeit vor sich hin, dann treffen sich unsere Blicke, und eine Viertelstunde lang entspinnt sich ein denkbar würdevolles Sichverneigen, das erst endet, als ich durch unseren Dolmetscher um die Erlaubnis bitten lasse, die kommenden Ereignisse filmen zu dürfen.

Noch immer blasen die „Thunpas" auf ihren kurzen, kupfernen Instrumenten, als der „Trungkhor" hervortritt, um sich vor den Ministern zu verneigen und die Götter einzuladen, Zeugen des folgenden Schauspiels zu sein. Schon sind die Tänzer im vollen Schmuck ihres im Sonnenlicht glitzernden Gewaffs angetreten, murmeln dumpfe Gebete und marschieren, einen gellenden Huldigungsgesang anstimmend, im Kreis. Sodann formieren sie sich in Zweierreihen und führen den Göttern zu Ehren einen hinreißenden Schwertertanz auf. Mit wunderbarer Geschicklichkeit wirbeln sie ihre blinkenden Stahlklingen durch die Luft, fallen gegeneinander aus, springen hoch und jauchzen der strahlenden Sonne entgegen, die die weite Landschaft mit flutendem Licht übergießt.

Der kriegerischen Vorführung und des brodelnden Menschengetümmels ungeachtet wuchten stolze, heilige Schwarzhalskraniche laut trompetend über die kämpfenden Gottkrieger dahin, und hinter dem Festplatz ragen die düsteren Felswände mit den hellen Einsiedeleien, über denen sich die zackigen Grate der nördlichen Ketten im schimmernden Kleid gleißenden Neuschnees erheben.

Nach Beendigung des Göttertanzes verneigt sich der Trungkhor wieder entblößten Hauptes vor den Lotosfüßigen und empfängt als Zeichen des unvergänglichen Glückes eine große Anzahl blütenweißer Seidenschleier. Während die Kriegsmannen nun in langer Reihe vorbeidefilieren, wirft der Trungkhor jedem einzelnen einen Khadak um den Hals, worauf sich alle vor den Thronsesseln der Minister zu Boden werfen, ehe sie sich unter tiefen Verbeugungen nach rückwärts entfernen.

Anschließend werden die Gottkrieger auf dem gepflasterten Hof mit Tee und Tsamba bewirtet.

Nun tritt der „Herr des Pfeiles", der „Depon", hervor, um Anweisungen für das Weitschießen zwischen den Mannschaften der vier Kabinettsminister zu erteilen. Unterdessen sind die kampflustigen Konkurrenten noch eifrigst damit beschäftigt, ihre aus festverleimten und dichtverschnürten Bambusstäben gefügten Bogen einer letzten Prüfung zu unterziehen und die Pfeile mit den Initialen ihrer Brotherren zu versehen. Sodann läßt der Depon in Entfernungen von etwa einhundert, zweihundert und dreihundert Metern kleine bunte Fähnchen in den Boden stecken und gibt den Teilnehmern in feierlicher Rede die Regeln des Wettkampfes bekannt... Die Schützen, denen jedem vier Pfeile zur Verfügung stehen, nehmen an der Abschußlinie Aufstellung, bandagieren ihre rechten Arme, ziehen sich dicke Schutzringe aus Knochen oder Jade über die linken Daumen und legen die Pfeile zur Sehne. Grimassen schneidend spannen sie unter Anwendung aller Kräfte ihre Bogen, daß nur noch wenige Zentimeter der eisernen Pfeilspitzen über die Bogenspanne hervorschauen, und lassen die Pfeile im steilen Winkel davonschnellen. Obwohl die Sehnen des öfteren zerreißen und die Schützen von der Gewalt der zurückschnellenden Bogen zu Boden geschleudert werden, schießen die Pfeile mit solcher Geschwindigkeit davon, daß sie uns in der Mehrzahl der Fälle unsichtbar bleiben. Der tödlichen Gefahr ungeachtet, queren zahlreiche Zuschauer ungehindert die Schußbahn. Früher hat es dabei öfters einmal Todesfälle gegeben, aber man schrieb die Opfer den Göttern zugute und machte sich weiter keine Gedanken.

Nachdem die abgeschossenen Pfeile unter Aufsicht hoher Beamter wieder eingesammelt wurden, ruft der Depon die Namen der Sieger auf und ehrt sie mit weißen Schleiern und kleinen, bunten Seidentüchlein.

Auch von uns werden die siegreichen Schützen mit schallendem Applaus geehrt, so daß wir schon bald mitten im jubelnden Geschehen stehen und unzählige Gläser köstlichen Tschangs von hoher Warte auf das Wohl der tibetischen Regierung leeren. Nach Abschluß der Siegerehrung treten die Schützen noch einmal vor die Minister und empfangen jeder eine Hand voll Mehl, um, sich in weiße Wolken hüllend, den Göttern ihren Dank zu sagen. Später kommen Rudel von Pariahunden und lecken die Steinplatten wieder blank.

Nach dem Streuopfer werden wir zu den bereitgehaltenen Festzelten gebeten, um in Gemeinschaft tibetischer Freunde in heiterer Stimmung einen Imbiß zu nehmen.

Zu den Schützenständen zurückgekehrt, finden wir die lotosfüßigen Minister noch in der gleichen versteinerten Haltung auf ihren Thronsesseln. Ab und zu nur nippen sie an ihren tschanggefüllten Jadepokalen.

Bevor nun die höheren Offiziere ihre Kunst im Zielschießen unter Beweis stellen, drängen sie sich um ein altarähnliches Tischchen, um sich aus mächtigen, silbernen Kannen nochmals am gottgeweihten Tschang zu erquicken. Indessen wurde in etwa vierzig Meter Entfernung ein gut drei Meter hoher, zwei Meter breiter, stangengestützter Yakhaarteppich als Kugelfang errichtet. Dicht davor hängt zwischen Stäben die nur etwa fünfzehn Zentimeter im Durchmesser betragende, aus drei konzentrischen Ringen bestehende Scheibe. Sie setzt sich aus einem äußeren weißen, einem mittleren schwarzen und einem, nur handtellergroßen, roten inneren Ring, der das eigentliche Zentrum markiert, zusammen. Diese lederüberzogenen Stoffringe sind so leicht ineinander gepaßt, daß sie vom auftreffenden Pfeile aus der Fassung geschossen und zu Boden geschleudert werden.

Die seidenrauschenden Offiziere mit zitronengelben Baretts, feuerroten Schärpen und langen, türkisgeschmückten Ohrringen, benutzen besonders stabil gearbeitete Bogen, in deren Mitte sich Einkerbungen für die sichere Führung des Pfeiles befinden. Im Gegensatz zu den einfachen Bambusbogen, wie sie beim Weitschießen Verwendung fanden, machen die Offiziersbogen den Eindruck bester handwerklicher Präzisionsarbeit. Das gleiche gilt von den mit Federohren lang geschäfteten Summpfeilen, an deren abgeflachten Enden bambusgeschnitzte, lederüberklebte, konisch zulaufende Holzpfeifen angebracht sind, die während der Flugzeit des Pfeiles hell surrende und summende Töne hervorbringen.

Über die Schießkunst der Offiziere im höchsten Maße erstaunt — einige treffen den kleinen, inneren Ring mit jedem Schuß — verleihen wir unserer Bewunderung kräftigen Ausdruck, worauf selbst die hohen Herrn Minister vor Stolz und Freude strahlen und uns immer mehr göttergeweihten Tschang herüberschicken. Einer der besten Schützen, der junge, im Range eines Staatssekretärs stehende Adoptivsohn und Erbe der berühmten Lhalufamilie, lädt uns nach der Verteilung der Khadakpreise zu einem opulenten Abendmahl in seinem nahe gelegenen Familiensitz ein. So wird es wieder reichlich spät, bis wir, schwer von Tschang, aber tief dankbaren Herzens, von einer laternenbewaffneten Schar uns wie Glühwürmchen umschwärmender Diener nach Tredilingkha zurückgeleitet werden.

Am Morgen des siebzehnten Neujahrstages findet südlich des Potala eine Militärparade des berühmten Trapschiregimentes zu Ehren Seiner Heiligkeit des Regenten und Staatsoberhauptes statt. Dieses Garderegiment ist nach anglo-indischem Vorbild ausgebildet und macht unter der Führung seiner langbezopften Offiziere in goldbestickten Tropenhelmen und grünlichbraunen Khakiuniformen einen höchst bemerkenswerten Eindruck. Die Kommandos werden in verbalhornisierter englischer Sprache gegeben, und die Bewaffnung besteht aus alten britischen Militärkarabinern und zwei unbeholfenen Maschinengewehren, die ihren Weg irgendwie einmal über den Himalaya nach Tibet gefunden haben. Der etwa fünfundzwanzigjährige Kommandeur dieser schneidigen Truppe, dem man nachsagt, daß er vor seiner Ernennung noch nie ein Schießeisen in der Hand gehabt habe, führt mit besonderem Stolz seine Militärkapelle vor, die auf englischen Signalhörnern, Trommeln und alten schottischen Dudelsäcken eine schauerliche Musik intoniert. Dazu paradieren die Soldaten eifrigst in großen Kolonnen einher, während sich ihre Frauen und Kinder rundum zu einem Picknick unter freiem Himmel eingefunden haben. Anschließend ist großes Biwakieren im Kreise der Familien, und schließlich verläuft sich alles in Richtung auf die Privathäuser.

Mit dem „Galopp hinter der Burg" werden am achtzehnten Neujahrstage die großen Volksbelustigungen in der Nähe des Lhaluhauses wieder aufgenommen. In feierlicher Kavalkade finden sich die vier Kabinettsminister, die beiden Jasös und die übrigen hohen Staatsbeamten schon am frühen Morgen auf der menschenwimmelnden Festwiese ein. Die leuchtend safrangelben Roben der Minister, die terrakottafarbenen der Lamas, die violetten, blauen und grünen der übrigen Notabeln fügen sich zu einer unübertrefflichen Sonn- und Farbenharmonie. Wiegenden, doch selbstbewußten Schrittes nehmen die hohen Würdenträger, die Kungs, die Tsassaks, die Tedjis und die Generale in den mit weichen Polstersitzen ausgestatteten Festzelten nach Rang und Würden Platz, während uns wiederum ein besonderes Zelt zur Rechten der Minister angewiesen wird. Weit im Kreise scharen sich unter grellbunten Sonnenschirmen lange Reihen von Erfrischungsständen, wo Neujahrsgebäck, Rosinen, Keks, getrocknete Früchte und andere Leckerbissen feilgeboten werden. Zur Linken des mit bunten Volants verzierten Ministerzeltes haben Beamte und Junioroffiziere der Staatsschule an kleinen Tischchen Platz genommen, um die bevorstehenden reiterlichen Wettkämpfe zu überwachen und ihrer Pflicht als Preisrichter Genüge zu tun. Weitere Staatsbeamte in bunten, mit Drachenmustern verzierten Brokatkleidern, weißen Seidenkragen und mongolischen Zobelpelzmützen haben sich in Begleitung ihrer Diener unter freiem Himmel niedergelassen und dämmen die schwarzen Mauern der Zuschauer.

Rund um die Kampfbahn, die in etwa fünfundzwanzig Meter Entfernung vorüberführt, flattern bunte, an Lappenbäumchen aufgehängte Gebetsfahnen lustig im Winde. Hier erhebt sich ein kleiner Opferaltar mit zwei riesigen, tschanggefüllten Silberkannen und vier silbernen Schalen, die mit den üblichen Butterklümpchen verziert sind. Aller Blicke sind schon erwartungsvoll auf die sich sammelnden, phantastisch uniformierten Reiterscharen gerichtet, die, symbolische Begleiter des sagenhaften Königs Kesar, sich am heutigen Tage im edlen Wettstreit messen sollen. Sie tragen altertümliche Kettenpanzer, Streithelme, eiserne Brust- und Rückenplatten, Lederschurze und grellfarbige Blusen, die durch schnallenverzierte Gürtel zusammengehalten werden. Ihre Bewaffnung besteht aus riesigen Gabelflinten, sowie Bogen und Pfeilen, die rechts und links der hohen Turmsättel aus metallischverzierten Lederköchern hervorschauen.

Die Reiterscharen gliedern sich in die „rechte" und „linke Flanke", Schwadronen, die nacheinander in Konkurrenz treten. Dabei ist es uralter Brauch, daß die Kämpfer der Doringfamilie in Erinnerung an die großen Taten Doring-Panditas, des Ahnherrn der Familie, der während der Minderjährigkeit des siebenten Dalai Lamas die Regentschaft führte, den Wettstreit der „rechten Flanke" eröffnen. Die linke Flanke dagegen wird von den Reitern der Samtrup-Podrang-Familie geführt, weil Guschi-Khan, nachdem er alle Feinde der Religion niedergeworfen hatte, im Hause dieser Familie Stabsquartier bezog und die Stätte seines Wirkens „Samtrup-Podrang" oder den „Palast des erfüllten Zweckes" nannte, ein Name, der sich von Zeit an auf die ganze Sippe übertrug.

Nachdem die jungen Offiziere der Staatsschule die zwischen Pfählen aufgehängten, etwa dreißig Zentimeter im Durchmesser betragenden Doppelscheiben einer letzten Kontrolle unterzogen haben, nehmen die Reiter der rechten Flanke, etwa hundert Mann stark, hintereinander Aufstellung, versammeln ihre Pferde, legen Pulver auf die Pfannen, setzen die Lunten in Brand und halten ihre riesigen Vorderlader startbereit erhoben in der linken Hand.

Dann ein Zeichen... der Spitzenreiter springt in Galopp und rast, von bunten Quasten und Bändern umweht, pfeilschnell über die Kampfbahn dahin. Noch ehe er die erste Scheibe erreicht, gibt er die Zügel blitzartig frei, bringt das Gewehr in Anschlag, zielt, feuert, wird in eine mächtige Pulverwolke gehüllt, rast in vollstem Galopp weiter, wirft sein Gewehr über die Schulter, reißt mit der rechten Hand den Bogen aus der Scheide, ergreift mit der Linken einen Pfeil, legt auf, spannt an und hat, sich hoch aus dem Sattel hebend, gerade noch Zeit, den Pfeilschuß aus etwa drei bis fünf Meter Entfernung auf die zweite Scheibe abzugeben. Mit ihren Pferden schier zentaurisch verwachsen, folgen sich Reiter auf Reiter mit krachenden Büchsen und rasch geschnellten Pfeilen in wilder, jauchzender Hatz. Obwohl es vorkommt, daß zu früh, zu spät oder überhaupt nicht geschossen wird und einem Kämpfer die Ladung sogar um die Ohren dröhnt, nachdem er das Gewehr schon wieder auf den Rücken geschwungen hat, erstaunen wir doch über die beispiellose Geschicklichkeit, mit der die wilden, ungestümen Tibetreiter in wenigen Sekunden ihre Gewehre gegen Pfeil und Bogen eintauschen und, in gellendes Triumphgeschrei ausbrechend, meist beide Scheiben treffen und durchbohren. Vom jubelnden und jauchzenden Volke umringt, treten die Scharen schließlich in kleineren Abteilungen vor ihre Machthaber hin, um ihre Preise in Empfang zu nehmen. Der Schatzmeister der Regierung und der Vorsteher der Finanzschule legen den Siegern die weißen Schleier huldvollst über die gebeugten Schultern, und die besten Schützen dürfen sogar noch einen zweiten Khadak von den Ministern persönlich in Empfang nehmen. Sodann begeben sich alle Wettkämpfer in feierlicher Haltung zum Altar, um mit Daumen und Ringfinger ein wenig geheiligte Flüssigkeit in die Luft zu sprengen und dem großen Buddha, der Priesterschaft und der heiligen Lehre ein gebührendes Opfer darzubringen. Zu guter Letzt bilden sie einen Halbkreis vor dem Herrscherzelte und bedanken sich mit dem alten mongolischen Gruß Guschi-Khans. Gleichzeitig heben sie alle die rechten Arme in Kopfhöhe, schlagen sie mit einem horizontalen Schwung nach hinten, knicksen mit den linken Beinen ein, strecken die rechten nach vorne, machen eine kurze Wendung und treten rückwärts schreitend von der Bildfläche.

Es folgt ein großes Gala-Essen, wobei noch Geldgeschenke und Gaben an Seide und Tee ausgeteilt werden, während die Schlumpschützen viel Tschang ausgeben müssen, bis alles in Rausch und Freude auseinandergeht.

Der neunzehnte Tag ist wiederum nur vorbereitenden Arbeiten gewidmet, aber am zwanzigsten beginnt der eigentliche Höhepunkt des großen Volksfestes. Unter den wilden Zeichen phantastisch getürmter Wolkenungeheuer, an den Talflanken jagender Sandböen und im Sturmwind knallender Gebetsfahnen wird auf der Wiese Labukh, südlich des Potalas, ein mächtiges Zeltlager im alten mongolischen Stil errichtet. Auf diesem Biwakplatz, vor goldüberdachtem, windgebauschtem Fürstenzelt, erwartet man, angesichts der mittelalterlichen Tempelburg, die beiden „Magpon-tschampos", die hohen Neujahrsgenerale, zur „Befehlsausgabe". Inmitten des Getümmels brodelnder Volksmassen und bemalter Bettler qualmen die Feuer einiger zeltüberdachter, seilverspannter, aus Grassoden roh zusammengesetzter Garküchen auf. Hier werden als Spende hoher Adelsfamilien und großer Klöster von Regierungsköchen und schmutzstarrenden Lamas in kupfernen Kesseln und riesigen Bratpfannen Buttertee und gedämpfte Yaklebern als traditioneller Festschmaus vorbereitet und in mächtigen Silberkannen und großen Flechtkörben für die hohen Gäste bereitgehalten.

Zuerst erscheinen als Ehrendienerinnen der alten Könige Tibets zwei schöne Mädchen auf prächtig geschmückten Pferden. Über dem üblichen Dreieckspatuk tragen sie wunderbare in Goldfiligran gearbeitete, fast zwanzig Zentimeter hohe Perlenkronen. Ein unerhörtes Bild. Dazu mit Türkisen, Achaten, Brillanten und Rubinen geschmückte Riesenamulette und fast bis zum Boden herabfallende Halsketten aus Bernstein und Korallen. Gekleidet sind sie in schwerseidene, weitärmelige Jacken von braun-violetter Farbe und goldgelbe, in unzählige Karos aufgeteilte Seidenumhänge. Glockenartige Rückenschurze bedecken ihre Schultern und werden auf der Brust durch rote Schleifen zusammengehalten. Ihre Aufgabe besteht darin, den hohen Neujahrsgeneralen das tibetische Traditionsbier in fein ziselierten, silbernen Pokalen mit beiden Händen zum Götteropfer darzureichen.

Nachdem eine große Anzahl malerischer Uniformen vor den Festzelten Aufstellung genommen haben, machen die beiden Magpontschampos in Begleitung von etwa vierzig bis fünfzig seidenrauschenden Offizieren ihre Aufwartung. In panzerähnlichen, beigefarbenen, zobelpelzverbrämten Seidenroben aus der Zeit der alten mongolischen Armee, reiten sie auf mit meterhohen Kopfputzen und Brokatbehängen herrlich geschmückten und bezopften Schimmeln daher. Silbersättel, Zaumzeuge, Steigbügel, Kruppenriemen und Stirnbänder der glockenbehangenen Tiere sind mit Korallen und Türkisen verziert und selbst die Hufeisen bestehen aus kostbarem Metall.

Ohne eine Begrüßung zu erwidern lassen sich die hohen Herren aus den Sätteln heben und schreiten wie Glockentürme, eingehüllt in den Rauch der Opferfeuer, über den mit Glückszeichen ausgelegten, weißen Pfad, dem Fürstenzelt entgegen. Inmitten des schweigend verharrenden Offizierskorps nehmen sie auf bereitgehaltenen Thronsesseln Platz, um nach dem üblichen Tschangopfer ihres hohen Amtes zu walten. Als Verkörperungen der Heerführer Guschi-Khans erinnern sie in den folgenden Ansprachen an die ruhmreiche Vergangenheit der mongolischen Streitkräfte, und verlesen die von mehreren Dienern auf Tabletts gehaltenen Originalbefehle des „Großen Fünften". Anschließend gibt der jüngere der beiden Magpon-tschampos Anweisungen an die Truppenoffiziere, verbietet übermäßigen Alkoholgenuß und weist darauf hin, daß die Feierlichkeiten und großen Paraden der nächstfolgenden Tage eine Einladung für Maitreya, den Gott der Liebe, bedeuteten, dessen glorreiches Zeitalter man baldmöglichst herbeisehne. So möge das begonnene Jahr in liebevoller Übereinstimmung zwischen Göttern und Menschen unter dem Schutze der alten, siegreichen Armee ein glückliches werden.

Halbwegs zwischen Lhasa und Sera, in der Nähe des Waffenarsenals und der Staatsmünze, wird in aller Frühe des dreiundzwanzigsten Neujahrstages ein imponierendes Feldlager aufgeschlagen. Hell leuchten uns die weiten, blauornamentierten Zelte entgegen, da wir uns

gegen neun Uhr mit einer nach Tausenden zählenden Zuschauermenge
auf dem Paradeplatz einfinden, wo man uns wieder ein prächtig aus-
geschmücktes Festzelt zur Rechten der Minister zuweist. Spannende
Erwartung liegt über dem weiten, menschenwimmelnden Feld. Die hohen
Staatsdiener, Würdenträger und Notabeln haben sich in prunkvollen
Seidengewändern ebenfalls schon eingefunden, und die Mitglieder des
Staatskabinetts schicken sich soeben an, ihre Plätze zu unserer Linken
einzunehmen, bereit, im Namen des Regenten die Meldung der Truppen-
teile entgegenzunehmen.

Überall wimmelt es von buntgekleideten Offizieren, die, mächtige
Krummschwerter auf dem Rücken tragend, nach den Truppen Ausschau
halten, die in symbolischem Kampf verwickelt, noch in weiter Ferne
weilen, bis sie unter Führung der Magpon-tschampos in großem Bogen
um die Heilige Stadt zum Festplatz reiten.

Mit den ruhmbedeckten Waffen, Panzerhemden und Helmen ihrer
siegreichen Vorfahren gerüstet, kamen die Krieger aus allen Teilen des
Landes zusammen, um der siegreichen Kavallerie der alten Zeit die
Ehre zu erweisen. Alle Minister, hohen Adelsfamilien, Gouverneure
und Burghauptleute haben alljährlich Abordnungen von Reitern und
Pferden zu stellen, die unter dem Oberbefehl der Magpon-tschampos
in Bataillone unter Führung von Bannermeistern oder Rupons sowie
Schwadronen von je hundert Mann eingeteilt sind.

Auf Kilometerentfernung sichtbar, quillt der malerische Zug plötzlich
in langer, blitzender Reihe hinter dem Potala hervor und rückt eilends
näher. Tibetische Standarten glänzen in der Sonne: Zwei kämpfende
Löwen, die das Rad des Lebens in den Klauen halten, überstrahlt von
Edelsteinen und dem Rot des aufgehenden Tagesgestirns. Dann erkennen
wir die langen Lanzen, auf dem Rücken getragene Vorderlader, Schwerter, Bogen, Pfeile, Lederschurze, eiserne Brustplatten, bunte Rang-
abzeichen und Pfauenfedern, mit denen die wilden Gesellen ihre eisernen
Helme geschmückt haben. Wie eine Vision aus asiatischer Heldenzeit,
so ziehen sie in unsagbar prächtiger Parade dahin, eine mittelalterliche
Kavalkade in einem mittelalterlichen Staat.

Nun schwenken sie zum Festplatz ein. Von ihren Offizieren geführt,
reiten die einzelnen Schwadronen im Halbkreis auf, bis der führende
Herold sein Pferd pariert und aus silberner Schale den Göttern ein
Trankopfer darbringt. Dabei reicht ihm einer der Tanzknaben des
Dalai Lamas die tschanggefüllte Schale zum Sattel hinauf, worauf er,
sich graziös verneigend, für den buddhistischen Dreibung mit Daumen
und Ringfinger ein wenig von der gottgeweihten Flüssigkeit versprengt
und die Schale behutsam zum Munde führt. Darauf schreiten vier
Diener des Staates die Front der schweigend verharrenden Reiter ab

und begeben sich wieder ebenso würdevoll zu den Thronsesseln der
Minister zurück. Entblößten Hauptes verneigen sie sich nacheinander
tief, um Stärke und Bereitschaft des großen tapferen Heeres zu ver-
melden:

> „Mutig und kampferprobt sind die Krieger,
> Unwiderstehlich und scharf die Waffen,
> Unzerbrechlich und hart die Schilde,
> Ausdauernd und schnell die Pferde."

Jetzt tritt ein weiterer Offizier aus der Begleitung des Ministerrates
hervor, verbeugt sich vor den hohen Würdenträgern bis zur Erde und gibt
ein Zeichen, worauf die Pferde gewendet werden, um immer neuen
Schwadronen Platz zu machen. Nach Beendigung der Besichtigung erheben sich die beiden Neujahrsgenerale, die in der Zwischenzeit im
Staatszelt Platz nehmen durften, knien vor ihren Ministern nieder und
empfangen jeder einen riesigen Seidenschleier, der ihnen von den Lotosfüßigen persönlich um den Hals gelegt wird.

Nach einfachem Reitermahl der Feldküche, bestehend aus Reis, roh
gesottenem Fleisch, Tschang und Buttertee, erheben sich alle Festteilnehmer von den Plätzen, um den Ministern mit Anstand und tiefer
Verbeugung für die Spende zu danken. Erst am späten Nachmittag,
da die Sandböen schon wieder durchs einsame Lhasatal wehen, zieht
die gesamte Kavallerie unter Führung ihrer Generale in langer Prozession nach Lhasa hinein, um sich in die Quartiere zu begeben.

Auch der Vormittag des vierundzwanzigsten Neujahrstages steht noch
im Zeichen der alten Garde. Früh schon findet sich eine riesenhafte
Menschenmenge auf der Parkhorstraße ein. Alle Fenster und Altane
sind besetzt, die Dächer mit dichten Schwärmen drängender Volksmassen
angefüllt. Kinder sitzen frei über dem Abgrund auf breiten Fenster-
simsen; vornehme Frauen lugen hinter Vorhängen und Draperien
hervor. Alles ist schwarz von Menschen. Bereit, sich den Helden der
irdischen Schlachtfelder zuzuwenden und den Neujahrsgeneralen ihre
Huldigungen entgegenzubringen, harren sie der Truppen, deren Ahnen
es waren, die einst unter Führung Guschi-Khans, des mächtigen Mon-
golenfürsten, die weltliche Macht über das Schneeland erkämpften und
dem Großen Fünften den Weg bereiteten, den Kirchenstaat im Herzen
Asiens zu begründen.

Berittene Staatsdiener auf prächtig aufgezäumten Schlachtrossen und
eine Unzahl knüppelbewaffneter, mit riesigen Stöcken unbarmherzig
in die Menge schlagender Dobdobs, halten die von bläulichen Weihrauchdünsten durchzogene Prunkstraße frei, bis sich die Mitglieder des
Ministerrates, unter Führung des Regenten, in der Staatskathedrale versammelt haben.

Nach Abschuß einer Signalkanone eröffnen der Schutzgöttin Palden
Lhamo und dem großen Netschungorakel gewidmete Kavallerieoffiziere,
die beflaggte Speere tragen, die einzigartige Prozession. Nachdem sie
ihre Banner zu beiden Seiten der unter freiem Himmel errichteten
Thronsessel der beiden Magpon-tschampos aufgestellt haben, wird die
Menge plötzlich von wildem Freudentaumel erfaßt. Schon drängen die
gepanzerten, mit Gabelbüchsen, Bogen, Pfeilen, Schwertern, Speeren,
korbartigen Schilden, Kettenhemden und befiederten Eisenhelmen ge-
rüsteten Mannen der alten Territorialarmee in malerischer Prozession heran, während die Musikanten auf Hörnern, Oboen und Flöten klagende
Melodien längst vergangener Jahrhunderte ertönen lassen. Einen phantastischen Zauber entfaltend, ziehen die verzückten Krieger um den
heiligsten Tempel, feuern in verzückten Tänzen ihre Ungetüme von
Vorderladern unter gewaltigen Explosionen und mächtiger Rauchentwicklung in die Luft und stoßen dabei ihre gellenden, jauchzenden
Schlachtrufe aus.

„Kiki — huhu, Kiki — huhu" schallt es durch die Straßen. Immer
größer wird der Aufruhr, und immer fanatischer gebärden sich die be-
helmten Panzergestalten. Vor unseren Augen knallt ein wilder Krieger
einem anderen auf Meterentfernung die volle Pulverladung ins Gesicht.
Der Getroffene sinkt blutüberströmt zusammen. Schallendes Gelächter
aus tausend gaffenden Mäulern beantwortet den Vorfall, doch als die
schwarzbemalten Polizeilamas sehen, daß der Zug in Unordnung gerät,
dringen diese satanisch grinsenden Kerle in die Reihen des Fußvolkes
ein, und ein riesiger Mönch schlägt dem unvorsichtigen Schützen einen
vier Meter langen Baumstamm mit solcher Wucht über den Schädel, daß
augenblicklich zwei vermeintliche Tote auf dem Platz bleiben. In einem
Akt höchster Roheit schlagen die schwarzgesichtigen Lamas unter dem
gellenden Jubel aller Umstehenden so lange auf die am Boden Liegenden
ein, bis sie wieder lebendig werden, sich unter den niederprasselnden
Hieben zu bewegen beginnen, emportaumeln und blutüberströmt davon-
wanken. Die Knallerei aber nimmt unbehindert ihren Fortgang, bis die
ganze heilige Straße in dichten Pulvernebel gehüllt ist.

Nach dreimaligem Umzug des Fußvolkes erscheinen die beiden
würdigen Neujahrsgenerale hoch zu Roß und werden von der jubelnden
Volksmenge zu ihren Thronsesseln geleitet, wo sie die Parade der
romantisch geschmückten, ganz mit farbigen Seiden behängten Reiter-
schwadronen abnehmen. Ein faszinierenderes Bild kann man sich kaum
vorstellen, als diese malerischen Reiterscharen auf ihren gepanzerten
Pferden. Nachdem der bunte Zug vorübergeglitten ist, nehmen die
Magpon-tschampos, als Lieblinge des Volkes, die Huldigungen der
Massen vom höchsten Würdenträger bis zum geringsten Manne entgegen
und werden im wilden Freudentanz mit Hunderten und Aberhunderten

von weißen Schleiern, Sinnbildern der Reinheit und des irdischen Glückes, förmlich überschüttet. Wohl eine halbe Stunde lang nimmt das unbeschreibliche Gedränge der Khadaküberreichung unsere ganze Aufmerksamkeit gefangen, bis sich die schleierüberladenen Generale erheben und von perlkronengeschmückten Damen mit köstlichem Tschang erfrischt werden. In einem Gemisch aus brandender Wut und sadistischer Freude schlagen schweißüberströmte Lamas sodann mit langen Stangen eine Gasse durch die schwarzen Mauern des tobenden Volkes und machen den Magpon-tschampos den Weg zum heiligsten Tempel frei.

Von unserer Leibgarde umschirmt, kämpfen auch wir uns bis zum Portale des Tsug Lha Khang hindurch, erobern uns Plätze und finden die Fußkämpfer vor den Augen des Regenten und der Kabinettsminister schon wieder unter krachenden Salven in wilden, symbolischen Gefechten. Nun drängen mit goldenen Trommeln beladene Lamas aus den heiligen Hallen und nehmen im Geviert Aufstellung, während Lurenbläser ihren wohl drei Meter langen silbernen Instrumenten dumpfe, unheimliche Töne entlocken.

In diesem Augenblick erscheinen die beiden Jasös. Nur von einigen Vasallen begleitet, nacktarmig, aber mit schweren prunkvollen Zeremonienstäben und in voller Amtstracht, kotauen sie vor dem unsichtbaren Throne des Regenten und werfen kleine Stöcke auf die Erde nieder, um damit bildlich kundzutun, daß sie ihre hohen Ämter als Könige des Mönlom wieder in die Hand des Regenten und seiner Minister zurücklegen. Anschließend marschieren die Generale in den alten Uniformen Guschi-Khans an der Spitze der Kavallerie noch einmal auf und begeben sich, von flutenden Sonnenbündeln magisch umspielt, ebenfalls vor den Thron, um durch dreimalige Niederwerfung ihre tiefe Devotion zu bezeugen. In würdevollem Schweigemarsch paradieren die bewährten Träger der Tradition zu ihren Reitern, geben letzte Befehle aus und ziehen sich rasch vom Schauplatz der Handlung zurück.

Während die fromme Menge noch dumpf und schweigend in Andacht verharrt, ertönen hauchzarte Zimbelklänge. Im Inneren des Tempels beginnen die Lamas mit getragenen Stimmen die Liturgie, kabbalistische Intonationen und Zaubergebete; aus Menschenschädeln hergestellte Trommeln dumpfen leis, Schlaginstrumente gellen, ein unsichtbarer Chor wallt auf und nieder. Nun schreiten gottgeweihte Krieger im langsamen Rhythmus der dumpfen Instrumente feierlich einher, um in seltsamen Schlangenlinien, Schlingen, Schnörkeln und Schleifen des Orakelschafes Eingeweide auszutanzen: getarnte Bilder und Symbole, Wesensgleichheiten und Identitäten, wie sie nur echter Glaube als Hintergrund aller Erscheinungen hervorzuzaubern vermag.

Dann, zwischen Zaubertänzen und Kampfspielen wieder Glockengeläut, Gongrufe, und zu beiden Seiten der Portale mächtige Kerzen

senkrecht in den Himmel emporsteigender Weihrauchsäulen. Folgt eine
Szene von hohem dramatischen und malerischen Reiz: Unterm ehr-
furchtsvollen Schauer der Menge begibt sich Thé-Rimpoché, der heiligste
Asket des Schneelandes, vollkommenste Verkörperung des Spirituellen,
im Glanz und Zauber eines goldstrahlenden Baldachins, mit feierlicher
Gebärde und von mehreren Geschés begleitet, aus dem naheliegenden
Doringhause in den Tsug Lha Khang, um unter Ausschluß der Öffentlichkeit mit dem Orakelgott Zwiesprache zu halten, die großen Mators
zu aktivieren und das heilige Schwert über Taluma zu schwingen.

Während die Netschung geweihten Mannen in einiger Entfernung
verharren, nehmen einhundertundacht Lamas, Begleiter des größten
Zauberpriesters Tibets, in gelben Raupenhelmen und scharlachroten
Überwürfen, in weitem Karree Aufstellung, um den noch im Tempel
verweilenden Taluma mit dem Klang ihrer goldenen Pauken zu locken.
Darauf erscheinen, im späten Licht der sich schon senkenden Sonne
geradezu geisterhaft wirkende Priester in schimmernden Brokattuniken,
um glitzernden Metallschalen wunderliche Töne zu entlocken, und nackt-
armige Lamas, die ihre grellgelben Raupenhelme über die Schultern geworfen haben, blasen auf sibernen Riesentrompeten.

Schon ergreift ein Taumel der Entäußerung das Volk, da schweift
mein Blick im Goldhauch des entschwindenden Tages für wenige Sekunden vom Schauplatz der Handlung über die menschenbedeckten Dächer
zum gewaltigen Potala hinüber, der fern allen magischen Prunks im
kosmischen Spiel von Licht und Schatten wie ein eigenwilliger Gigant
gegen die öde Welt der zerrissenen Berge göttliche Wache hält.

Weltenthoben, aus der Dunkelheit des Tempels, pflücken unsichtbare
Flöten in wundersamem Rhythmus hauchfeine Astralmusik aus ewig-
fließendem Lebensstrom. Als ob die Geister der Prophetie ihre seltsamen Reigen vollführten, aus dunklem Grund, rätselhaft, unfaßbar,
unverständlich, beginnen alle Lamas urplötzlich leise zu wanken, zu
schwanken und verfallen unter unheimlich aufdumpfender Melodie in
einen langsamen, getragenen, halbunbewußten Tanz.

Messingne Trompetenstöße erschallen, grell, gellend und die Luft
zerreißend. Wie auf Kommando sprudeln hastige Bewegungen aus dem
Tempel, und eine große Anzahl Wächter, Herolde, fünffarbig leuchtende
Schwertträger und goldstrahlende Weihrauchschwinger begleiten die bunt
bemalten, vergoldeten, aus Yakfell, Tsambateig und Butter gefertigten,
mit stilisierten Totenschädeln und bemalten Tüchern, Seidenfahnen und
Papieren behängten Mators, jene „dämonenbesessenen", drei bis fünf Meter
hohen Geisterpyramiden, zum Opferplatze hinaus, wo schon am Vormittage in der Nähe der alten chinesischen Residenz hohe Stroh- und
Reisighäuser errichtet wurden. Jetzt sollen alle bösen Elemente, Geister,

Teufel und Dämonen, kurz alles Übel, das sich im Bannkreis Lhasas angesammelt hat, durch die Hand Taluma Rimpochés vertrieben und vernichtet werden, um die Aura der heiligen Stadt von allen geistigen Ursachen des Krieges zu befreien. Um sich gegen die gefährlichen Ausdünstungen der teufelsbeladenen Mators zu schützen, haben sich die Trägerlamas und jene, die die Spannschnüre der hochragenden Opfergebilde halten, Mund und Nasen mit netzartigen Geweben bedeckt, während die Umstehenden mit ihren langen Ärmeln oder besonderen Tüchern die Gesichter bedecken und unter dem dröhnenden Schlag der Trommeln, Zimbeln und Dschinellen die bösen Geister mit lauten Rufen und wilden Gesten verhöhnen und verschmähen. Kaum sind die Mators verschwunden, da drängen auch schon Massen dunkelgekleideter, mit Menschenbeinschurzen behängter Teufelsaustreiber nach. Den Schwarzhutzauberern mit ihren riesenhaften Kopfbedeckungen folgen unter lautem Trommelwirbel Thé-Rimpoché, der schlankgewachsene Abt von Ganden und weitere Gehilfen des Netschungorakels, die die goldene Sänfte tragen, in der das Medium nach vollführtem Zauberakte wieder in den Tempel zurückgebracht werden soll.

Unter plötzlicher Sandböe, die die abendliche Sonne verdunkelt und schattige Bänder durch die Straßen wirbelt, rattern und knattern die Markisen, Fenstergehänge und buntfarbigen Flaggenbäumchen im aufkommenden Sturm. Wolken düstergrauen Staubes jagen über Lhasa hin, und unter dem Klang Hunderter von Trommeln, Tempelglocken, Becken, Posaunen und dem Chor der wild aufheulenden Menge stürzen hohe Würdenträger, Weihrauchschwinger und Schwertträger, die kostbare Insignien in den Händen halten, wie von unsichtbaren Gewalten getrieben aus dem Düster des Tsug Lha Khang hervor. Aller Aufruhr verschmilzt in einem einzigen Ton, der die Luft wie Donnerrollen erfüllt. Leidenschaften brausen, Wahnsinn flammt, Ekstase tobt, und die nicht mehr zu zügelnde Masse gerät in sinnlose Entäußerung. Als ob mörderischer Ausbruch bevorstünde, starren uns von allen Seiten finster erregte Gesichter an. Steine fliegen — und einige unserer Leute werden schwer getroffen.

Schon setzt erneut wilde, aufregende Musik ein. Die Lamas am Portale bilden eine Gasse... dann weichen sie zurück... und die übernatürlich erscheinende Gestalt des gewaltigen Netschungpriesters tritt mit gebreiteten Armen aus dem Dunkel des Tempelinneren hervor. In buntseidenen, silberspiegelbehangenen Brokatgewändern, schwerer, wollknäuelbesetzter Goldkrone, mit Pfeilen, Bogen und sonstigem Zaubergerät steht der große Bezwinger des Schicksals, der Held des Tages, von blasser Gesichtsfarbe, mit halb geschlossenen Augen und bewegt mühsam die Lippen. Den Blick in eine andere Welt gerichtet, mit aufgedunsenen, akromegalen Zügen, von einer Gruppe riesiger Lamas mühsam aufrecht gehalten, tritt der nach Atem ringende, am ganzen Körper zitternde Koloß schwankenden Schrittes vor und verneigt sich tief vor dem unsichtbaren Thron seines Regenten. Deutlich kann ich sein Gesicht nun erkennen. Als ob alles Menschliche aus ihm entwichen wäre, als ob ein anderer aus ihm spräche, von Krämpfen und Zuckungen völlig entstellt, starrt der Taluma, und das Gefühl, einen wahrhaft Besessenen vor mir zu haben, den irgendeine unkontrollierbare Macht gefangen hält, wird immer mächtiger in mir. Von einer milden, buddhaähnlichen Maske mit stark hervortretenden Brauen und breitem Grinsen, der Verkörperung der Freude und des Wohlgefallens, wechselt sein Ausdruck zu einer geradezu abscheulich greulichen Physiognomie. Der ganze Anblick ist so unheimlich, und die von Gold, Silber, Türkisen und anderen Kostbarkeiten strotzenden Gewänder des rasenden Mediums verbreiten eine so unbeschreibliche Pracht, daß mir alles wie eine Halluzination vorkommt.

Jetzt stürzt er sich, den schweren Goldhelm wie ein angreifendes Tier vor sich herschiebend, auf zwei ihn begleitende Riesenlamas, stößt entsetzliche Schreie aus, schlägt sie nieder und wird sogleich von Scharen hünenhafter Leibgardisten dicht umringt... Ein tolles Getümmel entsteht, er reißt sich los, beginnt wieder zu zittern, sinkt röchelnd in sich zusammen und liegt für Augenblicke wie ein Toter.

Dann plötzlich springt er trotz des gewaltigen Gewichtes seines riesenhaften Helmes auf, wächst zu gewaltiger Größe und verfällt in einen unkontrollierbaren, frenetischen Tanz. Wie ein Berserker um sich schlagend, reißt er sich von seinen bärenstarken Wächtern los, erblickt mit strahlendem Lachen und feuchtem Glanz in den entrückten Augen die ihm geweihten Krieger und rast, das Gesicht vom Ausdruck göttlicher Freude erhellt, in dämonischem Rausch halben Wahnsinns, besessen von überirdischer Gewalt, begabt mit der magischen Kraft, die gebannten Teufel und unheilvollen Mächte vor sich herzutreiben und zu vernichten, durch eine Gasse paukenschlagender Lamas auf die Straße. Von einem Heer roter Lamas und seidenwehender Würdenträger wild verfolgt, taumelt er in rasender Eile dem Opferplatz entgegen und entschwindet im wogenden Strom der von unheimlicher Erregung gepackten Zuschauermenge unseren Blicken.

Da verlassen wir vom gleichen Zauberbann ergriffen unsere sicheren Kamerastände auf den Dächern der umliegenden Häuser, um vom Strudel der Massen mitgerissen zur Straße hinabzupoltern und das geheimnisvolle Geschehen auf dem Filmbande festzuhalten. Die Reihen der nach Tausenden zählenden Priesterhorden durchbrechend stehen wir, nur von unserer Knüppelgarde und einer Handvoll Getreuer umschwärmt, inmitten der tobenden Menge. Jedes Fleckchen Erde, jede

Mauer, jeder Vorsprung, kurz alles rundum, was Menschen tragen kann, ist auch von Menschen bedeckt.

Im gespensterhaften rotflackernden Schein der hinter dichten Wolkenbänken ein letztes Mal hervorlugenden Sonne gewahre ich die drohende Gewalt des grausam triebhaften, von exaltierter, alles umschlingender Dämonie beherrschten Volkes, jenes mystische Untier, das von Gruppeninstinkten beherrscht, das Böse erbrütet.

Aber das große Rätsel der geheimnisvollen Handlung treibt uns voran. Bald sind wir ganz und gar in den Strudel des unheimlichen Aufruhrs hineingezogen, schlagen uns Gassen und stürmen nach vorne, bis der Baldachin des rasenden Taluma wieder sichtbar wird und wir, die fanatischen Lamahorden zur Seite schiebend, Taluma erblicken, wie er hochaufgerichtet, funkelnd und strahlend mit furchtbarem Gesichtsausdruck und teuflischem Lachen, umringt von gellenden Kriegern und betenden Lamas, in flammenden Ahnungen und Mahnungen der jenseitigen Welt, murmelnde Beschwörungen ausstößt und seine schwirrenden Pfeile auf die unsichtbaren Feinde verschießt.

Zur gleichen Minute aber werden auf den großen Ödflächen südlich des Potala acht bronzene, lafettenlose Kanonen abgeschossen, um die letzten Kriegsdämonen zu vertreiben... Nach Entzünden der Lunten springen die Kanoniere eiligst zurück... Dann, unter lautem Dröhnen, hellem Feuerschein und gewaltiger Rauchentwicklung überschlagen sich die Rohre, schleudern Steine weit umher und bohren sich ins Erdreich ein. Im Augenblicke, da die steinernen Geschosse auf dem kahl zerfurchten Bergeshang Me-djo-ri zerplatzen, brechen die Massen in weithin gellende Freudenschreie aus, springen, jauchzen und tanzen mit erhobenen Händen um die mächtig qualmenden Rohre.

Jetzt hat der von satanischer Lache geschüttelte, wirr um sich schlagende Taluma den letzten Pfeil verschossen. Die Sonne ist verdunkelt, kalte Schatten dämmern auf... Da, im lodernden Schein riesiger Opferfeuer, in denen die bösen Geister verschwelen, bricht der große Zauberpriester besinnungslos in sich zusammen. Rasch springen Wächter und Lamas zu, lösen den durch schwere Kinnbänder gehaltenen Goldhelm und tragen die leblose Masse in bereitgehaltener Sänfte zum Tempel zurück... Tiefe unheimliche Stille tritt ein. Vor uns schlagen die Flammen hoch in den Himmel.... Rauchschwaden ziehen.... Splitternd kracht das Balkenwerk zusammen....

Urplötzlich erwacht die vieltausendköpfige Menge aus ihrem Bann, den die Zauberhandlung des geifernden Taluma über sie deckte — und vor uns steht in glühender, wallender Gier die haßerfüllte Menschenbestie. Bar jeder Individualität, verloren im Rauschhaß, funkelt sie uns

an... Etwas wie Furcht, wie lähmende zitternde Angst legt sich schwer
auf meine Glieder. Alle Kräfte sind mir abgezogen...

Wir stehen schweigend, wehrlos... wittern das drohende Unheil...
aber können doch nichts tun. Dann aber... sekundenlang... wild auf-
bäumend bemächtigt sich meiner ein grenzenloser Ingrimm gegen die
immer dichter herandrängende Woge grimmäugig schwarzgesichtiger
Priester... Ein wüstes Pfeifkonzert beginnt... Sie scheinen ihrer Opfer
ganz sicher zu sein.

Da formieren wir uns angesichts der aus tausend schiefen Mäulern
schrillenden gellenden Menge zur Abwehr. Nur Beherrschung kann hier
helfen...

Jetzt bemerken wir zu unserem größten Schrecken, daß einige der
Unsrigen fehlen und versuchen, unter Führung mehrerer treu zu uns
haltender Offiziere, an den Mauern der nächstliegenden Häuser Rücken-
deckung zu gewinnen. Als der geifernde Mob unsere Absicht erkennt,
werden die Schreie und Pfiffe noch wilder... Die Menschenwoge teilt
sich, und ehe wir uns versehen, stehen wir inmitten eines kleinen Kreises
ganz allein. Der Rückweg ist uns abgeschnitten. Wir sind umzingelt!
Schlagartig hört das Pfeifen auf. Totenstille setzt ein — und schon
fliegen von allen Seiten die Felsbrocken heran. Wir weichen aus, so gut
wir können und halten, sechs oder sieben Menschlein, die nach Tausenden zählende Meute so weit in Schach, daß wir uns, der zahlreichen
Treffer ungeachtet, in Richtung auf die Hauswand igelartig vorwärts-
schieben können. Obwohl unsere Köpfe und Schultern schon schmerzen
und mir nach einem harten Schlag gegen den Hinterkopf die hellen
Funken vor den Augen stieben, haben wir doch das berauschende Gefühl, die geifernden Lamas in Bann zu halten. Keiner, den wir ins
Auge fassen, wagt zu werfen. Nur wenn wir uns selbst nach steinernen
Geschossen bücken, sausen die Brocken wieder aus allen Richtungen
heran. Im Augenblicke, da mich wieder ein wuchtiger Stein trifft, rase
ich mit voller Überlegung auf den nächsten Angreifer los, um den augen-
blicklichen Triumph zu erleben, daß die Horden wie Schafleder aus-
zureißen beginnen. Einer von uns, der meinen Angriff wohl für bare
Münze nimmt und anscheinend glaubt, ich habe den Verstand verloren,
fällt mir rasch zuspringend in die Parade und reißt mich in bester Absicht wieder in unsere Reihen zurück. Je mehr wir uns der Deckung
nähern, desto eifriger erwidern unsere Leibgardisten das Steinbombarde-
ment, und einige mitten in die schwarzen Fratzen Getroffene ergreifen
das Hasenpanier.

Im schrittweisen Zurückweichen gelingt es uns, die rettende Hauswand, schließlich eine Hofpforte zu erreichen und über die Dächer
hinweg durch Gärten und Parks zu flüchten und unbeschadet wieder in
Tredilingkha anzukommen, wo wir unser Heim rasch in Verteidigungs-

zustand versetzen und sogleich eine Rettungsaktion für die „Vermißten"
ausrüsten.

Abgesehen von der Steinigung des „Kommandeurs" unserer Leibgarde, der hinkend und lahmend anlangt, ist jedoch glücklicherweise
nichts Nennenswertes passiert. Mit bebender Stimme und schlotternden
Knien berichtet der arme, ziemlich lädierte Tibeter, wie ihn der Mob
von uns abdrängte und mit den Worten: „Hündischer Verräter, gehörst
zu den fremden Teufeln, die unsere Religion vernichten", zu Boden
schlug. Darauf hatte ein schwarzgesichtiger Lama sein Schwert gezückt,
das ihm jedoch noch in letzter Sekunde von einem Offizier aus der
Hand geschlagen wurde. Schließlich wurde er einiger kostbarer optischer
Instrumente beraubt, noch einmal tüchtig durchgewalkt und unter Stock-
hieben von dannen gejagt.

So ist noch einmal alles gut gegangen. Nachdem wir unsere Wunden
gekühlt, werden zwei verläßliche Diener zu unserem guten Möndro ent-
sandt, um über den Überfall Bericht zu erstatten und ihn zu bitten, uns
baldmöglichst aufzusuchen. Da der Gerufene selbst den Mob der Lamas
fürchtet, findet er sich erst nach Einbruch der Dunkelheit auf Schleich-
wegen bei uns ein. Als er mich als „Schwerverletzten" mit riesenhaftem
Verband stöhnend und röchelnd in meinem Schlafsack erblickt, ist er
ganz Mitgefühl und rührende Anteilnahme, murmelt eine Entschuldigung
nach der anderen und bittet mich immer wieder, den Vorfall nicht zu
tragisch zu nehmen, denn der erboste Lamamob habe vor einigen Jahren
nicht nur das Haus eines hohen chinesischen Generals völlig zertrümmert,
sondern sich selbst gegen den 13. Dalai Lama gewandt, der schließlich
damit gedroht habe, das Kloster Drepung dem Erdboden gleichzu-
machen, wenn die Rädelsführer des Aufstandes nicht zur gerechten Bestrafung ausgeliefert würden. Erst als seiner Anordnung genüge getan
war, habe sich der Dalai Lama bereit erklärt, die um Drepung versammelten Truppen seines Leibregimentes wieder zurückzuziehen.

Obwohl es Möndro wegen der auf den Straßen patrouillierenden
Lamas nicht wagt, unser Haus an diesem Abend zu verlassen und der
Regierung Bericht zu erstatten, so werden wir doch schon am kommenden Morgen von Beileids- und Entschuldigungsbeteuerungen geradezu
überschüttet und das wichtigste: Als ihre letzte, wohl schon nicht mehr
ganz offizielle Amtshandlung, erscheinen die beiden Jasös ganz kleinlaut
mit ihren riesenhaften „Marschallstäben", um meine Verzeihung persönlich zu erbitten. Nachdem sie einen Khadak auf den Verhandlungs-
tisch gelegt haben, versprechen sie, das Gerücht, ich hätte, um die Lamas
zu beschwichtigen, eine hohe Bestechungssumme verteilt, zu dementieren.
Sodann reiche ich ihnen als Zeichen der Versöhnung den Schleier zurück
und beglückt ziehen sie von dannen.

Vom Kaschag aber erhalte ich folgendes Schreiben: „An den Meister der Hundert Wissenschaften, der Deutschen Expedition: Der Ministerrat hat von dem bedauerlichen Vorkommnis Kenntnis erhalten und bittet, das Geschehnis als einen Ausbruch einiger nichtswürdiger und räuberischer Mönche zu betrachten und nicht etwa als Ausdruck öffentlichen Unwillens. Leider geschehen derartige Überfälle fast alljährlich, da die Mönche während des Mönlom jede Gelegenheit ergreifen, die Zuschauer zu berauben. Die Minister danken dem Barasahib, daß er schon von sich aus die ganze Angelegenheit ins rechte Licht rückte und bitten, der ungeteilten Freundschaft der tibetischen Regierung versichert zu sein."

Der fünfundzwanzigste Neujahrstag endlich steht im Zeichen Maitreyas oder Davo-Tschampas, des liebenden Messias, dessen „Kalpa" nun mit allen Mitteln herbeigesehnt werden soll. Die Tibeter nämlich sind des Glaubens, daß zwischen dem Weltzeitalter Gautama Buddhas und demjenigen Maitreyas ein zehnjähriges schreckliches Interregnum herrschen soll, das abzukürzen der Sinn der Zeremonien und Veranstaltungen des fünfundzwanzigsten Neujahrstages ist. Nun, da das Mönlom sein offizielles Ende gefunden hat und die Massen der Lamas schon wieder in ihre Klöster zurückströmen, macht die tibetische Regierung alle Anstrengungen, um das Zeitalter Gautama Buddhas einem raschen Ende entgegenzuführen, damit der Gott der Liebe empfangen werden könne. So wird ein mit Pfauenfedern geschmücktes Standbild Davo-Tschampas auf einer sänfteartigen Plattform in feierlicher Prozession zu besonders glücklicher Stunde auf der Parkhorstraße um das Große Haus der Götter geführt, um zu versinnbildlichen, daß der kommende Buddha schon jetzt zu dieser Welt Verbindung nimmt. Da man den mächtigen Maitreya wie die Glut der aufgehenden Sonne erwartet, versammeln sich Priester und Würdenträger schon in schauernder Frühe gegen fünf Uhr am Morgen vor den Portalen des Tsug Lha Khang. Mit sonoren Stimmen singen sie Litaneien, bis die ganz mit weißen Schleiern behängte Statue des Messias unter einem mächtigen, seidenbannerverzierten Baldachin aus dem Inneren des Tempels ins Freie getragen wird. Es folgen die riesigen, einhundertachtundzwanzig Bände des Tandjur, jenes gewaltigen Kompendiums der Mahayana-Literatur, in dem auch die Weissagungen des Maitreya-Zeitalters enthalten sind.

Von weihrauchschwingenden Lamas geführt, beginnt sodann der feierliche Rundgang. Hohe Priester in purpurroten Roben, Würdenträger in leuchtenden Seiden, Offiziere in pelzverbrämten Brokatgewändern und eine Anzahl festlich geschmückter Knaben folgen der göttlichen Statue um das Geviert des Heiligen Tempels. Die kleinen Jungen versinnbildlichen die zwergenhaften Bewohner des Erdballs während des Interregnums, denn nach einer alten indischen Weltlehre soll die Größe der Menschen und die Dauer ihres Lebens bestimmten Schwankungen unterworfen sein und sich zur gegenwärtigen Zeit der Rückentwicklung dem Tiefstande nähern, bis Maitreya als Retter erscheinen wird, um dem Menschengeschlecht erneutes Heil zu bringen.

Nach Abschluß der feierlichen Prozession strömen die Massen des Volkes schon wieder an der westlichen Peripherie der Stadt zusammen, um Zeugen des großen Pferderennens und eines Wettlaufes zu sein, die ebenfalls zu Ehren Davo-Tschampas in früher Morgenstunde abgehalten werden.

Das etwa sechs bis sieben Kilometer lange Rennen der Pferde und der Menschen nach Lhasa hinein soll das Herbeieilen der Götter und der Vertreter der verschiedensten Völkerschaften versinnbildlichen, die alle kommen, um den Messias der Religion in seiner Hochburg zu begrüßen und ihn zu bitten, der ganzen Welt seinen Segen zu schenken.

Etwa hundert ausgesuchte Rennpferde wurden schon vor Tagesanbruch zum in der Nähe Drepungs gelegenen Startplatz geführt. Obwohl jede hohe Familie je nach Rang und Besitztum eine Anzahl von Pferden zu stellen hat, behält es sich der Kaschag vor, die besten Tiere einzusetzen, damit das Rennen unter allen Umständen von regierungseigenen Pferden gewonnen werde, denn nur dann, so glauben die Menschen von Lhasa, werde Maitreya erscheinen und das tibetische Volk von allen Sünden befreien. Daher lassen die die Rennbahn zu beiden Seiten absperrenden Volksmassen auch nichts unversucht, um die Pferde der Privateigentümer durch Ausbrechen zu disqualifizieren oder sonstwie am Siege zu verhindern.

Dichte, blaugraue Dunstschleier liegen über der Heiligen Stadt, da wir uns ungehindert und unbelästigt durch die Menge bewegen und uns auf einem flachen, zum Filmen gut geeigneten Dache eines dicht an der Rennbahn gelegenen Eckhauses auf bereitgehaltenen Polstern niederlassen, um in der Frische des Morgens auf die Sonne zu warten, deren matter Goldschein auch bald die lichten Vorhänge der Wolken durchbricht. Die Saumseligkeit der tibetischen Organisation kommt uns heute sehr zu statten, denn mit jeder verstreichenden Minute wird das Licht besser, werden die Schatten kürzer und die Wahrscheinlichkeit, einen guten Film zu drehen, größer.

Von unseren luftigen Sitzen können wir die Rennstrecke mehrere hundert Meter weit überblicken. Ein malerisches Bild bietet sich: hohe, zerrissene Berge, die steilansteigende Medizinburg, der gewaltige Potala, die freundliche Türkisenbrücke und die dichten Mauern einer weit sich hinziehenden schwarzen Schlange von Menschen. Da die Sonne gerade über den Bergen emporsteigt, dringt Pferdegetrappel an unser Ohr, und ein schneller Reiter braust vom Tsug Lha Khang auf rotbemaltem Schimmel in phantastisch bunter Tracht durch die auseinanderwogende Menge über die Rennstrecke zum Potala hinüber. Er übermittelt den Startbefehl des Regenten... Kaum haben sich die Reihen der Zuschauer wieder in dichtem Getümmel geschlossen, da steigt — das Zeichen für die Läufer — am Potala eine wohl zwanzig Meter hohe weiße Rauchsäule gen Himmel, und nach wenigen Sekunden dröhnt uns der Donner eines Kanonenabschusses in den Ohren, der gleich darauf durch den Startschuß für die Pferde am Drepung-Kloster beantwortet wird.

Jetzt zuckt es wie ein elektrischer Schlag durch die schwarze Ameisenschlange der Zuschauer. Im Nu wird eine eineinhalb bis zwei Meter breite Gasse gebildet, und alles steht in spannender Erregung.

Schreie ertönen... Zurufe werden weitergegeben.

Plötzlich klingt es deutlich: „Sie kommen, sie kommen!", die heiligen Pferde der weißen Geister, auf deren Rücken die Götter ihren Einzug halten in Lhasa.

Staub wirbelt auf... Alles, was in ihren muskelstarken Leibern steckt, geben die heranbrausenden Tiere her; Maitreya zu Ehren... Wind wühlt in Mähnen und Schweifen... Peitschen knallen auf... lange Ärmel klatschen und schlagen... buntseidene Gewänder wirbeln, und unterm Johlen, Schreien und Brüllen der ungezügelten Massen sehe ich an der Türkisenbrücke weit vor den anderen einen pfeilschnellen Schatten daherrasen. Ein reiterloses Pferd, angefeuert von den Zurufen der Menge, prescht über die Bahn und nimmt die Brücke mit wenigen wilden Sätzen.

In unwahrscheinlichem Tempo rast der Sieger, ein blendend schöner Falbenhengst, wie das Ungewitter heran — und unter uns hindurch. Förmlich durch die Luft zu fliegen scheint er. Aber die wenigen Augenblicke genügen, den herrlichen, unvergeßlichen Anblick auf dem Filmbande festzuhalten.

Immer rasender schreit die Menge, und jeder versucht, dem wilden Steppengaul in seiner irren Fahrt mit bereit gehaltenen Peitschen eins überzuziehen, so daß das stolze Tier, von Tausenden von Hieben getroffen noch wahnsinniger davonrast, um mit weit vorgestrecktem Kopf, mehr fliegend als springend, durch die enge, von Menschenleibern gesäumte Gasse stadtein zu brausen, am Tsug Lha Khang vor den Augen des Regenten und der Minister vorüber, quer hindurch und wieder hinaus aus der Stadt bis zu dem vor den östlichen Toren gelegenen Ziel.

Etwa hundert Meter hinter dem Sieger kommen sechs herrlich geschmückte Pferde auf einmal und dahinter gleich ein ganzes Dutzend
von berittenen Treibern mit langen Peitschen angefeuerter Gäule. Das
Johlen und Schreien der Menge wächst zum Orkan. Schnaubend fliegen
die Tiere in geringen Abständen vor unseren Augen dahin, dem Ziel
entgegen, wo der fahlfarbene Regierungshengst schon längst mit dem
Siegesschleier geehrt wurde.

Noch haben uns die Rennpferde nicht alle passiert, da erscheinen
auch schon die ersten bunt kostümierten, barfuß daherjagenden Läufer,
deren erster ebenfalls einen großen Vorsprung besitzt, während sich viele
Nachfolgende an Pferdeschwänze gehängt haben, um von der johlenden
Menge begrüßt und angefeuert, keuchenden Atems dem mitten in der
Stadt gelegenen Ziele entgegenzueilen. Nur der Sieger hat das Vorrecht,
sich am Tsug Lha Khang vor dem Throne des Regenten zu verneigen,
bevor er weiterrasend durchs Ziel geht und ebenfalls mit einem weißen
Schleier geehrt wird.

Die Nachzügler unter den Pferden und Läufern werden von den
Volksmassen geschmäht, mit Steinen beworfen und mit Geißeln unbarmherzig vorangetrieben, da Mangel an Schnelligkeit als schlechtes Omen
gilt und dem baldigen Erscheinen des großen Messias abträglich sein soll.
Die endgültigen Notierungen und Preisverteilungen für Pferde und
Läufer geschehen auf dem großen, freien Platz zwischen Stadttempel und
chinesischer Gesandtschaft, wo anschließend Gewichtsheben und Ring-
kämpfe veranstaltet werden. Da es uns verboten wird, diese, ebenfalls
mit religiösen Motiven verquickten sportlichen Veranstaltungen vom
Dache der chinesischen Gesandtschaft aus zu filmen, weil wir uns dann
auf einem höheren Punkte befinden würden, als der sich im Tsug Lha
Khang aufhaltende Regent, so mischen wir uns wieder unter die Masse.

Die beinahe nackten Ringkämpfer rekrutieren sich aus den Reihen
der Leibgarde. Feste Regeln scheinen bei dem rohen Wettkampf nicht
zu bestehen. Oft genug kommt es vor, daß sich die Kämpfenden Tsamba
und Gerstenmehl gegenseitig in die Augen streuen, um den Gegner
schneller kampfunfähig zu machen. Sobald einer zu Boden gerungen
ist, springen die als Schiedsrichter fungierenden Beamten rasch zu, bedecken ihn mit seinen Kleidern und stoßen ihn aus der Arena, während
der Sieger seinen Partner mit Fäusten bearbeitet, um seinen Triumph
ganz auszukosten. Anschließend werden die Sieger mit mächtigen
Khadaks bedeckt.

Am sechsundzwanzigsten und siebenundzwanzigsten Tage des ersten
tibetischen Monats finden nochmals Wettkämpfe und Preisschießen statt.
Noch einmal jagen wilde Gesellen in verwegenen Reiterspielen an den

aufgestellten Scheiben vorüber, um im vollen Galopp ihre uralten Vorderlader abzufeuern und den Pfeil von der Sehne zu schnellen. Von den Schützenständen fliegen die summenden Pfeile auf die Lederscheibe, und im Potala tönen Tuben und Trommeln ein letztes Mal. — — —

Ein letztes Mal tut sich vor den Augen der Gläubigen die Welt der Götter auf, erinnern dämonische Fratzen an den Tod und zeigen Gestalt und Antlitz der Wesen, die den Menschen zwischen Hinscheiden und Wiedergeburt erwarten.

Unangetastet erhebt sich Tibets Gottland. Seine geharnischten Krieger reiten, erfüllt vom unerschütterlichen Glauben, ihr Land über die Gezeiten des Weltgeschehens hinaus dem Dienst der Götter zu weihen, in ihre heimatlichen Gefilde zurück.

So zog vor Buddhas Angesicht im Reigen der Jahrhunderte ein neues Jahr herauf.

Einige im Buche vorkommende tibetische Namen in klassischer Schreibweise:

Taschilumpo = Taschilhumpo, Bodhisattwa = Bodhisattva, Wen Tschang, Weng Chang = Wen Tscheng, Sakyamuni = Schakyamuni, Tsug Lha Khang = Tsug-lag-khang, Dorgé Phagmo = Dordsche Phagmo, Milarepa = Milaräpa, Tschagsalwo = Tschagtsalwa, Zizipati = Tschitipati, Ramosché = Ramotsché, Lhosar = Losar, Trisa = Drisa, Tschen = Tsän, Nyoting = Nödschin, Namsraj = Namsrä, Kangschur = Kandschur, Tangschur = Tandschur, Drultrim = Tshultrim, Phekar = Pekar, Samyeh = Samyä, Netschung = Nätschung, Santarakschita = Schantirakschita, Ralpaschan = Ralpatschan.

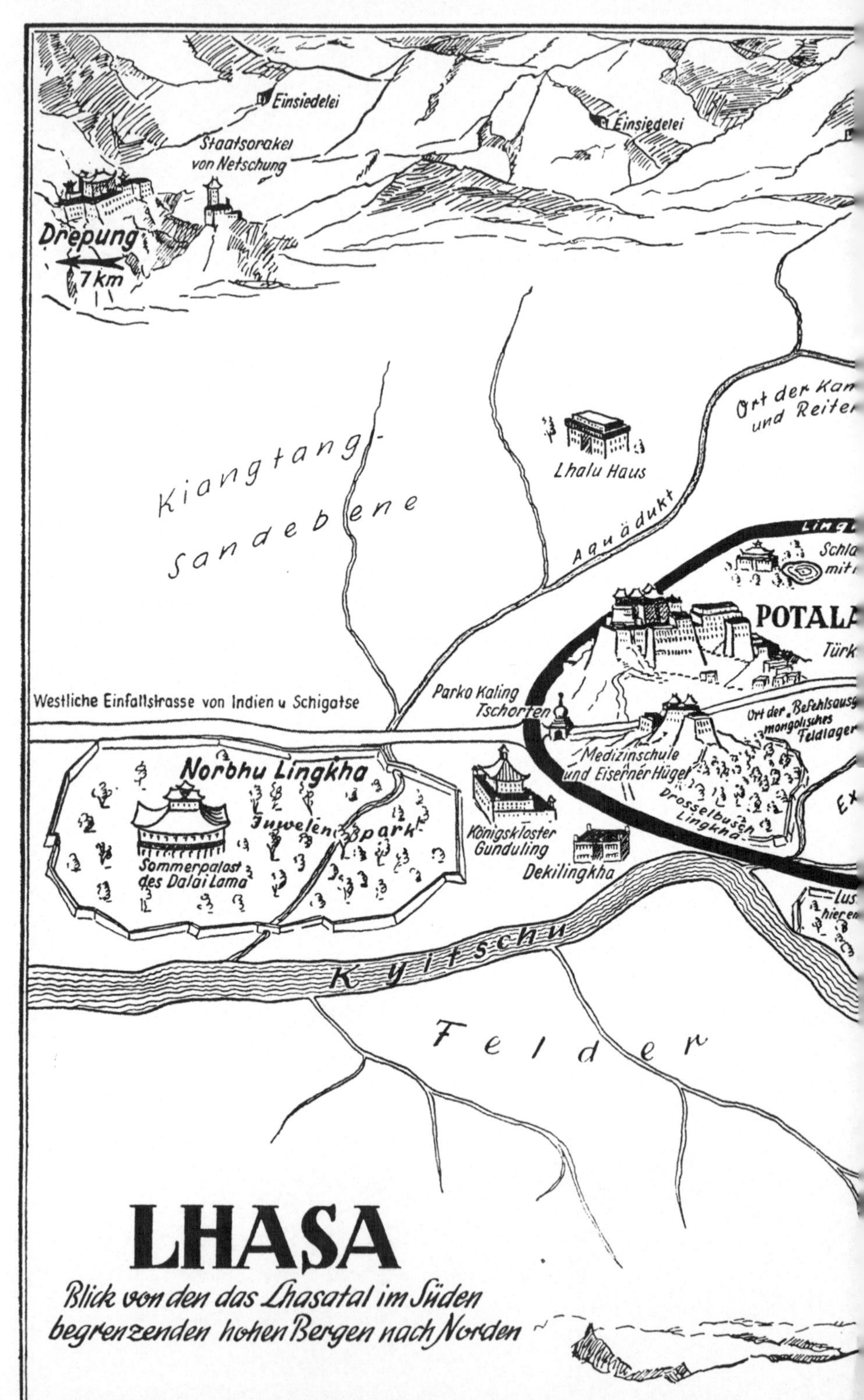

Einsiedelei
Einsiedelei
Staatsorakel
von Netschung
Drepung
7 km
Kiangtang-
Sandebene
Lhalu Haus
Ort der Kan
und Reiter
Aquädukt
Lingt
Schla
mit
POTALA
Türk
Westliche Einfallstrasse von Indien u Schigatse
Parko Kaling
Tschorten
Ort der Befehlsausg
mongolisches
Feldlager
Norbhu Lingkha
Juwelenpark
Medizinschule
und Eiserner Hügel
Ex
Königskloster
Gunduling
Sommerpalast
des Dalai Lama
Drosselbusch
Lingkha
Dekilingkha
Lus
hier
Kyitschu
Felder
LHASA
Blick von den das Lhasatal im Süden
begrenzenden hohen Bergen nach Norden

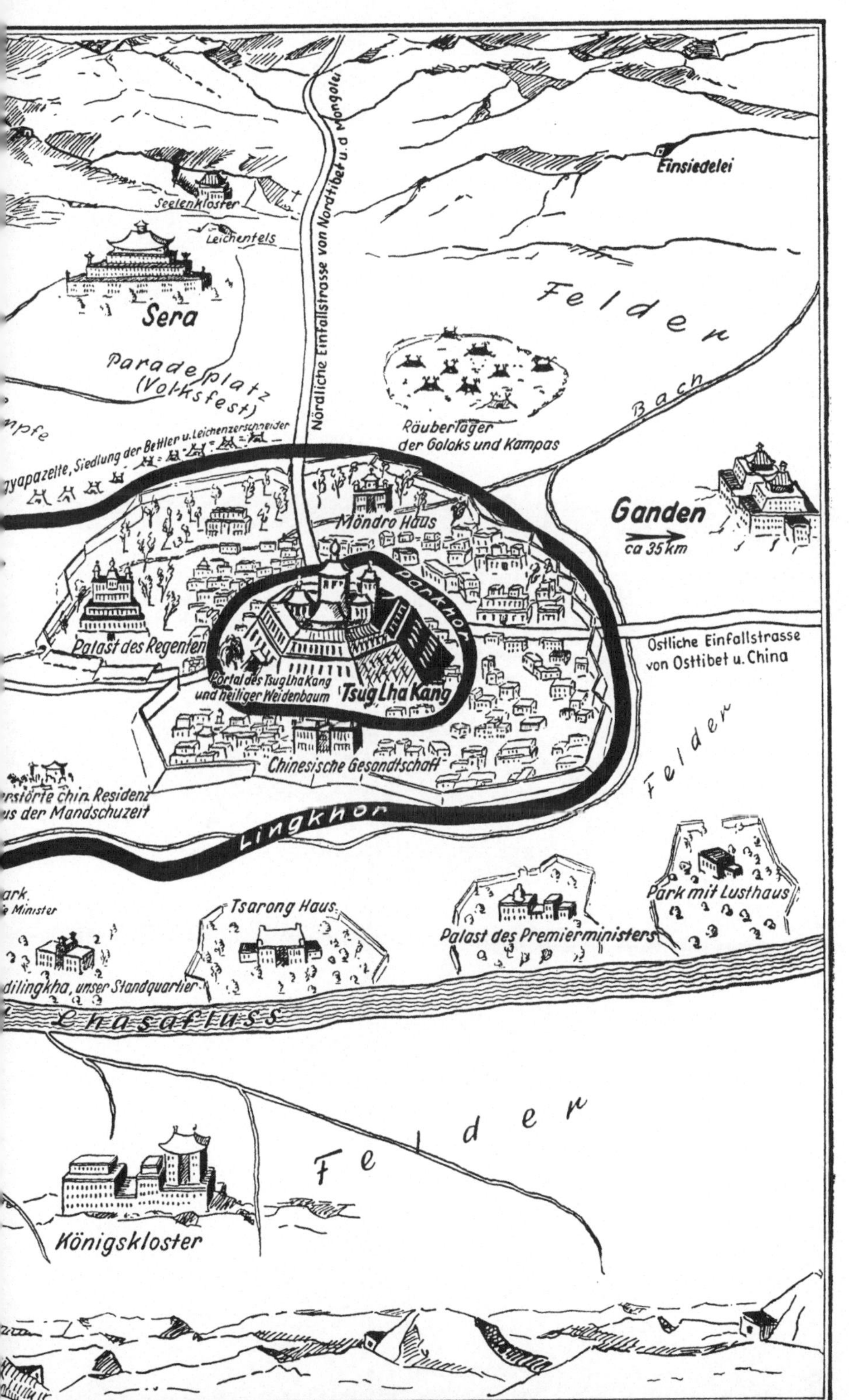

Einsiedelei
Seelenkloster
Leichenfels
Sera
Paradeplatz
(Volksfest)
Nördliche Einfallstrasse von Nordtibet u. d. Mongolei
Felden
Bach
Räuberlager der Goloks und Kampas
Ganden
ca 35 km
...mpfe
...gyapazelte, Siedlung der Bettler u. Leichenzerschneider
Möndro Haus
Parkhor
Palast des Regenten
Portal des Tsug Lha Kang und heiliger Weidenbaum
Tsug Lha Kang
Ostliche Einfallstrasse von Osttibet u. China
Chinesische Gesandtschaff
...erstörte chin. Residenz ...us der Mandschuzeit
Lingkhor
Felder
...ark.
...e Minister
Tsarong Haus
Palast des Premierministers
Park mit Lusthaus
...dilingkha, unser Standquartier
Lhasafluss
Felder
Königskloster